增强型 51 片上系统
——LPC900 系列 Flash 单片机开发与应用

邓 颖 编著

北京航空航天大学出版社

内 容 简 介

本书详细介绍了NXP公司的LPC900增强型51系列单片机的选型、基本知识、开发流程及系统设计，包括LPC900单片机的基础部分和高级应用部分，由浅入深，内容翔实。首先，介绍LPC900单片机的特点和选型；然后，介绍开发环境和系统设计，并结合作者多年经验讲述LPC900单片机设计技巧与开发调试器制作；接着，针对LPC900系列所有功能模块详细阐述，并给出相应的C语言应用例程；最后，结合LPC900自身特点进行应用系统设计。本书所有程序均采用C语言编写，并编译调试通过，均达到设计预期功能。

本书所有程序代码注释详细，并提供完整的硬件电路图，便于阅读和理解，既可作为高等院校电子、通信、计算机及自动化类专业的本、专科学生和研究生的教学参考书，也可作为大学生参加电子设计竞赛和工程技术人员进行开发设计的辅导资料。

图书在版编目(CIP)数据

增强型51片上系统：LPC900系列Flash单片机开发与应用 / 邓颖编著. -- 北京：北京航空航天大学出版社，2011.4
ISBN 978 - 7 - 5124 - 0372 - 7

Ⅰ.①增⋯ Ⅱ.①邓⋯ Ⅲ.①单片微型计算机 Ⅳ.
①TP368.1

中国版本图书馆CIP数据核字(2011)第038236号

版权所有，侵权必究。

增强型51片上系统
——LPC900系列Flash单片机开发与应用
邓 颖 编著

责任编辑 杨 昕 刘爱萍

*

北京航空航天大学出版社出版发行

北京市海淀区学院路37号（邮编 100191） http://www.buaapress.com.cn
发行部电话：(010)82317024 传真：(010)82328026
读者信箱：emsbook@gmail.com 邮购电话：(010)82316936
北京时代华都印刷有限公司印装 各地书店经销

开本：787×960 1/16 印张：21.75 字数：487千字
2011年4月第1版 2011年4月第1次印刷 印数：4 000册
ISBN 978 - 7 - 5124 - 0372 - 7 定价：39.00元

前 言

LPC900 单片机是 NXP(原 Philips 半导体)公司推出的增强型 8 位高性能处理器。它不仅具有处理能力强、运算速度快、集成度高、外部设备丰富、超低功耗等优点,而且还有很高的性价比,因此在许多领域都得到了广泛的应用。LPC900 单片机可以采用汇编语言或 C 语言进行程序设计。它支持 ICP/ISP 在线串行编程,并且适用于所有的 LPC900 单片机,大大降低了开发成本,也相对缩短了开发周期。其软件是由 ARM 公司提供的 Keil μVISION 集成开发环境。此软件人机界面友好,易学易懂,并能很好地支持 C 语言开发,本书中所有代码都是基于 Keil IDE 开发,并且全部采用 C 语言。

本书从整体上介绍了 LPC900 系列单片机的特点和发展。读者通过学习,可以对 LPC900 单片机有一个初步的了解,并能够选择适合自己学习或进行产品开发所需要的机型。全书循序渐进,由浅入深,步步深入。全书章节的编排如下:

第 1 章,基础知识。对 LPC900 系列单片机进行扼要介绍,包括 LPC900 编程代码格式——Intel 格式,LPC900 Flash 型单片机选型等,便于读者对 LPC900 系列单片机进行整体把握。

第 2 章,开发环境。详细讲述了 LPC900 第三方开发环境 Keil 的使用以及 C51 的编译优化,C 语言和汇编语言的混合编程,C 语言中断服务函数的定义,以及程序编程烧写,便于读者进一步开发 LPC900 单片机。

第 3 章,系统设计。包括 ICP/ISP 下载方式,电源供电,LPC900 系列单片机复位电路的可靠性设计,LPC900 系列单片机外部晶振电路的设计,低功耗设计等。这部分内容对于开发过程中的一些细节问题进行详述,避免读者走一些不必要的弯路,对于提高开发进程大有裨益。

第 4 章,功能模块。阐述了 LPC900 时基模块,LPC900 系列新增功能模块,基于 LPC900 系列单片机 Flash 的字节编程方法,LPC900 的 Timer 实现模拟串口功能例程,LPC900 单片机 I/O 口配置,键盘中断功能,LPC900 系列单片机 IAP 功能应用设计,LPC900 系列单片机 E^2PROM 正确的使用方法,RTC 功能,比较器功能,CCU 功能,掉电检测功能,WDT(看门狗)功能,A/D 与 D/A 功能,UART 通信功能,LPC900 单片机 SPI 互为主从模式详解,LPC9xx 微控器的 I^2C 应用等。其中的例程都经过实际测试,可以帮助读者提高开发效率。

增强型 51 片上系统——LPC900 系列 Flash 单片机开发与应用

第 5 章，LPC900 单片机设计技巧。介绍了读者在开发调试、产品量产过程中遇到的问题，以及简易编程器的使用，这部分内容主要针对读者的低成本开发应用，以及工程中遇到的疑难问题的解决办法。

第 6 章，高级应用实例。讲述了实际设计的实例，包括锂离子电池充电器设计，用 P89LPC932A1 驱动 PCM 语音芯片 MC14LC5480，无线射频传输应用，无刷电动车控制器方案，摩托车点火器设计，使用 P89LPC901 制作家用电话防盗报警器，真空吸尘器产品设计，红外多机通信应用实例等家电和工控类的实际应用，主要目的是巩固之前的各个功能模块及设计要点，提高读者的开发设计能力。本书例子采用 C 语言编写，都是相对独立和完整的程序，是作者通过实验调试的成果。程序都添加了详细的注释，便于阅读，完全可以直接应用。

感谢周立功先生以及广州周立功单片机发展有限公司给予我的帮助，当我提出与周立功先生一起写作的时候，周工表示愿意将其公司资料精华无偿给我使用，而且不需要署名，让我感动之至，遂决定好好斟酌，写好此书，以不负重望。

再次感谢广州周立功单片机发展有限公司对本书的支持。

由于作者水平有限，书中难免存在一些不足之处，欢迎广大读者批评指正。有疑问可以及时交流，邮箱：nxp.arm@gmail.com。

作　者
2011 年 2 月

目 录

第1章 基础知识 ···················· 1

1.1 LPC900 系列单片机简介 ···················· 1
1.2 LPC900 编程代码格式——Intel 文件格式说明 ···················· 2
1.3 LPC900 Flash 型单片机选型 ···················· 4
1.3.1 P89LPC940x 单片机 ···················· 4
1.3.2 P89LPC90x 系列单片机 ···················· 5
1.3.3 P89LPC910x 系列单片机 ···················· 5
1.3.4 P89LPC91x 系列单片机 ···················· 6
1.3.5 P89LPC92x 系列单片机 ···················· 7
1.3.6 P89LPC93x 系列单片机 ···················· 8
1.3.7 LPC9001 系列单片机 ···················· 9
1.3.8 LPC98x 高可靠性 Flash 单片机 ···················· 11

第2章 开发环境 ···················· 13

2.1 LPC900 第三方开发环境 ···················· 13
2.2 Keil 编译环境的使用指南 ···················· 15
2.3 Keil C51 编译器的程序优化 ···················· 20
2.4 LPC900 单片机 C 语言和汇编语言混合编程 ···················· 23
2.5 LPC900 C 语言中断服务函数的定义 ···················· 24
2.6 LPC900 入门范例 ···················· 26
2.6.1 I/O 口概述 ···················· 26
2.6.2 I/O 口配置 ···················· 26
2.6.3 电路原理图 ···················· 27
2.6.4 程序设计 ···················· 28
2.6.5 用户配置字、引导向量和状态字 ···················· 29

第3章 系统设计部分 ···················· 33

3.1 ICP/ISP 下载方式 ···················· 33

3.1.1 LPC900 系列单片机 ICP 及 ISP 的使用 …………………………………… 33
  3.1.2 LPC900 系列单片机 ISP 相关 FAQ ……………………………………… 36
 3.2 电源供电 …………………………………………………………………………… 38
  3.2.1 LPC900 系列单片机电源电路的设计 …………………………………… 38
  3.2.2 5 V 环境下的 LPC900 系列单片机 ……………………………………… 41
  3.2.3 Philips LPC900 微控制器的单电池电源 ………………………………… 44
 3.3 LPC900 系列单片机复位电路的可靠性设计 …………………………………… 48
 3.4 LPC900 系列单片机外部晶振电路的设计 ……………………………………… 51
 3.5 低功耗设计 ………………………………………………………………………… 56
  3.5.1 LPC900 系列单片机的功率管理 ………………………………………… 56
  3.5.2 LPC900 Flash 单片机低功耗详解 ……………………………………… 57
  3.5.3 LPC900 系列单片机完全掉电模式下的外部中断唤醒测试 …………… 61

第 4 章　功能模块 ………………………………………………………………………… 65

 4.1 LPC900 时基模块 ………………………………………………………………… 65
 4.2 LPC900 系列新增功能模块 ……………………………………………………… 68
  4.2.1 P89LPC9251 的片上温度传感器的使用方法 …………………………… 68
  4.2.2 增强型 BOD 功能使用例程 ……………………………………………… 75
  4.2.3 可编程增益放大器(PGA)功能的使用例程 …………………………… 77
  4.2.4 P89LPC97x/98x 中定时器 2、3 和 4 的使用例程 ……………………… 81
 4.3 LPC900 系列单片机 Flash 的字节编程方法 …………………………………… 89
 4.4 LPC900 的 Timer 实现模拟串口功能例程 ……………………………………… 93
 4.5 LPC900 单片机 I/O 口 …………………………………………………………… 98
  4.5.1 LPC900 单片机 I/O 口配置 ……………………………………………… 98
  4.5.2 干扰侵入单片机系统的途径 ……………………………………………… 107
  4.5.3 LPC900 单片机抑制干扰侵入的对策 …………………………………… 108
 4.6 LPC900 Flash 单片机键盘 ……………………………………………………… 109
  4.6.1 LPC900 Flash 单片机键盘中断 ………………………………………… 109
  4.6.2 LPC900 系列单片机键盘中断实现掉电唤醒 …………………………… 114
 4.7 LPC900 系列单片机 IAP 功能应用设计 ………………………………………… 117
 4.8 LPC900 系列单片机 E^2PROM 的正确使用方法 ……………………………… 122
 4.9 RTC 功能 ………………………………………………………………………… 124
  4.9.1 LPC900 单片机低功耗下的实时时钟 …………………………………… 124
  4.9.2 LPC900 单片机 RTC 模块应用示例 …………………………………… 128
 4.10 比较器功能 ……………………………………………………………………… 137
 4.11 CCU 功能 ………………………………………………………………………… 140

目 录

4.11.1　P89LPC932 Flash 单片机测脉冲宽度 …………………… 140
4.11.2　Philips LPC9xx PWM 实例程序 ………………………… 144
4.12　掉电检测功能 …………………………………………………… 148
　4.12.1　概　述 ………………………………………………………… 148
　4.12.2　具体操作方法以及部分注意事项 …………………………… 149
　4.12.3　设计实例——利用掉电中断保护配置参数 ………………… 150
4.13　WDT(看门狗)功能 …………………………………………… 153
　4.13.1　概　述 ………………………………………………………… 153
　4.13.2　看门狗功能介绍 …………………………………………… 153
　4.13.3　注意事项 …………………………………………………… 156
　4.13.4　例　程 ………………………………………………………… 158
4.14　A/D 与 D/A 功能 ……………………………………………… 160
　4.14.1　P89LPC938 Flash 单片机 ADC 范例 …………………… 160
　4.14.2　P89LPC935 D/A 的使用方法 …………………………… 162
4.15　UART 通信功能 ………………………………………………… 168
　4.15.1　LPC900 单片机与串口通信例程 ………………………… 168
　4.15.2　LPC900 单片机 UART 串口通信 FAQ ………………… 171
4.16　LPC900 单片机 SPI 互为主从模式详解 …………………… 181
4.17　LPC9xx 微控器的 I^2C 应用 ………………………………… 186

第 5 章　LPC900 单片机设计技巧与开发调试器制作 …………… 189

5.1　采用 LPC900 Δ-ΣADC 外设实现高精度测量 ………………… 189
5.2　P89LPC900 在高精度模/数转换场合的应用 …………………… 195
5.3　Flash Magic 串行烧写器 ………………………………………… 198
　5.3.1　FlashMagic 软件调试步骤 …………………………………… 199
　5.3.2　常见问题及解决办法 …………………………………………… 204
5.4　LPC900 系列工程项目设计中的问题以及解决办法 ……………… 204
　5.4.1　E^2PROM 的正确使用方法 …………………………………… 204
　5.4.2　LPC932 系列代码在 LPC901 单片机上的移植 ……………… 216
　5.4.3　LPC932 单片机可靠性设计方案以及解决办法 ……………… 216

第 6 章　高级应用实例 ……………………………………………… 219

6.1　锂离子电池充电器设计 …………………………………………… 219
　6.1.1　系统概述 ………………………………………………………… 219
　6.1.2　系统硬件设计 …………………………………………………… 221
　6.1.3　系统软件设计 …………………………………………………… 222

6.2 用 P89LPC932A1 驱动 PCM 语音芯片 MC14LC5480 229
　6.2.1　系统概述 229
　6.2.2　MC14LC5480 的工作模式 231
　6.2.3　电路设计 231
　6.2.4　程序设计 232
6.3　无线射频传输应用 235
　6.3.1　系统概述 235
　6.3.2　系统硬件设计 246
　6.3.3　系统软件设计 256
6.4　无刷电动车控制器方案 266
　6.4.1　系统概述 266
　6.4.2　系统硬件设计 269
　6.4.3　系统软件设计 272
6.5　摩托车点火器设计 306
　6.5.1　系统概述 306
　6.5.2　系统硬件设计 306
　6.5.3　系统软件设计 307
6.6　使用 P89LPC901 制作家用电话防盗报警器 309
　6.6.1　系统概述 309
　6.6.2　系统硬件设计 311
　6.6.3　设计调试中应注意的问题 314
　6.6.4　电话防盗报警器系统软件设计 314
6.7　真空吸尘器产品设计 318
　6.7.1　系统概述 318
　6.7.2　系统硬件设计 319
　6.7.3　系统设计要点 321
　6.7.4　真空吸尘器系统软件设计 324
6.8　红外多机通信应用实例 326
　6.8.1　系统概述 326
　6.8.2　系统硬件设计 328
　6.8.3　系统软件设计 330

参 考 文 献 339

第 1 章

基础知识

1.1 LPC900 系列单片机简介

LPC900 系列单片机由 Philips 公司推出,基于 80C51 内核,具有高性能、低功耗等特性。其内部资源丰富,具有 UART、SPI、I²C 总线,比较器模块,ADC/DAC 转换模块,且性能可靠,加密性能优秀,上手简单,是一款性价比极高的微处理器。芯片基本特性如下:

- 2 Clock 系统时钟,指令执行速度是普通 80C51 单片机的 6 倍,最高运行速度高达 9 MIPS。
- 指令集与标准 8051 兼容,上手简单。
- 具有 ICP/ISP 功能,芯片焊在板子上,不必取出即可下载程序,ICP/IAP/ISP 方式下载代码后,代码无法读出。
- 独有的 IAP-Lite 功能允许字节擦/写,可将 Flash 存储器用做非易失性存储器代替外部 E²PROM。
- 采用 Flash 工艺,擦/写次数 10 万次以上。
- 内置 1~16 KB Flash 存储器。
- 片内 128~768 B 的 RAM,512 B 的 E²PROM。
- 4 个中断优先级。
- 双 DPTR,便于多表格查询。
- 低压掉电检测功能保证系统电压跌落时及时复位或中断处理,保证系统运行安全。
- T0/T1 可设置为触发引脚翻转,输出占空比为 50% 的音频信号。
- CCU 比较/捕捉模块,提供 PWM 输出。
- RTC 定时器,可独立于系统时钟,用做日历时钟。
- 多时钟源,外部高/中/低频晶振,具有高精度内部 RC 振荡器(7.372 8 MHz),无需外接晶振即可稳定工作,精度为 1%;使用片内 RC 可提升 EMC 性能;具有内部 WDT(采用独立的时钟源),独立时钟源看门狗定时器,保证系统可靠运行,WDT 可作为定时器使用。

- 增强型 I/O 端口,可配置为准双向/推挽/开漏/输入模式;20 mA 电流驱动能力;支持键盘中断;口线可兼容 5 V 电压。
- 多种串行接口,UART、SPI、I²C,其中 LPC952 提供 2 个 UART。
- 创新的片内外设备资源,模拟功能,A/D、D/A、比较器、可编程增益放大器(PGA)。其中 LPC938/952 提供 10 位 A/D,4 个定时器,2 个外部计数器(和 T0/T1 定时器共用)。
- LCD 驱动,LPC9401 和 LPC9408 内置 32×4 段 LCD 驱动。
- 具有 8～64 引脚多种封装。
- 完全掉电模式下,功耗小于 1 μA。
- 工业级温度范围,-40～85 ℃。
- 采用 TSSOP/HVQFN/LQFP 等封装,有效节省 PCB 面积。
- 工作电压范围,2.4～3.6 V。

LPC900 系列单片机主要应用于消费类产品,汽车电子,工控产品,白色家电,低功耗手持设备,高级电机控制,智能配电,个人卫生保健以及 LED 照明控制等。

1.2 LPC900 编程代码格式——Intel 文件格式说明

Intel HEX 文件是由一行行符合 Intel HEX 文件格式的文本所构成的 ASCII 文本文件。在 Intel HEX 文件中,每一行包含一个 HEX 记录。这些记录由对应机器语言码和常量数据的十六进制编码数字组成。Intel HEX 文件通常用于传输将被存于 ROM 或者 EPROM 中的程序和数据。大多数 EPROM 编程器或模拟器使用 Intel HEX 文件。

Intel HEX 由任意数量的十六进制记录组成。每个记录包含 5 个域,它们按以下格式排列:

: llaaaatt[dd...]cc

每一组字母对应一个不同的域,每一个字母对应一个十六进制编码的数字。每一个域由至少两个十六进制编码数字组成,它们构成一个字节,描述如下。

: 每个 Intel HEX 记录都由冒号开头。
ll 数据长度域,代表记录当中数据字节(dd)的数量。
aaaa 地址域,代表记录当中数据的起始地址。
tt HEX 记录类型的域,可能是以下数据之一:
00——数据记录;
01——文件结束记录;
02——扩展段地址记录;
04——扩展线性地址记录。

dd 数据域,代表一个字节的数据。一个记录可以有许多数据字节。记录当中数据字节的数量必须和数据长度域(ll)中指定的数字相符。

cc 校验和域,表示这个记录的校验和。校验和的计算是通过将记录当中所有十六进制编码数字对的值相加,以 256 为模进行取余计算。

Intel HEX 文件由任意数量以回车换行符结束的数据记录组成,数据记录外观如下:

:10246200464C5549442050524F46494C4500464C33

其中,10 是这个记录当中数据字节的数量;2462 是数据将被下载到存储器当中的地址;00 是记录类型(数据记录);464C 是数据;33 是这个记录的校验和。

扩展线性地址记录(HEX386)也叫 32 位地址记录或 HEX386 记录。这些记录包含数据地址的高 16 位。扩展线性地址记录总是有两个数据字节,外观如下:

:02000004FFFFFC

其中,02 是这个记录当中数据字节的数量;0000 是地址域,对于扩展线性地址记录,这个域总是 0000;04 是记录类型,表示扩展线性地址记录;FFFF 是地址的高 16 位;FC 是这个记录的校验和,计算方法如下:

01h+NOT(02h+00h+00h+04h+FFh+FFh)

当一个扩展线性地址记录被读取时,存储于数据域的扩展线性地址被保存,它被应用于从 Intel HEX 文件读取来的随后记录,线性地址保持有效,直到它被另外一个扩展地址记录所改变。通过把记录当中的地址域与被移位的来自扩展线性地址记录的地址数据相加获得数据记录的绝对存储器地址。下面演示这个过程,来自数据记录地址域的地址 2462。

扩展线性地址记录的数据域+FFFF
绝对存储器地址 FFFF2462
扩展段地址记录(HEX86)

扩展段地址记录也叫 HEX86 记录,它包括 4~19 位数据地址段。扩展段地址记录总是有两个数据字节,外观如下:

:020000021200EA

其中,02 是记录当中数据字节的数量;0000 是地址域,对于扩展段地址记录,这个域总是 0000;02 是记录类型,表示扩展段地址记录;1200 是地址段;EA 是这个记录的校验和,计算方法如下:

01h+NOT(02h+00h+00h+02h+12h+00h)

当一个扩展段地址记录被读取时,存储于数据域的扩展段地址被保存,它被应用于从 Intel HEX 文件读取来的随后记录,段地址保持有效,直到它被另外一个扩展地址记录所改变。

通过把记录当中的地址域与被移位的来自扩展段地址记录的地址数据相加，获得数据记录的绝对存储器地址。Intel HEX 文件必须以文件结束(EOF)记录结束，这个记录的记录类型域的值必须是 01，EOF 记录外观总是如下：

:00000001FF

其中，00 是记录当中数据字节的数量；0000 是数据被下载到存储器当中的地址，在文件结束记录当中地址是没有意义、被忽略的，0000h 是典型的地址；01 是记录类型，表示文件结束记录；FF 是这个记录的校验和，计算方法如下：

01h+NOT(00h+00h+00h+01h)

下面是一个例子：

:10008000AF5F67F0602703E0322CFA92007780C361
:1000900089001C6B7EA7CA9200FE10D2AA00477D81
:0B00A00080FA92006F3600C3A00076CB
:00000001FF

第一行":"符号表明记录的开始。后面的两个字符表明记录的长度，这里是 10h。后面的 4 个字符给出调入的地址，这里是 0080h。后面的两个字符表明记录的类型：0 数据记录，1 记录文件结束，2 扩展段地址记录，3 开始段地址记录，4 扩展线性地址记录，5 开始线性地址记录。

后面则是真正的数据记录，最后两位是校验和检查，它加上前面所有的数据和为 0。最后一行特殊，总是写成这个样子。扩展 Intel Hex 的格式（最大 1M）：由于普通 Intel 的 Hex 记录文件只能记录 64K 的地址范围，所以大于 64K 的地址数据要靠扩展 Intel Hex 格式的文件来记录。对于扩展形式 Hex 文件，按照在每一个 64K 段的开始加上扩展的段地址规定，下面的数据地址均在这个段内，除非出现新的段地址定义。一个段地址定义的格式如下：

起始符长度　起始地址　扩展段标识　扩展段序号　累加和

:02 0000 02 3000 EC

段地址的标识符是第四个字节数据 02，表示扩展地址段的定义；再后面以 HEX 数表示段的数目，上面的定义为 3，表示段地址是 3，所以下面的数据地址是 3+XX(XX 是 64K 段内的地址)。

1.3　LPC900 Flash 型单片机选型

1.3.1　P89LPC940x 单片机

LPC940x 是一款单片封装的微控制器，集成度高、成本低，可以满足多方面的性能要求。

LPC940x 采用了高性能的处理器结构,指令执行时间只需 2~4 个时钟周期,6 倍于标准 80C51 器件。LPC9401 集成了许多系统级的功能,这样可以大大减少元件的数目和电路板面积,并可降低系统的成本。内置 LCD 段驱动器,内部 Flash 同时用做 E²PROM,内含 RTC 日历时钟功能。P89LPC940x 单片机的选型表如表 1.1 所列。

表 1.1 P89LPC940x 单片机的选型表

引脚	封装	型号	存储器			LCD 驱动器	定时/计数器			串行接口	I/O	中断(外部)	比较器	A/D	D/A	频率 /MHz
			RAM	E²PROM	Flash	PP/ISP/IAP		CCU	RTC	WDT						
64	LQFP	P89LPC9401	256 B	8 KB	Y/Y/Y	32×4	—	√	√	UART/I²C/SPI	23	13(3)	2	—	—	0~12
64	LQFP	P89LPC9408	768 B	512 B	8 KB	Y/Y/Y	32×4	—	√	√	UART/I²C/SPI	23	15(3)	2	8-ch/10-bit	—	0~18

1.3.2 P89LPC90x 系列单片机

P89LPC90x 是一系列 8 引脚单片封装的微控制器,集成度高、成本低,可以满足多方面的性能要求。P89LPC90x 系列器件内部集成了许多系统级的功能,这样可大大减少元件的数目和电路板面积,并可降低系统的成本。内部 Flash 同时用做 E²PROM 使用,内含 RTC 日历时钟功能。P89LPC90x 单片机的选型表如表 1.2 所列。

表 1.2 P89LPC90x 单片机的选型表

引脚	封装	型号	存储器			LCD 驱动器	定时/计数器			串行接口	I/O	中断(外部)	比较器	A/D	D/A	频率 /MHz
			RAM	E²PROM	Flash	PP/ISP/IAP		CCU	RTC	WDT						
8	SO/DIP	P89LPC901*	128 B	—	1 KB	Y/—/Y	—	√	√	—	6	6(1)	1	—	—	0~18
8	SO	P89LPC902*	128 B	—	1 KB	Y/—/Y	—	√	√	—	6	6(1)	2	—	—	7.372 8
8	SO	P89LPC903*	128 B	—	1 KB	Y/—/Y	—	√	√	UART	6	9(1)	—	—	—	7.372 8

注:* LPC901/902/903 与 PIC12C50x/51x 单片机引脚完全兼容。

1.3.3 P89LPC910x 系列单片机

超小型封装(3 mm×3 mm),该系列极小尺寸的微控制器可以带来 6 倍于标准 8051 内核 MCU 的性能。集成的系统级功能可以在大量应用中减少元器件数目和电路板面积,并可降低系统成本。片上特性节省了电路板空间,降低了成本。2 个 16 位定时/计数器可设置为溢出时触发相应端口输出或作为 PWM 输出(LPC9102/9107)。7.37 MHz 的内部 RC 振荡器精确度在±2.5%时不需要外接振荡器件。片上看门狗定时器采用单独的片上振荡器(400 kHz),无需外接元件。看门狗定时器可选择8个参考数值。片内集成的实时时钟也可以被用做系统定时器,有独立的电源和时钟输入,在掉电模式下可以实现极低的功耗。为了进一步控制功耗,系统管理功能包括了掉电复位(POR)和掉电检测(BOD),这些功能在发生上电失败事件时可以保证系统安全关闭。掉电电流的典型值应该低于1 μA。P89LPC910x具有8个I/O引脚,VDD工作电压是2.4~3.6 V。工作温度范围是-40~+85 ℃。LPC9107有TSSOP14封装。

P89LPC910x是一系列10/14脚的单片封装的微控制器,包含许多功能和特性。10脚器件采用HVSON封装,其规格达到了业界最小8位微控制器的尺寸(3.0×3.0)。P89LPC910x系列器件将器件面积的限制做到了极致,片内集成了诸如高精度RC振荡器、掉电检测、上电复位等系统级功能以及8位ADC、UART等外围功能,大大减少了系统的元件数目。内部Flash同时用做E^2PROM,内含RTC日历时钟功能。LPC910x集成了可擦除的Flash存储器、增强型的定时功能和电源监控功能。每个LPC910x器件有1 KB可字节擦除的Flash程序存储器,每个扇区大小为256 B,每页大小为16 B。字节擦除功能可用来模拟E^2PROM,完全擦除或编程仅需要2 ms,独立扇区或页擦除仅需要6 ms。增强型UART(LPC9103/9107)具有波特率发生器、间隔检测、帧错误检测、自动地址识别和灵活的中断配制功能。P89LPC910x单片机的选型表如表1.3所列。

表1.3 P89LPC910x单片机的选型表

引脚	封装	型号	存储器			LCD驱动器	定时/计数器			串行接口	I/O	中断(外部)	比较器	A/D	D/A	频率/MHz
			RAM	E^2PROM	Flash PP/ISP/IAP		CCU	RTC	WDT							
10	HVSON	P89LPC9102	128 B		1 KB Y/-/Y	—	—	√	√	—	8	9(1)	1	4-ch/8-bit	1-ch/8-bit	0~18
10	HVSON	P89LPC9103	128 B		1 KB Y/-/Y	—	—	√	√	UART	8	9(1)	1	4-ch/8-bit	1-ch/8-bit	0~18
14	TSSOP	P89LPC9107	128 B		1 KB Y/-/Y	—	—	√	√	UART	10	9(1)	1	4-ch/8-bit	1-ch/8-bit	0~18

1.3.4 P89LPC91x系列单片机

P89LPC91x是一系列14/16引脚单片封装的微控制器,集成度高、成本低,可以满足多方面的性能要求。P89LPC91x系列器件内部集成了许多系统级的功能,这样可大大减少元件的数目和电路板面积,并可降低系统的成本。内部Flash同时用做E^2PROM,内含RTC日历时钟功能。P89LPC91x单片机的选型表如表1.4所列。

表 1.4 P89LPC91x 单片机的选型表

引脚	封装	型号	存储器			LCD 驱动器	定时/计数器			串行接口	I/O	中断(外部)	比较器	A/D	D/A	频率/MHz
			RAM	E²PROM	Flash		CCU	RTC	WDT							
					PP/ISP/IAP											
14	TSSOP	P89LPC912	128 B	1 KB	Y/—/Y	—		√	√	SPI	12	7(1)	2	—	—	0~18
14	TSSOP	P89LPC913	128 B	1 KB	Y/—/Y	—		√	√	SPI/UART	12	10(1)	2	—	—	0~18
14	TSSOP	P89LPC914	128 B	1 KB	Y/—/Y	—		√	√	SPI/UART	12	10(1)	2	—	—	7.372 8
14	TSSOP	P89LPC915	256 B	2 KB	Y/—/Y	—		√	√	UART/I²C	12	13(3)	2	4-ch/8-bit	1-ch/8-bit	0~18
16	TSSOP	P89LPC916	256 B	2 KB	Y/—/Y	—		√	√	UART/I²C/SPI	14	14(2)	2	4-ch/8-bit	1-ch/8-bit	0~18
16	TSSOP	P89LPC917	256 B	2 KB	Y/—/Y	—		√	√	UART/I²C	14	14(3)	2	4-ch/8-bit	1-ch/8-bit	0~18

1.3.5 P89LPC92x 系列单片机

P89LPC92x 是一系列 20 引脚单片封装的微控制器,集成度高、成本低,可以满足多方面的性能要求。P89LPC92x 系列器件内部集成了许多系统级的功能,这样可大大减少元件的数目和电路板面积,并可降低系统的成本。内部 Flash 同时用做 E²PROM,内含 RTC 日历时钟功能。P89LPC92x 单片机的选型表如表 1.5 所列。

表 1.5 P89LPC92x 单片机的选型表

引脚	封装	型号	存储器			LCD 驱动器	定时/计数器			串行接口	I/O	中断(外部)	比较器	A/D	D/A	频率/MHz
			RAM	E²PROM	Flash PP/ISP/IAP		CCU	RTC	WDT							
20	TSSOP	P89LPC920*	256 B	2 KB	Y/Y/Y	—	—	√	√	UART/I²C	18	12(3)	2	—	—	0~18
20	TSSOP	P89LPC921*	256 B	4 KB	Y/Y/Y	—	—	√	√	UART/I²C	18	12(3)	2	—	—	0~18
20	DIP/TSSOP	P89LPC922*	256 B	8 KB	Y/Y/Y	—	—	√	√	UART/I²C	18	12(3)	2	—	—	0~18
20	DIP/TSSOP	P89LPC9221	256 B	8 KB	Y/Y/Y	—	—	√	√	UART/I²C	18	12(3)	2	—	—	0~18

续表 1.5

引脚	封装	型号	存储器			LCD驱动器	定时/计数器			串行接口	I/O	中断(外部)	比较器	A/D	D/A	频率/MHz
			RAM	E²PROM	Flash		CCU	RTC	WDT							
					PP/ISP/IAP											
20	TSSOP	P89LPC924	256 B	4 KB	Y/Y/Y	—	—	√	√	UART/I²C	18	12(3)	2	4-ch/8-bit	1-ch/8-bit	0~18
20	DIP/TSSOP	P89LPC925	256 B	8 KB	Y/Y/Y	—	—	√	√	UART/I²C	18	12(3)	2	4-ch/8-bit	1-ch/8-bit	0~18

注：* LPC920/921/922 与 P87LPC762/764 单片机引脚完全兼容。

1.3.6　P89LPC93x 系列单片机

P89LPC93x 是一系列 28 引脚单片封装的微控制器，集成度高、成本低，可以满足多方面的性能要求。P89LPC93x 系列器件内部集成了许多系统级的功能，这样可大大减少元件的数目和电路板面积，并可降低系统的成本。内部 Flash 同时用做 E²PROM，内含 RTC 日历时钟功能。P89LPC93x 单片机的选型表如表 1.6 所列。

表 1.6　P89LPC93x 单片机的选型表

引脚	封装	型号	存储器			LCD驱动器	定时/计数器			串行接口	I/O	中断(外部)	比较器	A/D	D/A	频率/MHz
			RAM	E²PROM	Flash		CCU	RTC	WDT							
					PP/ISP/IAP											
28	TSSOP	P89LPC930	256 B	4 KB	Y/Y/Y	—	—	√	√	UART/I²C/SPI	26	13(3)	2	—	—	0~18
28	TSSOP	P89LPC931	256 B	8 KB	Y/Y/Y	—	—	√	√	UART/I²C/SPI	26	13(3)	2	—	—	0~18
28	PLCC/TSSOP/HVQFN	P89LPC932A1	768 B	512 B	8 KB	Y/Y/Y	—	—	√	√	UART/I²C/SPI	26	15(3)	2	—	—	0~18
28	PLCC/TSSOP/HVQFN	P89LPC9321	768 B	512 B	8 KB	Y/Y/Y	—	—	√	√	UART/I²C/SPI	26	15(3)	2	—	—	0~18
28	TSSOP	P89LPC933	256 B	4 KB	Y/Y/Y	—	—	√	√	UART/I²C/SPI	26	15(3)	2	4-ch 8-bit	Dual 1-ch 8-bit	0~18
28	TSSOP	P89LPC934	256 B	8 KB	Y/Y/Y	—	—	√	√	UART/I²C/SPI	26	15(3)	2	4-ch 8-bit	Dual 1-ch 8-bit	0~18

续表 1.6

引脚	封装	型号	存储器			LCD驱动器	定时/计数器			串行接口	I/O	中断(外部)	比较器	A/D	D/A	频率/MHz
			RAM	E²PROM	Flash		CCU	RTC	WDT							
						PP/ISP/IAP										
28	PLCC/TSSOP HVQFN	P89LPC935	768 B	512 B	8 KB	Y/Y/Y	—	√	√	√	UART/I²C/SPI	26	15(3)	2	Dual 4-ch 8-bit	Dual 1-ch 8-bit	0~18
28	PLCC/TSSOP HVQFN	P89LPC9351	768 B	512 B	8 KB	Y/Y/Y		√	√	√	UART/I²C/SPI	26	15(3)	2	Dual 4-ch 8-bit	Dual 1-ch 8-bit	0~18
28	TSSOP	P89LPC936	768 B	512 B	16 KB	Y/Y/Y		√	√	√	UART/I²C/SPI	26	15(3)	2	Dual 4-ch 8-bit	Dual 1-ch 8-bit	0~18
28	PLCC/TSSOP HVQFN	P89LPC938	768 B	512 B	8 KB	Y/Y/Y		√	√	√	UART/I²C/SPI	26	15(3)	2	8-ch 10-bit		0~18
44	PLCC LQFP	P89LPC952	512 B	—	8 KB	Y/Y/Y		—	√	√	UART/I²C/SPI	42	17(3)	2	8-ch 10-bit		0~18
44	PLCC LQFP	P89LPC954	512 B	—	16 KB	Y/Y/Y			√	√	UART/I²C/SPI	42	17(3)	2	8-ch 10-bit		0~18

1.3.7 LPC9001 系列单片机

NXP 公司积累数十年 MCU 开发经验，在 2008 年底推出了 LCP9001 系列单片机 P89LPC9321/P89LPC9351，这是一款多功能、小封装、高速率、高性价比的 MCU。其基于增强型 80C51 内核，内部集成有高精度 RC 振荡器、内部复位电路、上电检测、掉电监测、WDT 等功能，使其具有非常强的抗干扰特性；内置 AD/DA、比较器、PGA、温度传感器，为其提供了优秀的模拟信号的处理能力；内置的 RTC、键盘中断、掉电唤醒等诸多功能模块，使其非常轻松地应用于低功耗应用场合；I²C 总线、SPI 总线、CCU、自带波特率发生器的 UART 等诸多模块，使其能够稳定可靠地操作各种外围器件。

LPC935 与 LPC9351 性能比较如表 1.7 所列。

表 1.7　LPC935 与 LPC9351 性能比较

功能	LPC935	LPC9351
引脚	—	I/O 口提供高达 20 mA 的灌电流与拉电流
内存	相同	
复位	WDT 复位不清除任何标志	WDT 复位与 POR 相似
时钟	内部 RC 振荡器：7.373 MHz ±1%	可双倍时钟的内部 RC 振荡器：7.373/14.746 MHz ±1%
	400 kHz 的 WDT 时钟精度：±(20%~30%)	400 kHz 的 WDT 时钟精度：±5%
	WDT 时钟源：看门狗振荡器或者 PCLK	WDT 时钟源：看门狗振荡器、PCLK 或者外部晶振振荡器
	内部 RC 振荡器与外部晶体振荡器快速切换	任意时钟源运行中切换
	—	可读的 RTC 时钟
低电压检测	简单的 BOD，掉电中断与复位只有一级阈值	三个独立的功能：BOD 复位、BOD 中断和 BOD E^2PROM/Flash
ADC	在 3.3 MHz 时钟下 8 位转换时间≥3.9 μs	在 8.0 MHz 时钟下 8 位转换时间≥1.61 μs
	—	2 个可编程为 2x, 4x, 8x, 16x 的 PGA
	—	−40～85 ℃的温度传感器能力
电源管理	typical IDD(pd)：55 μA	typical IDD(pd)：20 μA
ISP/IAP/Parallel Programming	相同	

LPC9001 系列单片机选型表如表 1.8 所列。

表 1.8　LPC9001 系列单片机选型表

型号	Flash	RAM	E^2PROM	I/O	PGA	温度传感器	ADC 8bit	DAC 8bit	I^2C	SPI	UART	温度范围 /℃	封装
LPC92x1													
P89LPC9201	2 KB	256 B		18					Y		Y	−40～+85	TSSOP20
P89LPC9211	4 KB	256 B		18					Y		Y	−40～+85	TSSOP20
P89LPC922A1	8 KB	256 B		18					Y		Y	−40～+85	TSSOP20、PDIP20
P89LPC941	4 KB	256 B		18		Y	1×4ch	1	Y		Y	−40～+85	TSSOP20
P89LPC951	8 KB	256 B		18		Y	1×4ch	1	Y		Y	−40～+85	TSSOP20

续表1.8

型号	Flash	RAM	E²PROM	I/O	PGA	温度传感器	ADC 8bit	DAC 8bit	I²C	SPI	UART	温度范围/℃	封装
LPC93x1													
P89LPC9301	4 KB	256 B		26					Y	Y	Y	−40～+85	TSSOP28
P89LPC931A1	8 KB	256 B		26					Y	Y	Y	−40～+85	TSSOP28
P89LPC9321	8 KB	768 B	512 B	26	1				Y	Y	Y	−40～+85	TSSOP28、PDIP28、PLCC28
P89LPC9331	2 KB	256 B		26		Y	2×4ch	2	Y	Y	Y	−40～+85	TSSOP28
P89LPC9341	4 KB	256 B		26		Y	2×4ch		Y	Y	Y	−40～+85	TSSOP28
P89LPC9351	8 KB	768 B	512 B	26	2		2×4ch		Y	Y	Y	−40～+85	TSSOP28、PLCC28
LPC94xx													
P89LPC9402	8 KB	256 B		23		4×32 段	LCD		Y	Y	Y	−40～+85	LQFP64

1.3.8 LPC98x 高可靠性 Flash 单片机

NXP 公司在 2009 年发布了 LPC97x 及 LPC98x 系列单片机,这是一款宽电压,高可靠性的 MCU,其电压范围为 2.4～5.5 V,内部集成了上电检测、掉电检测、UART、SPI、I²C、比较器、RTC、WDT 等诸多外设;另外该芯片拥有 7 路定时器资源,可以满足绝大多数应用的需求。P89LPC98x 系列 MCU 是一款单片封装的微控制器,可用于要求低成本封装的场合;采用高性能的处理器结构,指令执行时间只需 2～4 个时钟周期,速率为标准 80C51 器件的 6 倍。P89LPC98x 集成了许多系统级功能,这样可以减少元件数目及电路板大小,并可降低系统成本。其特性如下:

- 2 KB/4 KB/8 KB 字节可擦除 Flash 代码存储器分为 1 KB 扇区和 64 B 页。单字节擦除允许将任意字节作为非易失性数据存储。
- 具有 256 字节 RAM 数据存储器。P89LPC982 和 P89LPC985 都包含一个 256 B 辅助片内 RAM。
- 8 输入多通道 10 位 ADC(P89LPC985,P89LPC983 为 4 输入多通道 10 位 ADC),窗口比较器可产生结果范围内/外的中断。2 个模拟比较器可选择输入及参考源。
- 5 个 16 位计数器/定时器(均可设置为溢出时触发相应端口输出或作为 PWM 输出)。
- 32 位系统定时器(也可用作实时时钟)包含一个 7 位预分频器和一个可编程并可读的 16 位定时器。
- 增强型 UART 带有小数波特率发生器,具有中断检测、帧错误检测及自动地址检测功能;具有 400 kHz 的 I²C 总线通信速率的端口和 SPI 通信端口。

- 高精度内部 RC 振荡器,可选择频率为 7.373 MHz(调整±1%),具有时钟倍频选项,可在没有外部振荡器元件的情况下工作。RC 振荡器选项可选且可微调。
- 看门狗定时器具有片内独立振荡器,标称频率为 400 kHz±25 kHz,频率为 400 kHz 时调整±10%,无需外接元件。看门狗预分频器有 8 个值可供选择 UART、I^2C 和 SPI 的引脚映像。
- VDD 工作电压范围:2.4~5.5 V。
- 增加的低电压(掉电)检测可在电源故障时安全关闭系统。
- 28 引脚 TSSOP 和 PLCC 封装,最少 23 个 I/O 引脚,使用片内振荡器和复位选项时最多有 26 个 I/O 引脚。

LPC98x 系列单片机选型表如表 1.9 所列。

表 1.9 LPC98x 系列单片机选型表

型号	存储器		定时器					外设			模拟		引脚数	封装
	Flash	RAM	总数	8bit PWM	16bit PWM	RTC	WDT	UART	I^2C	SPI	10bit ADC	比较器		
P89LPC985	8 KB	512 B	7	2	3	1	1	1	1	1	8	2	28	TSSOP28,PLCC28
P89LPC983	4 KB	256 B	7	2	3	1	1	1	1	1	4	2	28	TSSOP28
P89LPC982	8 KB	512 B	7	2	3	1	1	1	1	1	—	2	28	TSSOP28,PLCC28
P89LPC980	4 KB	256 B	7	2	3	1	1	1	1	1	—	2	28	TSSOP28
P89LPC972	8 KB	256 B	7	2	3	1	1	1	1	1	—	2	20	TSSOP20,DIP20
P89LPC971	4 KB	256 B	7	2	3	1	1	1	1	1	—	2	20	TSSOP20
P89LPC970	2 KB	256 B	7	2	3	1	1	1	1	1	—	2	20	TSSOP20

第 2 章

开发环境

2.1 LPC900 第三方开发环境

  Keil C51 标准 C 编译器为 8051 微控制器的软件开发提供了 C 语言环境,同时保留了汇编代码高效、快速的特点。C51 编译器的功能不断增强,更加贴近 CPU 本身及其他的衍生产品。C51 已被完全集成到 μVision2 的集成开发环境中,这个集成开发环境包含：编译器、汇编器、实时操作系统、项目管理器、调试器。μVision2 IDE 可提供单一而灵活的开发环境。C51 V7 版本是目前最高效、灵活的 8051 开发平台之一。它可以支持所有 8051 的衍生产品,也可以支持所有兼容的仿真器,同时支持其他第三方开发工具。因此,C51 无疑是 8051 开发用户的最佳选择。

  μVision2 集成开发环境的工程(project)是由源文件、开发工具选项以及编程说明三部分组成的。一个单一的 μVision2 工程能够产生一个或多个目标程序。产生目标程序的源文件构成"组"。开发工具选项可以对应目标组或单个文件。μVision2 包含一个器件数据库(device database),可以自动设置汇编器、编译器、连接定位器及调试器选项,来满足用户充分利用特定微控制器的要求。此数据库包含片上存储器和外围设备的信息,扩展数据指针(extra data pointer)或者加速器(math accelerator)的特性。μVision2 可以为片外存储器产生必要的连接选项,确定起始地址和规模。μVision2 的强大功能有助于用户按期完工。μVision2 集成如下功能：

- 集成环境可以利用符号数据库来使用户可以快速浏览源文件。用详细的符号信息来优化用户变数存储器。
- 文件寻找功能,在特定文件中执行全局文件搜索。
- 工具菜单,允许在集成开发环境下启动用户功能。
- 可配置 SVCS 接口,提供对版本控制系统的入口。
- PC-LINT 接口,对应用程序代码进行深层语法分析。

  μVision2 源代码编辑器包含了所有用户熟悉的特性,包括对 C 源代码进行调试和优化的特性。可以在编辑器内调试程序,它能提供一种自然的调试环境,可以更快速地检查和修改程序。μVision2允许用户在编辑时设置程序断点（甚至在源代码未经编译和汇编之前）。用户启动 V2 调试器之后，断点即被激活。断点可设置为条件表达式、变量或存储器访问，断点被触发后，调试器命令或调试功能即可执行。在属性框（attributes column）中可以快速浏览断点设置情况和源程序行的位置。代码覆盖率信息可以区分程序中已执行和未执行的部分。μVision2 中可以编写或使用类似 C 的数据语言进行调试。

① 内部函数：如 printf、memset、rand 及其他功能的函数。

② 信号函数：模拟产生 CPU 的模拟信号和脉冲信号（simulate analog and digital inputs to CPU）。

③ 用户函数：扩展指令范围，合并重复动作。

用户可以在编辑器中选中变量来观察其取值。双层窗口显示，可显示如下内容：当前函数的局部变量；用户在两个不同 watch 窗口页面上的自定义变量；堆栈调用（call stack）页面上的调用记录（树）（call tree）；不同格式的四个存储区。

Keil C51 编译器在遵循 ANSI 标准的同时，为 8051 微控制器系列特别设计。语言上的扩展能让用户使用应用中的所有资源。

1. 存储器和特殊功能寄存器的存取

C51 编译器可以实现对 8051 系列所有资源的操作。SFR 的存取由 sfr 和 sbit 两个关键字来提供。变量可旋转到任一个地址空间。用关键字 at 还能把变量放入固定的存储器，存储模式（大、中、小）决定了变量的存储类型。连接定位器支持的代码区可达 32 个，这就允许用户在原有 64 KB ROM 的 8015 内核的基础上扩展程序。在 V2 的编译器和许多高性能仿真器中，可以支持应用程序的调试。

2. 中断功能

C51 允许用户使用 C 语言编写中断服务程序，快速进、出代码和寄存器区的转换功能使 C 语言中断功能更加高效。可再入功能是用关键字来定义的。多任务、中断或非中断的代码要求必须具备可再入功能。

3. 灵活的指针

C51 提供了灵活高效的指针。通用指针用 3 字节来存储存储器类型及目标地址，可以在 8051 的任意存储区内存取任何变量。特殊指针在声明的同时已指定了存储器类型，指向某一特定的存储区域。由于地址的存储只需 1~2 字节，因此，指针存取非常迅速。

4. 代码优化

(1) 通用代码优化

① 常量重叠（constant folding）。

② 通用子表达式删除（common subexpression elimination）。

③ 长度缩减速(reduction)。
④ 控制流优化(control flow optimization)。
⑤ 寄存器变量使用(register variable usage)。
⑥ 寄存器间参数传递(parameter passing in register)。
⑦ 循环(loop rotation)。
⑧ 死码删除(dead code elimination)。
⑨ 通用 Tail Merging。
⑩ 通用子程序块打包(block subroutine packing)。

(2) 8051 特殊优化

① 孔径优化(peephole optimization)。
② 跳转-分支优化(switch - case optimization)。
③ 中断函数优化(interrupt function optimization)。
④ 数字覆盖(overlaying)。
⑤ 扩展入口优化(extended access optimization)。

(3) 寄存器优化

C51 为函数参数和局域变量分配了 9 个 CPU 寄存器。寄存器间最多可传递三个参数。P 全局寄存器优化可删除不必要的代码,优化 CPU 寄存器设备。C51 实时库含 100 多种功能,其中大多数是可再入的。库支持所有的 ANSI C 程序,与嵌入式应用程序的限制相符。固有程序为硬件提供特殊指令,如：nop,testbit,rol,ror。A51 宏汇编支持标准宏和 MPL 宏。要实现快速产生汇编程序 SHELL,就直接使用 C51 编译器的 SRC。在新的 A51 汇编 V7 版本中,允许用 C 包含的头文件来定义常量和 SFR,一个单一头文件可被应用到 C 语言程序和汇编程序中。

2.2 Keil 编译环境的使用指南

Keil C51 软件是众多单片机应用开发的优秀软件之一,它集编辑、编译、仿真于一体,支持汇编、PLM 语言和 C 语言的程序设计,界面友好,易学易用。下面介绍 Keil C51 软件的使用方法。

进入 Keil C51 后,打开 Keil μVision2,在 Project 菜单中选择 New Project 命令,如图 2.1 所示。

1. 创建一个工程

第 1 步,创建一个工程,如图 2.1 所示。

2. 工程命名

第 2 步,执行完第 1 步操作后,会弹出一个如图 2.2 所示的 Create New Project 对话框,可以通过该对话框选择工程文件的保存目录及工程名。

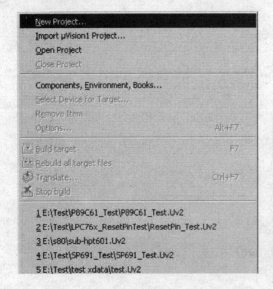

图 2.1 创建新工程

图 2.2 命名新工程

3. 选择器件

第 3 步,在执行完第 2 步操作后,会弹出一个如图 2.3 所示的 Select Device for Target 'Target 1'对话框,这个对话框中会列出很多微处理器的厂商名,在这里选择 Philips。

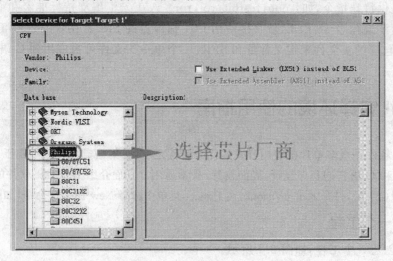

图 2.3 选择芯片厂商

如图 2.4 所示,向下拖动滑动条,并选择 P89LPC932,然后单击"确定"按钮。对于某些版本较低的 Keil μVision2,有些 LPC900 系列单片机并没有在列表中给出,如 44 脚

P89LPC952，此时仍然可以选择 P89LPC932，对于 P89LPC952 工程依然可以正常编译/调试。

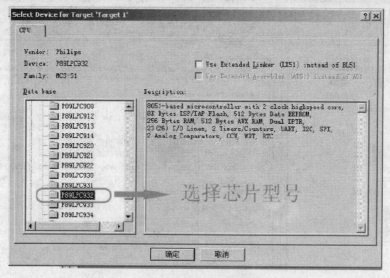

图 2.4 选择芯片型号

4. Stat900.A51 的选择

在执行完第 3 步操作后，会弹出一个如图 2.5 所示的对话框，这里要求选择，"是否在您的工程中包含 Stat900.A51 文件"，这里请单击"否"按钮。

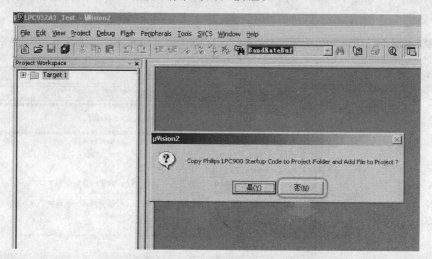

图 2.5 Start900.A51 的选择_1

如果单击"是"按钮，则需要对 Start900.A51 文件进行配置，如果配置不正确，芯片将不会运行，如图 2.6 所示。如果不熟悉这些配置，请在工程中删除 Start900.A51 文件。

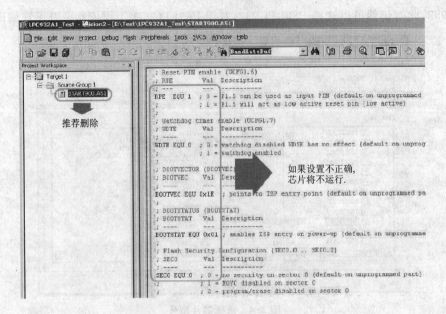

图 2.6 Start900.A51 的选择_2

5. 添加程序文件

单击 Keil μVision2 下的 New File 图标,将弹出一个 Text * 文本编辑框,将程序清单中的程序输入,如图 2.7 所示。

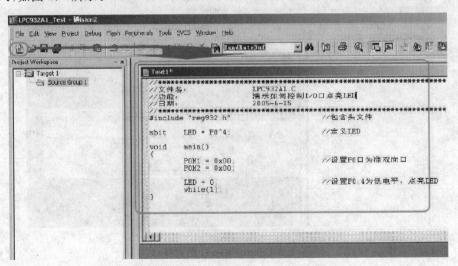

图 2.7 新建的程序文件

程序输入完后,单击图 2.8 中的 Save 图标,会弹出一个 Save As 对话框,在对话框中输入文件名,并选择保存类型为 All Files(＊.＊),然后单击"保存"按钮。至此,一个标准的工程建立完毕,用户可以通过 Keil μVision2 进行编译/调试。

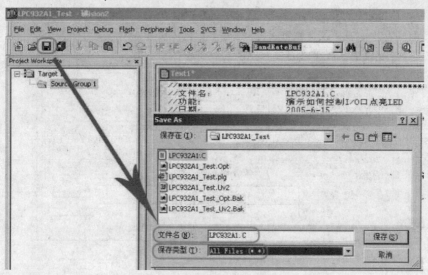

图 2.8　程序文件的保存

6. 生成 Hex 文件

一般情况下,最好烧入芯片的都是经过编译的 Hex 文件,Keil μVision2 生成 Hex 文件需按照如下步骤进行。Project→Options for Target 'Target1',如图 2.9 所示。

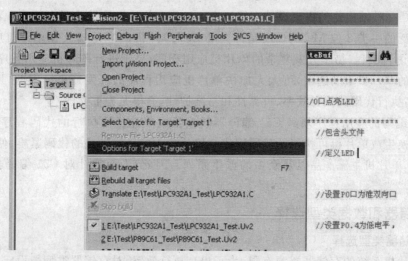

图 2.9　进入工程配置对话框

执行完上步操作后,在弹出的对话框中(如图 2.10 所示),先选择 Output 标签,然后将 CreateFile 复选框勾上,并单击"确定"按钮。按 F7 键,即可编译程序,并生成 Hex 文件,文件保存于工程所在的文件夹。

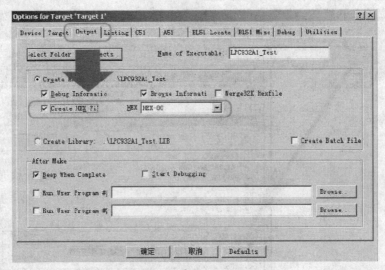

图 2.10 设置生成 Hex 文件选项

2.3 Keil C51 编译器的程序优化

C 语言是一种结构化的程序设计高级语言。80C51 单片机是目前国内外工业测控领域中使用极为广泛的一类 8 位 MCU,C51 是面向 80C51 单片机的 C 语言。在单片机应用系统开发中采用 C 语言编程,易于开发复杂的单片机应用程序,易于进行单片机应用程序的移植,有利于产品中的单片机重新选型,可大大加快单片机应用程序的开发速度。因此,用好 C51 优化编程,提高执行代码的执行效率、可靠性和易维护性,显得尤为重要。

用 C51 编写的应用程序须经 C51 编译器转换生成单片机可执行的代码程序。Keil C51 编译器可转换生成单片机可执行的代码程序。Keil C51 编译器生成的代码紧凑、使用方便、全面支持 8051 单片机主流产品以及众多的派生系列。因此,下面就针对 C51 编译器优化一下 C51 程序。

1. 存储器和数据类型选择

(1) 存储器类型选择

由于单片机系统的存储器资源有限,为了提高执行效率,对存储器类型的设定应根据以下原则:只要条件满足,尽量先使用直接寻址片内数据存储器(data),其次设定变量为间接寻址片内数据存储器(idata),在内部存储器数量不够的情况下,再使用外部存储器,而且在外部存储器中,优先选择分页寻址的数据寄存器 pdata,最后才是片外数据存储器 xdata。并且,在内部和外部存储器共同使用的情况下,要合理分配存储器,对经常使用和计算频繁的数据,应该使用内部存储器,其他的则使用外部存储器。根据其数量进行分配,尽量减少访问外部存储器,从而提高程序执行效率。

(2) 数据类型选择

尽可能使用最小的数据类型 char、unsigned char 或者 bit。这类数据只占用 1 字节或者 1 位,由于 LPC900 单片机是 8 位机,显然对它们的操作要比对 int 或者 long 类型数据操作要方便得多。同时尽可能使用 unsigned 数据类型,原因是 LPC900 机器指令不支持符号运算。当在 C 源代码中使用了有符号的变量时,尽管从字面上看,其操作十分简单,但 C51 编译器要增加相应的库函数,产生更多的程序代码去处理符号运算。所以,除了根据变量长度来选择变量类型以外,还要考虑该变量是否会用于负数的场合,如果程序中可以不需要负数,那么可把变量都定义成无符号类型的。

2. 避免使用浮点变量

在 LPC900 单片机系统上使用 32 位浮点数是得不偿失的,这样做会浪费单片机大量的存储器资源和程序执行时间。一定要在系统中使用浮点数的时候,可以通过提高数值数量级或者使用整型运算代替浮点运算。在运算时,可以进行定点运算的尽量进行定点运算,避免进行浮点运算。尽量减少乘除法运算,如乘以 2 或者除以 2,就可以使用移位操作替代乘除法运算,这样不仅可以减少代码量,同时还能大大提高程序执行效率。处理 ints 和 longs 比处理 doubles 和 floats 要方便得多,代码执行起来会更快,C51 编译器也不用连接处理浮点运算的模块。

3. 使用局部变量

一个源文件可以包含一个或者几个函数。在一个函数内部定义的变量是局部变量,它只在本函数范围内有效。在函数之外定义的变量是全局变量,它的有效范围是从定义变量的位置开始到源文件结束。在编写 C51 语言程序时,不是特别需要的地方一般不需要使用全局变量,而尽可能使用局部变量,因为,局部变量只是在使用它时,编译器才为它在内部存储区分配存储单元,而全局变量在程序的全部执行过程中都要占用存储器单元。全局变量使函数的通用性降低了,因为函数在执行时要依赖于其所在的外部变量。如果将一个函数移动到另一个文件中,还要将有关的外部变量以及其数值一起移过去。但当该外部变量和其他文件的变量同名时,就会出现问题,降低了程序的可靠性和通用性。在程序设计中,划分模块时要求模块的内聚性强、与其他模块的耦合性弱,即模块功能要单一,与其他模块的相互影响尽量少,而全局变量是不符合这个要求的,一般要求是 C51 程序中的函数做成一个封闭体,除了可以通过"实参—形参"的渠道与外界发生联系外,没有其他渠道。这样程序移植性好,可读性强。使用全局变量过多,会降低程序的清晰性,往往难以清晰地判断出每个瞬时各个外部变量的数值。在各个函数执行时都可能改变外部变量的数值,程序容易出错。因此,要限制使用全局变量。

4. 使用库函数

(1) 重视本征库函数

本征库函数是库函数中的一类,它在编译时直接将固定的代码插入到当前行,而不是用汇编语言中的 ACALL 和 LCALL 指令来实现调用,从而大大提高了函数的访问效率。

例如,单字节循环位移指令 RLA 和 RRA 相对的调令是_crol_(循环左移)和_cror_(循环右移)。如果想对 int 或者 long 类型的变量进行循环位移,汇编调令将更加复杂,而且执行的时间会更长。对于 int 类型 C 库函数为_irol_,iror_,对于 long 类型函数为_irol_,lror_。再例如,JBC 指令相对的调令是_testbit_,如果参数位置置位,它将返回 1,否则将返回 0。

(2) 重视复制、比较、移动等字符串处理库函数

字符串处理库函数位于 string.h 中,其中包括复制、比较、移动等函数:memcopy,memchr,memcmp,memcpy,memmove,memsel。在这些函数中,字符串的长度由调用者明确规定,函数可以工作在任何模式下,使用这些函数可以很方便地对字符串进行处理。

例如:使用库函数对字符串进行复制、比较、移动。

```
#include<lpc932a1.h>
#include<intrins.h>
#include<absacc.h>
#include<string.h>
If(memcmp(&XBYTE[0x800],&XBYTE[0x1000]),0x10! = 0){
    //比较外部 RAM 0X800 和 RAM 0X1000 处连续的 16 B 是否相等
    memcpy(&XBYTE[0x800],&XBYTE[0x1000],0x10);
    //不等,把 RAM 0X1000 处的 16 B 复制到 RAM 0x800 处
    If(memcmp(strbuff1,strbuff2,0x20! = 0){
    //比较数组 strbuff1 和 strbuff2 处连续的 32 B 是否相等
    {memset(strbuff3,0xff,0x20);//不等,把数组 strbuff3 处的 32 B 置为 0xFF
    }
}
```

5. 宏替代无符号数据类型和函数

(1) 宏替代无符号数据类型

在输入源程序时,为了提高输入效率,可使用宏替代无符号的数据类型。其方法是在源程序开头,使用#define 语句定义。这样,在输入源程序时,可以用 uchar,uint,ulong 替代 unsigned char,unsigned int,unsigned long。在后面的叙述中会统一使用 uchar,uing,ulong 来定义变量。

(2) 宏替代函数

对于小段代码,像从锁存器中读取数据,可通过使用宏来替代函数,使得程序有更好的可读性,可把代码定义在宏中,这样看上去更像函数编译器在碰到宏时,按照事先定义的代码去替代宏。宏的名字应能够描述宏的操作,当需改变宏时,只要修改宏定义处即可。宏能够使访问多层结构和数组更加容易,可以用宏替代程序中经常使用的复杂语句,以减少程序输入时的工作量,且有更好的可读性和可维护性,与函数调用相比较,执行效率更高,但程序的执行代码较大,因编译器将定义的宏内容直接嵌入到代码中。

6. 尽量使用小存储模式

C51 提供了 3 种存储器模式存储变量、过程参数和分配再入函数堆栈。一般情况下应该尽量使用小存储器模式,即 SMALL 模式。应用系统很少需要使用其他两种模式,像有大的再入函数堆栈系统那样。一般来说如果系统所需要的内存数小于内部 RAM 数,则都应以小存储模式进行编译,对其他存储器模式可以由 PDATA 和 XDATA 进行说明。

在 SMALL 模式下,DATA 段是所有的内部变量和全局变量的默认存储段,所有参数传递都发生在 DATA 段中。如果有函数被声明为再入函数,则编译器会在内部 RAM 中为它们分配空间。这种模式的优势就是数据的存取速度很快,但由于片内 RAM 空间有限,对于较大的程序还得采用 Large 存储模式。

7. C51 和汇编语言的混合编程

在模块化程序开发过程中,一般用汇编语言编写与硬件有关的程序,用 C51 语言编写主程序以及数据处理程序。使用混合编程技术可以很方便地在一些较大的 C51 程序中加入已有的汇编驱动程序。在编写较大的程序时,利用已有的汇编程序一方面可以节约大量的程序开发时间,另一方面在编写驱动程序时,在对时间和稳定性有严格要求的程序段可以使用汇编语言。同时,混合编程中的 C51 和汇编语言的使用仍然和独立开发时基本一样,只是在使用不同的语言时,需要注意不同函数之间的调用格式和参数传递的规定。在实际进行项目开发时,如果能遵循科学的工程开发规则,灵活地运用 C 语言的强大功能,熟悉硬件特点,就能够在较短时间内编写出高效率、高可靠性、易维护的嵌入式系统。

2.4　LPC900 单片机 C 语言和汇编语言混合编程

汇编语言与 C 语言混合编程的关键问题有如下几点:

1. C 程序变量与汇编程序变量的共用

为了使程序更易于接口和维护,可以在汇编程序中引用与 C 程序共享的变量:.ref_to_dce_num,_to-dte_num,_to_dce_buff,_to_dte_buff。在汇编程序中引用而在 C 程序可直接定义的变量：

```
unsigned char to_dte_buff[BUFF_SIZE];   //DSP 发向 PC 机的数据
int to_dte_num;                          //缓冲区中存放的有效字节数
int to_dte_store;                        //缓冲区的存放指针
int to_dte_read;                         //缓冲区的读取指针,这样经过链接就可以完成对应。
```

2. 程序入口问题

在 C 程序中，程序的入口是 main()函数。而在汇编程序中其入口由 *.cmd 文件中的命令决定,如：-e main_start；程序入口地址为 main _start。这样，混合汇编出来的程序将得不到正确结果。因为 C 到 ASM 的汇编有默认的入口 c-int00,从这开始的一段程序为 C 程序的运行做准备工作。这些工作包括初始化变量、设置栈指针等,相当于系统壳不能跨越。这时可在 *.cmd 文件中去掉语句：-e main_start。如仍想执行某些汇编程序,可以以 C 函数的形式执行,如：main_start(); 其中含有其他汇编程序。但前提是在汇编程序中把_main_start 作为首地址,程序以 rete 结尾(作为可调用的函数),并在汇编程序中引用_main_start,即 .ref _main_start。

3. 移位问题

在 C 语言中把变量设为 char 型时,它是 8 位的,但在 DSP 汇编中此变量仍被作为 16 位处理。所以会出现在 C 程序中的移位结果与汇编程序移位结果不同的问题。解决的办法是在 C 程序中,把移位结果再用 0X00FF 去"与"一下即可。

4. 堆栈问题

在汇编程序中对堆栈的依赖很小,但在 C 程序中分配局部变量、变量初始化、传递函数变量、保存函数返回地址、保护临时结果功能都是靠堆栈完成。而 C 编译器无法检查程序运行时堆栈能否溢出。

5. 程序跑飞问题

编译后的 C 程序跑飞一般是对不存在的存储区访问造成的。首先要查 .MAP 文件与 memory map 图对比,看是否超出范围。如果在有中断的程序中跑飞,则应重点查在中断程序中是否对所用到的寄存器进行了压栈保护。如果在中断程序中调用了 C 程序,则要查汇编后的 C 程序中是否用到了没有被保护的寄存器并提供保护(在 C 程序的编译中是不对 A、B 等寄存器进行保护的)。

2.5 LPC900 C 语言中断服务函数的定义

C51 编译器支持在 C 语言源程序中直接编写 LPC900 单片机的中断服务函数程序。以前学习用汇编语言编写汇编中断服务程序时,会对堆栈出栈的保护问题觉得头痛。为了能够在 C 语言源程序中直接编写中断服务函数,C51 编译器对函数的定义进行了扩展,增加了一个扩展关键字 interrupt。关键字 interrupt 是函数定义时的一个选项,加上这个选项就可以将一个函数定义成中断服务函数。定义中断服务函数的一般形式如表 2.1 所列。

表 2.1 中断函数的一般形式

n	中断源	中断向量 8n+3
0	外部中断 0	0006H
1	定时器/计数器 0	000BH
2	外部中断 1	0013H
3	定时器/计数器 1	001BH
4	串行口	0023H

函数类型 函数名(形式参数表)[interrupt n][using n]

关键字 interrupt 后面的 n 是中断号,n 的取值范围为 0~31。编译器从 8n+3 处产生中断向量,具体的中断号 n 和中断向量取决于不同的单片机芯片。LPC900 单片机的常用中断源和中断向量如表 2.1 所列。

LPC900 系列单片机可以在内部 RAM 中使用 4 个不同的工作寄存器组,每个寄存器组中包含 8 个工作寄存器(R0~R7)。C51 编译器扩展了一个关键字 using,专门用来选择 LPC900 单片机中不同的工作寄存器组。在定义了一个函数时,using 是一个选项,对于初学者,如果不用该选项,则由编译器选择一个寄存器组作为绝对寄存器组访问。关键字 using 对函数目标代码的影响如下:在函数的入口处将当前工作寄存器组保护到堆栈中,指定的工作寄存器内容不会改变,函数返回之前将被保护的工作寄存器组从堆栈中恢复。使用关键字 using 在函数中确定一个工作寄存器组时必须十分小心,要保证任何寄存器组的切换都只在控制的区域内发生,如果不做这一点将产生不正确的函数结果。另外,带 using 属性的函数,原则上不能返回 bit 类型的数值。并且关键字 using 不允许用于外部函数,关键字 interrupt 也不允许用于外部函数。它对中断函数目标代码的影响如下:在进入中断函数时,特殊功能寄存器 ACC、B、DPH、DPL、PSW 将被保存入栈。如果不是用寄存器组切换,则将中断函数中所用到的全部工作寄存器都入栈。函数返回之前,所有的寄存器内容出栈。中断函数由 LPC900 单片机指令 RETI 结束。值得注意的是,编写 LPC900 单片机中断函数时需要严格遵守以下规则:

① 中断函数不能进行参数传递,如果中断函数中包含任何参数声明都将导致编译出错。

② 中断函数没有返回值,如果企图定义一个返回值将得到不正确的结果。因此最好在定义中断函数时将其定义为 void 类型,以明确说明没有返回值。

③ 在任何情况下都不能直接调用中断函数,否则会产生编译错误。因为中断函数的返回是由 LPC900 单片机指令 RETI 完成的,RETI 指令影响 LPC900 单片机的硬件中断系统。

④ 如果中断函数中用到浮点运算,则必须保存浮点寄存器的状态,当没有其他程序执行浮点运算时可以不保存。

⑤ 如果在中断函数中调用了其他函数,则被调用函数所使用的寄存器组必须与中断函数相同。用户必须保证按要求使用相同的寄存器组,否则会产生不正确的结果。如果定义中断函数时没有使用 using 选项,则由编译器选择一个寄存器组做绝对寄存器组访问。

2.6 LPC900 入门范例

2.6.1 I/O 口概述

LPC900 系列单片机仍然使用 P0、P1、P2、P3 这 4 组 I/O 口,它们的 SFR 地址仍然与标准 80C51 相同。目前 LPC900 系列单片机已有数十种不同的型号,引脚为 8~28 个,将来还会有更多引脚产品。每种型号配置的 I/O 数目有多有少,但都是 P0~P3 口的一部分。

从 I/O 口的特性上看,标准 80C51 的 P0 口在作为 I/O 使用时,是开漏结构,在实际应用中通常要添加上拉电阻;P1、P2、P3 都是准双向 I/O,内部有上拉电阻,既可以作为输入又可以作为输出。而 LPC900 系列单片机的 I/O 口特性有一定的不同,它们可以被配置成 4 种不同的工作模式:准双向 I/O、推挽输出、高阻输入、开漏。

准双向 I/O 模式与标准 80C51 相比,虽然在内部结构上是不同的,但在用法上类同。比如要作为输入时都必须先写"1"置成高电平,然后才能去读引脚的电平状态。准双向 I/O 模式的最大好处是既可以作为输出又可以作为输入,不需要进行方向切换。

推挽输出的特点是不论输出高电平还是低电平都能驱动较大的电流。比如输出高电平时可以直接点亮 LED(要串联几百欧限流电阻),而在准双向 I/O 模式下很难办到。在推挽输出模式下,I/O 引脚只能作为输出,不能作为输入。

高阻输入模式的特点是 I/O 引脚只能作为输入使用,但是可以获得比较高的输入阻抗,这在模拟比较器和 ADC 应用中是必须的。

开漏模式与准双向模式相似,但是没有内部上拉电阻。开漏模式的优点是电气兼容性好。如果外部上拉电阻接 3 V 电源,就能和 3 V 逻辑器件接口;如果上拉电阻接 5 V 电源,就可以和 5 V 逻辑器件接口。此外,开漏模式还可以方便地实现"线与"逻辑功能。

2.6.2 I/O 口配置

I/O 口的模式由 I/O 口配置寄存器决定。I/O 口配置寄存器共有 8 个,P0 口的配置寄存器是 P0M1 和 P0M2,P1 口是 P1M1 和 P1M2,P2 口是 P2M1 和 P2M2,P3 口是 P3M1 和

P3M2,它们能决定每根 I/O 口线的工作模式。具体的配置方法,请参考相关的数据资料。

例外情况是 P1.5/RST、P1.2/SCL/T0、P1.3/SDA/INT0 这 3 个 I/O 引脚。P1.5 只能被配置成高阻输入,P1.2 和 P1.3 引脚只能被配置成高阻输入或开漏方式。

2.6.3 电路原理图

电路原理图比较简单,请参见图 2.11。在图 2.11 中以 28 引脚的 P89LPC932A1 单片机为例,但是类似的电路还可以应用于其他型号上。

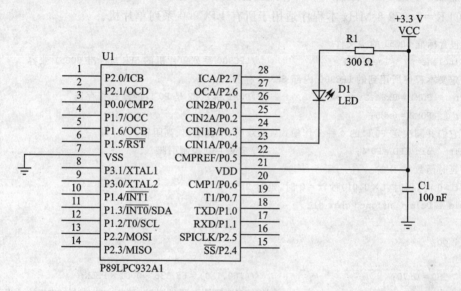

图 2.11 电路原理图

LPC900 系列单片机属于低电压器件,正常的电源电压范围通常是 2.4～3.6 V。在这里,电源部分省略不画了,直接取 VCC 的值为 3.3 V。按照一般的电路设计常识,芯片的电源引脚对地要加上 10～100 nF 的电容(见图 2.11 中的 C1),以消除可能通过电源线串进来的高频干扰。LPC900 系列单片机具有"内部复位"功能,因此可以不使用额外的复位电路。如果选择了内部复位(在烧写程序时设置)功能,那么 P1.5/RST 引脚就可以作为一个 I/O 口使用,但是只能作为输入,而不能作为输出。LPC900 系列单片机内部有一个高精度的 RC 振荡器。RC 振荡器的频率标称是 7.372 8 MHz,这是适合于 UART 通信的频率点,在整个工作温度范围内精度可达±2.5%。LPC900 系列单片机同时也支持外部晶振。外部晶振可以是低频、中频和高频晶振。低频晶振中常见的是 32.768 kHz 的时钟晶振。高频晶振可以支持到 12 MHz,部分型号可以支持到 18 MHz。用编程器烧写程序时可以选择使用哪种类型的振荡器。在这里,选择片内 RC 振荡器,所以在图 2.11 中是没有晶振电路的。

如图 2.11 所示,发光二极管(LED)电路由 1 只 LED 和 1 只限流电阻串联而成。当 P0.4

引脚输出低电平时,点亮 LED。在 LPC900 系列单片机中所有型号都拥有 P0.4 口。

2.6.4 程序设计

从图 2.11 中可以知道,当 P0.4 输出低电平时可以点亮 LED,输出高电平时 LED 不亮。在程序中要设置一个定时器,这样就能方便地交替点亮和熄灭 LED。在 LPC900 系列单片机中,定时器 T0 的用法与标准 80C51 中的 T0 是兼容的。程序比较简单,下面列出 C51 源程序。功能如下:用 P0.4 控制 LED 闪烁发光,亮 0.1 s,灭 0.9 s。采用片内 RC 振荡器,CPU 时钟 CCLK=7.372 8 MHz 本程序适用于所有 LPC900 系列单片机。

```c
//包含标准 80C51 的头文件
#include    <reg51.h>           //LPC900 系列单片机的 SFR 与标准 80C51 兼容
//定义本程序所用到的 LPC900 内部 SFR 寄存器
sfr    P0M1 = 0x84;
sfr    P0M2 = 0x85;             //P0M1 和 P0M2 是 P0 口的模式寄存器
//它们共同决定 P0 口的 4 种工作模式:准双向、推挽输出、高阻输入、开漏
sbit   pin_LED = P0^4;          //定义 LED 控制引脚
//延时函数
//t>0 时,延时(t×0.01)秒,t = 0 时,延时 2.56 s
void   Delay(unsigned char t)
{
    do
    {
        TH0 = 0x70;                     //(TH0,TL0) = 65 536 - 0.01 × PCLK
        TL0 = 0x00;                     //PCLK 是外围器件时钟,等于 CPU 时钟 CCLK 的一半
        TR0 = 1;while(! TF0);TF0 = 0;TR0 = 0;
    } while( - - t);
}
//系统初始化
void SysInit()
{
    TMOD & = 0xF0;                      //定时器 T0 设置成 16 位定时器模式,T1 的设置不变
    TMOD | = 0x01;
    P0M1 | = 0x10;                      //将 P0.4 设置成开漏输出方式,其他 I/O 的设置不变
    P0M2 | = 0x10;
}
//主函数
void main()
{
    SysInit();
```

```
for(;;)
{
    pin_LED = 0;              //点亮 LED
    Delay(10);                //延时 100 ms
    pin_LED = 1;              //熄灭 LED
    Delay(90);                //延时 900 ms
}
}
```

2.6.5 用户配置字、引导向量和状态字

用户配置字寄存器 UCFG1 位于 Flash 存储器,此寄存器非常重要,在烧写程序时必须正确配置。UCFG1 寄存器决定单片机在开机运行时采用哪种振荡器,复位选择、掉电检测是否使能以及对看门狗的设置。引导向量和状态字用于支持 ISP(在系统可编程)操作。对于 LPC932A1 来说,引导向量默认为 1FH,引导状态字默认为 01H。但要正常运行程序则必须把引导状态字设置成 00H。熟练掌握 LPC900 的配置信息,将使开发过程事半功倍。有些客户不能正常运行程序,不能正常进行 ISP 等相关操作,大都由于对相关配置字不熟悉所致。LPC900 的配置信息主要有用户配置字(UCFG1)、引导状态字(Boot Status)、引导向量(Boot Vector)、扇区加密字。下面将对相关内容进行介绍。

1. 用户配置字(UCFG1)

有些用户由于芯片的用户配置字设置错误而导致芯片不能运行,如芯片复位引脚没有复位电路,结果选择外部复位导致系统异常;还有些用户配置时选择"外部时钟输入",但是芯片外部没有外接时钟源输入,结果导致芯片运行不正常。表 2.2 详细介绍了用户配置字,表 2.3 所列为振荡器类型选择。

表 2.2 UCFG1 相关位描述

位	标志符	相关描述
0	FOSC0	
1	FOSC1	由 FOSC0、FOSC1、FOSC2 决定 MCU 时钟输入源类型
2	FOSC2	
3	—	保留
4	WDSE	WatchDog Safety Enablet 看门狗安全使能位
5	BOE	掉电检测使能

续表 2.2

位	标志符	相关描述
6	PRE	复位引脚使能：当该位置 1 时，P1.5 作外部复位信号输入引脚。当该位清零后，芯片配置为内部复位，P1.5 可以作普通输入引脚。 注 1：在上电复位的过程中，芯片会忽略 PRE 位的设置，P1.5 作为复位输入引脚。上电复位后，芯片将根据 PRE 位设置 P1.5。其他复位情况不会对该位造成任何影响。 注 2：为了保证芯片的可靠运行，请将该位设置为 0（内部复位）
7	WDTE	WatchDog Timer Enable：置位时使能看门狗定时器的复位，清零时禁止看门狗定时器的复位。看门狗定时器可用于产生中断

表 2.3　振荡器类型选择

FOSC[2:0]	振荡器配置
111	从 XTAL1 输入的外部时钟
100	看门狗振荡器，400 kHz(+20%，-30%误差)
011	内部 RC 振荡器，7.373 MHz(±2.5%误差)
010	低频晶振，20~100 kHz
001	中频晶振或谐振器，100~4 MHz
000	高频晶振或谐振器，4~18 MHz

2. 引导状态字(Boot Status)及引导向量字(Boot Vector)

开发设计中由于对引导状态字及引导向量字设置错误，导致芯片不运行。对于带有 ISP 功能的 LPC900 器件，其出厂时引导状态字为 1，如果一个芯片引导状态字为 1，则其从引导向量指定的地址执行程序。如果引导状态字为 0，则从地址 0x00 开始执行程序。如果一个芯片的引导向量为 1F，则引导向量所指定的地址为 0x1F00。P89LPC932G 版的芯片，其引导向量为 1E，而 P89LPC932A1 版的芯片，其引导向量为 1F。有一些朋友使用 P89LPC932A1 进行 ISP，但是将芯片的引导向量配置为 1E，结果导致不能正常进行 ISP 操作。一些刚刚使用 LPC900 的工程师，将程序通过编程器写入芯片，系统上电后，发现程序没有运行。大多数情况下，是由于将引导状态字改为 0 了。ISP 驻留版本为 V4.0 的 LPC900 芯片，其引导状态字增加了 AWP、CWP、DCCP 等相关位，这些位可以使 ISP 操作更可靠，具体信息可以参见表 2.4。

开发环境

表 2.4 引导状态字详细描述

位	标志符	相关描述
0	BSB	引导状态位。如果该位编程为1,复位后P89LPC932A1将一直从引导向量处(BOOTVEC 作为地址高字节,00h 作为地址低字节)开始执行程序
1~4	—	保留
5	AWP	激活写保护位。该位清零时,内部写使能标志强制置位,这时,写 Flash 存储器总是使能。如果该位置位,写使能内部标志通过设置写使能(SWE)命令和清除写使能(CWE)命令来置位和清零
6	CWP	配置写保护位。保护用户可编程配置字节(UCFG1,BOOTVEC 和 BOOTSTAT),防止无意写动作的产生。如果该位为1,这些配置字节寄存器的写操作被禁止。如果该位为0,这些寄存器的写操作被使能。该位通过编程 BOOTSTAT 寄存器来置位,通过先向 FMCON 写入清除配置保护(CCP)命令再将 96H 写入 FMDATA 来清零
7	DCCP	禁能清除配置保护命令。如果该位为1,清除配置保护(CCP)命令在 ISP 或 IAP 模式下被禁止,但它仍可用于 ICP 或并行编程模式。如果该位为0,CCP 命令在所有模式下都可使用。该位通过编程 BOOTSTAT 寄存器置位,通过在 ICP 或并行编程模式中写入清除配置保护命令来清零

3. LPC900 的加密字

LPC900 系列芯片一般为 1 KB/扇区(P89LPC936 2 KB/扇区)。每个扇区都有一个单独的加密字节进行加密,如 P89LPC932A1 有 8 个扇区,其分别有 8 个加密字对应相应的扇区。加密字详细描述参见表 2.5。

表 2.5 加密字详细描述

位	标志符	相关描述
0	MOVCDISx	MOVC 禁能。禁止对扇区 x 的 MOVC 操作。任何对 MOVC 指令受保护的扇区进行 MOVC 访问都将返回无效数据。只有当扇区 x 被擦除时才能将该位擦除
1	SPEDISx	禁止对扇区 x 的擦除和编程。禁止对全部或部分扇区 x 进行编程或擦除。该位和扇区 x 可通过扇区擦除命令(ISP,IAP,商用编程器)或"整体"擦除命令(商用编程器)进行擦除
2	EDISx	禁止对扇区 x 的擦除。禁止 ISP 或 IAP 模式下扇区 x 的擦除。在 ISP 或 IAP 模式中,不能将该位和扇区 x 擦除。 该位和扇区 x 只可使用通用编程器接口执行"全局擦除命令"进行擦除
3:7	—	保留

以 LPCPRO 编程器为例,配置字设置,如图 2.12 所示,选择:WDT 禁止、内部复位、掉电检测、WDSE 禁止、内部 RC 振荡器;引导向量不使用。

在编程界面中,如图 2.13 所示,ISP Memory 和 EEPROM Memory 项暂时不要选中。此

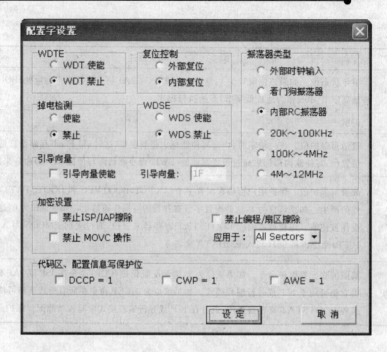

图 2.12 配置字设置

时可以编译源程序,生成 HEX 文件,将 HEX 文件下载到单片机中运行。

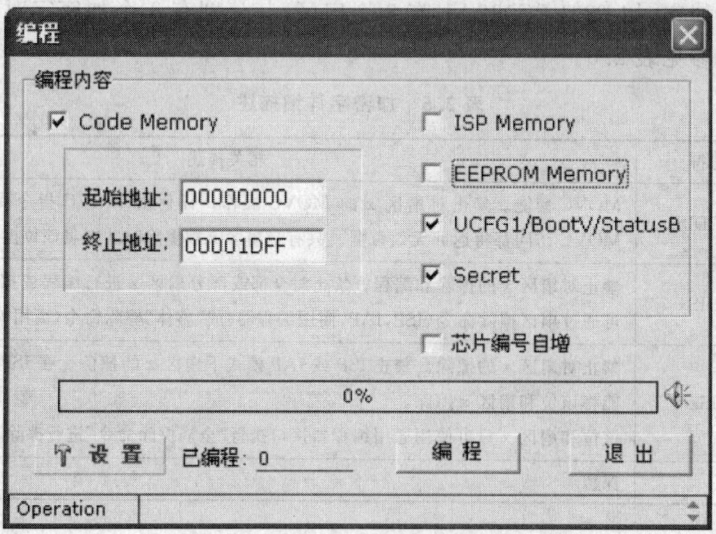

图 2.13 编程界面

第 3 章

系统设计部分

3.1 ICP/ISP 下载方式

3.1.1 LPC900 系列单片机 ICP 及 ISP 的使用

下面将详细介绍如何使用 ICP 及 ISP 等下载模式对芯片进行编程、及升级方式。

1. ICP 与 ISP 的简介

(1) ICP 简介

ICP(In Ciruit Programming,在电路编程),当芯片焊接在电路板上以后,可以通过外部的编程器将程序下载到 LPC900 系列芯片中。LPC900 系列全部支持 ICP 编程方式(仅除老版本 P89LPC932)。

由于 ICP 方式采用了商用编程器,它是一种高速、稳定、简单的程序下载方式,一般产品开发商多使用这种方式调试程序,批量升级产品。使用 ICP 方式具有以下优点:节约系统综合成本(省掉了串口相关的通信模块);缩小电路板面积;可以对芯片进行完全加密;可以对芯片进行完全编程/擦除;缩短开发周期(一般节约 2~4 天);支持 LPC900 整个系列。

(2) ISP 简介

ISP(In System Programming,在系统编程),当芯片焊接在电路板上以后,可以通过串口将程序下载到 LPC900 系列的芯片中。目前,LPC900 系列中 20 脚以上的芯片才支持 ISP 下载方式,如 P89LPC920(20 脚)、P89LPC932A1(28 脚)等。

ISP 是一种很灵活的程序下载方式,用户根据需要编写自己的 ISP 驻留代码,且 ISP 方式可以节省一个编程器(人民币 120 元),所以一般学生及一些比较有时间调试串口的工程师多使用这种方式。如果开发中准备使用 ISP 方式,请关注以下细节:搭建一个可靠的串口;确保 ISP 驻留代码没有被破坏;确保芯片的引导向量正确;不能擦除芯片最后一个扇区(包含 ISP 驻留代码);一般情况下不能更改芯片的引导向量(保证其为出厂默认配置);加密时不能勾上"禁止 IAP/ISP 编程操作";如果使用 3 个脉冲方式进入 ISP,则请确保 RST 引脚上 3 个脉冲符合芯片要求。

(3) ISP 的限制

在以下情况下,很难进入 ISP 状态,希望读者注意。低频晶振条件下,如 32.768 kHz,此时,LPC900 的 ISP 驻留程序很难产生合适的波特率与 PC 机通信。当使用内部 RC 作为 MCU 时钟源,而又使用内部 RTC 模块(并且外接晶振作为内部 RTC 时钟源)时,此时无法通过复位脉冲方式进入 ISP,仅可以使用帧间隔方式/直接跳入法进入 ISP。在有些情况下,由于硬件及软件上的原因,有可能无法通过三个脉冲方式进入 ISP,此时可以选择帧间隔方式。

2. LPC900 配置信息详解

如果开发中准备使用 LPC900 的 ISP 功能,请先熟悉本节。对于带有 ISP 功能的 LPC900 器件,其出厂时引导状态字为 1,相关配置事项如下:

- 如果一个芯片引导状态字为 1,则其从引导向量指定的地址执行程序;如果引导状态字为 0,则从地址 0x00 开始执行程序。
- 如果一个芯片的引导向量为 1F,则引导向量所指定的地址为 0x1F00。
- P89LPC932G 版的芯片,其引导向量为 1E,而 P89LPC932A1 版的芯片,其引导向量为 1F。如果使用 P89LPC932A1 进行 ISP,但是其将芯片的引导向量配置为 1E,将导致其不能正常进行 ISP 操作。
- 一些刚刚使用 LPC900 的工程师,将程序通过编程器写入芯片,系统上电后,发现程序没有运行。大多数情况下,是由于忘记将引导状态字改为 0,他们使用的是 ISP 驻留版本为 V4.0 的 LPC900 芯片。

LPC900 系列芯片一般为 1 KB/扇区(P89LPC936 为 2 KB/扇区)。每个扇区都有一个单独的加密字节进行加密,如 P89LPC932A1 有 8 个扇区,其分别有 8 个加密字对应相应的扇区。加密字详细描述参见表 3.1。

表 3.1 加密字详细描述

位	标志符	相关描述
0	MOVCDISx	MOVC 禁能。禁止对扇区 x 的 MOVC 操作。任何对 MOVC 指令受保护的扇区进行 MOVC 访问都将返回无效数据。只有当扇区 x 被擦除时才能将该位擦除
1	SPEDISx	禁止对扇区 x 的擦除和编程。禁止对全部或部分扇区 x 进行编程或擦除。该位和扇区 x 可通过扇区擦除命令(ISP,IAP,商用编程器)或"整体"擦除命令(商用编程器)进行擦除
2	EDISx	禁止对扇区 x 的擦除。禁止 ISP 或 IAP 模式下对扇区 x 的擦除。在 ISP 或 IAP 模式中,不能将该位和扇区 x 擦除 该位和扇区 x 只可使用商用编程器接口执行"全局擦除命令"进行擦除
3:7	—	保留

3. LPC900 系列单片机 ICP 编程的相关引脚

LPC900 系列单片机均支持 ICP 编程方式(仅除老版本 P89LPC932 外)。ICP 编程方式仅需 5 根口线：VDD、VSS、RESET、P0.4(PDA) 和 P0.5(PCL)。

4. LPC900 系列支持的 ISP 型号

20 脚以上的 LPC900 系列单片机都支持 ISP 功能，表 3.2 中列出了支持 ISP 的相关器件及相关的引导向量、ISP 驻留代码相关版本等信息。表 3.3 中列出了各个版本 ISP 驻留代码的区别。

表 3.2 LPC900 ISP 驻留代码相关信息

型号	ISP 版本	ISP 驻留扇区	引导向量	芯片容量	ISP 代码文件名
P89LPC920	V2.0	扇区 1	07	2 KB	LPC_ISP_2K_V02.a51
P89LPC921	V2.0	扇区 3	0F	4 KB	LPC_ISP_4K_V02.a51
P89LPC922	V2.0	扇区 7	1F	8 KB	LPC_ISP_8K_V02.a51
P89LPC924	V4.0	扇区 3	0F	4 KB	LPC_ISP_4K_V04.a51
P89LPC925	V4.0	扇区 7	1F	8 KB	LPC_ISP_8K_V04.a51
P89LPC930	V2.0	扇区 3	0F	4 KB	LPC_ISP_4K_V02.a51
P89LPC931	V2.0	扇区 7	1F	8 KB	LPC_ISP_8K_V02.a51
P89LPC932	V1.0	扇区 7	1E	8 KB	LPC_ISP_8K_V01.a51
P89LPC932A1	V4.0	扇区 7	1F	8 KB	LPC_ISP_8K_V04.a51
P89LPC933	V4.0	扇区 3	0F	4 KB	LPC_ISP_8K_V04.a51
P89LPC934	V4.0	扇区 7	1F	8 KB	LPC_ISP_8K_V04.a51
P89LPC935	V4.0	扇区 7	1F	8 KB	LPC_ISP_8K_V04.a51
P89LPC936	V4.0	扇区 7	3F	16 KB	LPC_ISP_16K_V04.a51
P89LPC938	V4.0	扇区 7	1F	8 KB	LPC_ISP_8K_V04.a51

由表 3.2 和 3.3 可知，LPC900 系列的 ISP 代码一般存放在芯片的最后一个扇区，所以用户在使用时，不能擦除/改写最后一个扇区，否则将破坏 ISP 驻留代码，不能再进行 ISP。LPC900 系列各个型号的 ISP 引导向量存在一定差异，如果引导向量配置不正确，也无法进行 ISP。在 ISP 代码被破坏、ISP 引导向量被更改的情况发生后，只有用上文中的编程器对 ISP 代码进行恢复，方可再次进行 ISP 操作。

表 3.3 各版本 ISP 驻留代码的差异

ISP 版本	更新内容
V1.0	原始版本
V2.0	增加安全性代码、更新引导向量
V3.0	增加高速通信方式
V4.0	增加对 UCFG1 硬件保护位的控制

3.1.2 LPC900 系列单片机 ISP 相关 FAQ

LPC900 系列单片机,从 P89LPC920 到 P89LPC935 都提供了 ISP 模式,只要预留相应的电路及跳线,就可使用户在开发阶段方便地在电路板上进行调试,在产品应用阶段方便地升级。在该功能的使用上依然存在一些问题,为了更方便地使用 ISP 进行开发,避免错误的再次发生,将平时使用 LPC900 ISP 过程中,经常遇到的一些问题整理成 FAQ 供读者参考。

Q:进行 ISP 操作时,芯片的 VDD 可以超过 3.6 V 吗?

A:不可以,不能保证 ISP 的正常进行及芯片的安全。

Q:利用串口帧间隔检测进入 ISP 模式时,应注意什么问题?

A:首先,线路需按照图 3.1 的标准进行连接(有的用户经常遗漏 TxD、RxD 引脚上串接的电阻);其次,需要在程序初始化时,加入串口初始化代码(设置串口,使能帧间隔检测),代码如下:

```
;名称:ISP_INI
;功能:初始化 ISP 设置,即设置 UART 工作模式和波特率发生器,并允许串口间隔检测
;使用上位机通过向串口发送间隔信号使 MCU 进入 ISP 功能,当然 ISP 的向量字要设置及服务程序未被
;擦除
;入口参数:无
;注:本程序是对 UART 进行设置,并使用串口的波特率发生器,但不打开串口中断
ISP_INI:
    ANL  SSTAT,#0FAH     ;清除 BR 位,SSTAT.2
    MOV  BRGCON,#00H     ;关波特率发生器
    ORL  AUXR1,#40H      ;置位 EBRR 位,当检测到 UART 间隔信号时即进行复位
    MOV  SCON,#50H       ;设置串口为工作方式 1,允许串口接收
    MOV  BRGR1,#90H      ;设置串口波特率 Fosc/((BRGR1,BRGR0)+16)
    MOV  BRGR0,#00H
    MOV  BRGCON,#03H     ;打开串口波特率发生器,使用串口波特率发生器
    RET
```

Q:利用 ISP 脉冲进入 ISP 模式时,应注意什么问题?

A:首先要弄清 ISP 脉冲进入 ISP 模式的原理,所谓的 ISP 脉冲,是指在①上电时,②给芯片复位脚 3 个连续的有固定宽度的脉冲以进入 ISP 模式。以上只是最基本的定义,还需要注意一些 ISP 脉冲的时序参数要求,如 $t_{VR}>50~\mu s$,t_{RH} 为 $1-32~\mu s$,t_{RL} 为 $1~\mu s$ 等。为了保证能够进入 ISP 模式,t_{VR} 最好大一些,如 $130~\mu s$ 以上,如图 3.2 所示。

当然对于使用了 ZLGISP 的用户,这些可暂不考虑,只要正确安装了 ZLGISP,就可以使用"芯片"菜单下的"产生 ISP 脉冲"选项,在串口上产生正确的 ISP 控制信号,如图 3.3 所示。

在这里请注意,①串口 PC_RST 与芯片的 RST 脚之间的接法。②PC_CON 与芯片 VDD

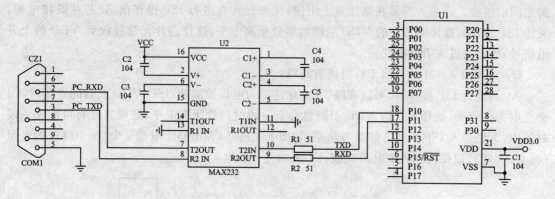

图 3.1 串口帧间隔方式进入 ISP 模式电路原理图

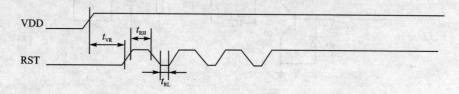

图 3.2 RESET 3 个下降沿脉冲进入 ISP 时序图

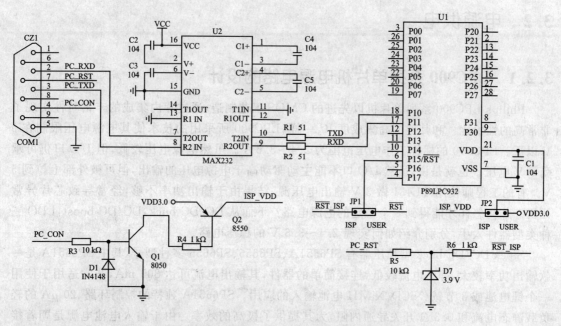

图 3.3 RESET 脉冲进入 ISP 模式电路原理图

脚之间的接法。许多人容易在第②点上出错,比如经常在进行 ISP 操作前,让芯片既接电源,又接 ISP_VDD,这样使芯片的 VDD 引脚始终处于高电平,这样芯片无法接收到 VDD 的上升沿信号,也无法进入 ISP 模式。

Q:请问图 3.4 中的电容 C1,可以省略吗?

A:当进行 ISP 操作时,可以省略。C1 在这里为电压源滤波,ISP_VDD 长时间连接时,C1 会充电为高电平,这样芯片的 VDD 引脚也会有一段时间处于高电平,这样芯片有可能在一段时间内,无法进入 ISP 模式。解决方法是,如图 3.4 所示,在电路上增加一个 3~10 kΩ 的电阻(与 C1 并联),以保持进入 ISP 模式前,C1 两端充分放电。

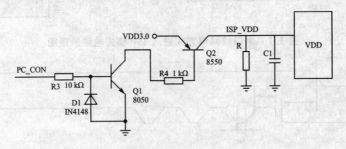

图 3.4　改进的 RESET 引脚接线方式

3.2　电源供电

3.2.1　LPC900 系列单片机电源电路的设计

Philips LPC900 系列单片机以先进的 CMOS 工艺制造,通过片内集成的丰富特性实现了非常高的性价比。和其他的高集成度 IC 一样,LPC900 所采用的技术使其电源电压限制在 5 V 以下。LPC900 的标称工作电压范围为 2.4~3.6 V。虽然电源电压较低,但 I/O 口仍可承受 5 V 电压。也就是说,虽然 I/O 口不能主动驱动高于电源电压的输出,但可被外部上拉到 5 V。有的工程师使用 TL431 做 3 V 输出电压源,结果由于输出功率不够,经常导致芯片异常死机。如何怎样才能得到一个稳定的电源电路? 下面从 DC/DC buck,DC/DC boost,LDO 三种类型器件入手,分别介绍如何实现 2.4~3.6 V 的稳压电路。

Sipex DC/DC buck 型稳压器有 SP6651A、SP6655、SP6656 多种型号,其中 SP6651A 是一款输出功率较大,静态电流较低,连接简单的器件,其输出电流可达 800 mA,非常适用于使用一个锂电池或 3 节碱/NiCD/NiMH 电池输入的应用。SP6651A 独特的控制环路、20 μA 的轻负载静态电流和 0.3 Ω 开关导通内阻,为其提供了极高的效率。由于输入电池电源是朝着接近输出电压的方向下降的,因此 SP6651A 能顺畅地转移到 100% 占空比的操作,进一步延长电池的使用寿命。SP6651A 利用一个精确的电感器峰值电流限制来防止过载和短路情况出现。它还包含其他的特性,可编程的欠压锁定、低电池电压检测、输出电压可低至 1.0 V、逻辑电平关断控制及过温度保护。SP6651A 应用原理图如图 3.5 所示。

以下为 SP6651A 基本特性:极低的 20 μA 静态电流;转换效率高达 98%;输出电流可达 800 mA;输入电压范围为 2.7~5.5 V;输出电压可调节至 1 V;不需要外部 FET;1.25 A 电感器峰值电流限制。

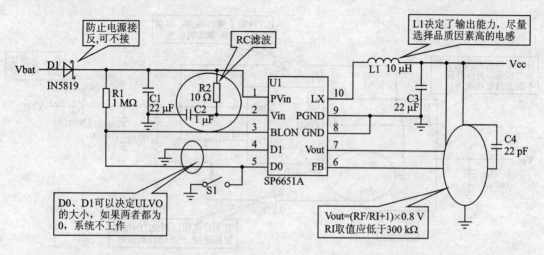

图 3.5　SP6651A 应用原理图

从图 3.6 中可以看出,SP6651A 在很大的电流输出范围内,都保持着很高的转换效率,最高可达 98%,这一特性非常适合于低功耗系统,如 MP3、手机和其他便携式仪器。

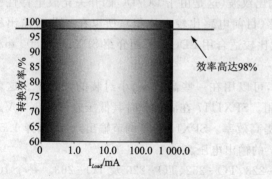

图 3.6　SP6651A 转换效率示意图

DC/DC Buck 型稳压器由于其工作原理,可用于高电压输入、低电压输出的场合。但是在有些情况下,由于产品的体积限制,只能放一节或两节电池、对于 1.2 V 一节的电池,两节电池串联在一起也才 2.4 V,而大多数低电压单片机需要 3.0 V 以上的电源。怎样才能获得 3.0 V 以上的电源呢?

Sipex DC/DC Boost 型稳压器就非常适合这种应用。常见的升压型稳压器有 SP6641(低成本)及 SP6648(微功耗)等。SP6641 分为 SP6641A(100 mA 电流输出)及 SP6641B(500 mA 电流输出)两种型号,其非常适合于使用一个锂电池或两节碱/NiCD/NiMH 电池输入的应用。

SP6641 具有以下一些特性:极低的静态电流 10 μA;宽范围的输入电压 0.9~4.5 V;

1.3 V 输入对应 90 mA 的 I_{OUT}(SP6641A-3.3 V);2.6 V 输入对应 500 mA 的 I_{OUT}(SP6641B-3.3 V);2.0 V 输入对应 100 mA 的 I_{OUT}(SP6641A-5.0 V);3.3 V 输入对应 500 mA 的 I_{OUT}(SP6641B-5.0 V);固定的 3.3 V 或 5.0 V 的输出电压;高达 87% 的效率;0.3 Ω 的 NFET RDSon;0.9 V 就可确保器件启动;0.33 A 的电感电流限制(SP6641A);1 A 的电感电流限制(SP6641B);逻辑关断控制;SOT-23-5 封装;图 3.7 为 SP6641B 的应用原理图。

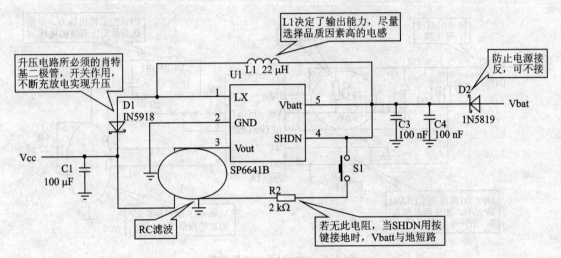

图 3.7　SP6641B 应用原理图

上面介绍的 DC/DC Buck 型稳压器及 DC/DC Boost 型稳压器可以满足很多场合的需求,但是 DC/DC 型稳压器工作时会有轻微的输出纹波(这是由于 DC/DC 的开关充放电特性引起的),而且 DC/DC 型稳压器一般需要接电感(目前电感比较占体积);所以在一些对输出稳定性要求严格、体积要求也非常严格的场合就比较适合用 LDO。下面介绍 SPX1117(800 mA 输出)LDO。

SPX1117 是一款三端正向电压调节器,可以用在一些高效率、小封装的设计中。这款器件非常适合便携式计算机及电池供电的应用。SPX1117 在满负载时其低压差仅为 1.1 V。当输出电流减少时,静态电流随负载变化,并提高效率。SPX1117 可调节输出,也可选择 1.5 V、1.8 V、2.5 V、2.85 V、3.0 V、3.3 V 及 5 V 的输出电压。

SPX1117 提供多种 3 引脚封装:SOT-223、TO-252、TO-220 及 TO-263。一个 10 μF 的输出电容可有效地保证稳定性,然而在大多数应用中,仅需一个更小的 2.2 μF 电容。以下为 SPX1117 基本特性:0.8 A 稳定输出电流;1 A 稳定峰值电流;3 端可调节(电压可选 1.5 V、1.8 V、2.5 V、2.85 V、3.0 V、3.3 V 及 5 V);低静态电流;0.8 A 时低压差为 1.1 V;0.1% 线性调整率;0.2% 负载调整率;2.2 μF 陶瓷电容即可保持稳定;过流及温度保护;多封装 SOT-223、TO-252、TO-220 及 TO-263(现已提供无铅封装)。

SPX1117的使用非常简单,如图3.8所示,仅需几个电容即可。图3.8中的D1防止电源接反。

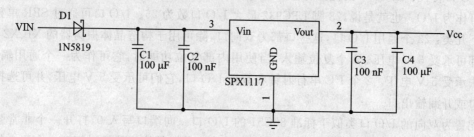

图 3.8 SPX1117 应用原理图

3.2.2 5 V 环境下的 LPC900 系列单片机

Philips LPC900 系列单片机以先进的 CMOS 工艺制造,通过片内集成的丰富特性实现了非常高的性价比。和其他的高集成度 IC 一样,LPC900 所采用的技术使其电源电压限制在 5 V 以下。LPC900 的标称工作电压范围为 2.4～3.6 V。虽然电源电压较低,但 I/O 口仍可承受 5 V 电压。也就是说,虽然 I/O 口不能主动驱动高于电源电压的输出,但可被外部上拉到 5 V。

当 LPC900 在 5 V 环境下使用时,必须注意以下几点:
- 从 5 V 电压源得到 3.3 V 电压。
- 与 5 V 逻辑电平的输入、输出接口。
- 驱动要求更大电流和更高电压的外部负载。

电源的注意事项:LPC900 的工作电压在 2.4～3.6 V 之间,如果使用内部掉电检测电路,其触发电压范围为 2.4～2.7 V。这样标称电压必须高于 2.7 V,可以在具有适当容差的 3.0 V 和 3.3 V 系统中使用。在 5 V 系统中,可以直接从未稳压的电源或从 5 V 电源得到 3 V 电压。LPC932 在 3 V 供电时消耗的最大电流为 25 mA,I/O 口的最大拉电流和灌电流分别为 -3.2 mA 和 +20 mA,电源必须能够额外提供所有这些电流。较小的系统可使用典型压降为 1.8 V 的 LED 从 5 V 电压源产生 3 V 电压(见图 3.9)。

较大的系统则需要一个 LDO(低压差稳压器),例如 Philips 的 TDA3663 LED 方案其优点是它不吸收任何额外的电流,这一点对于掉电模式下的单片机来说尤为重要。使用稳压器时要实现这一点,则必须选择带使能输入的型号例如 TDA3673。由于

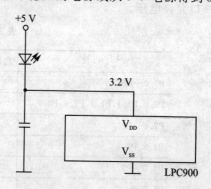

图 3.9 从 5 V 电压源产生 3 V 电压

LPC900 的输出可承受 5 V 电压,用 5 V 直接驱动负载可以减小 3 V 电源所消耗的电流。

I/O 口特性:LPC900 的优异特性在于它不需要任何外部元件,除电源和地之外的所有引脚都可作为 I/O。也就是说,28 脚 LPC932 最大 I/O 口数为 26。I/O 口可通过 SFR 单独配置成以下几类:23 个通用 I/O 口,这些口都为双向口,除可用于构造晶体振荡器的 X1、X2 外,所有口都可承受 5 V 电压。1 个复位输入,当使用内部复位功能时,它可作为一个通用输入口。它无法承受 5 V 电压。2 个 I^2C 串行时钟和数据 I/O 口,它们可承受 5 V 电压,并可选择作为输入口或开漏输出口。

配置为双向的 I/O 口类似于标准 80C51 的 I/O 口。向端口写入 0,打开一个非常强的下拉晶体管,端口最大可吸收 20 mA 电流。写入 1,关闭下拉晶体管并暂时打开一个强上拉晶体管,这样可迅速对外部负载电容充电,并实现快速的输出切换,两个弱上拉晶体管维持高电平输出最大可吸收 20 μA 电流。在这种配置下,端口还可作为输入口,当拉低输入口时,驱动电路必须吸收由两个上拉管所提供的电流。一旦输入电平低于 1.5 V,其中一个上拉管便关闭,那么只需要吸收剩余的上拉晶体管的电流。这时的静态电流小于 50 μA,而传统器件在 1.5 V 时的电流可能高达 250 μA,通过这种方式可实现一个迟滞电路,它取决于驱动电路的阻抗。在推挽模式下,向端口写入 0,打开强下拉晶体管,这和双向模式类似,对于高电平输出只要输出为 1,则一直打开强上拉晶体管不使用弱上拉。在这种配置下,输出可吸收高达 3.2 mA 的电流,在开漏模式下只有强下拉晶体管可没有任何上拉器件。

I^2C 总线要求特殊的开漏驱动器,一个未供电的单片机决不能干扰 I^2C 总线上其他器件的通信,在无电源的情况下 VDD 为 0 V,而任何一个连接到 VDD 的具有上拉或 ESD 保护结构的器件都会将 I^2C 总线电平钳位在大约 1 V,这样使 I^2C 总线无法变为高电平,由于 P1.2 和 P1.3 作为 I^2C 总线的 SCL 和 SDA,因此,它们不带上述器件所有端口都可配置为输入口,在输出口进入三态状态时不打开任何上拉或下拉器件,高阻输入漏电流小于 10 μA,带有施密特触发电路,以抑制输入噪声,在此配置下除 3 个输入口外所有口都可承受 5 V 电压。表 3.4 为 I/O 口允许电压。

表 3.4 I/O 口允许电压

I/O 口	允许 5 V 电压	输入	准双向	推挽	开漏
P0.0~P0.7	√	√	√	√	√
P1.0,P1.1,P1.4,P1.6,P1.7	√	√	√	√	√
P2.0~P2.7	√	√	√	√	√
P1.2,P1.3	√	√			√
P3.0~P3.1	√	√	√	√	√
P1.5	—	√			

5 V逻辑系列具有不同的电平参考点。被某些CMOS系列所采用的TTL电平是非对称的,而纯CMOS逻辑具有对称的电平。当驱动具有TTL逻辑的CMOS器件时必须特别小心。

LPC900的I/O在配置为输入口时,可以由5 V逻辑的输出直接驱动。施密特触发器输入的(最坏情况下的)切换电平定义如下:V_{IL}为0.528 V @ Vdd=2.4 V;V_{IH}为2.520 V @ Vdd=3.6 V。被5 V CMOS逻辑器件驱动时,低电平抗干扰性最差。此时CMOS输出可能高达0.5 V。抗干扰能力可从Vdd为2.4 V时的25 mV提高到Vdd为3.0 V或3.3 V,典型应用时为0.7 V。CMOS逻辑的高电平输出接近5 V,因此不处于临界状态。5 V(和3.3 V)TTL逻辑的低电平输出小于0.4 V,这样最坏情况下的抗干扰度为125 mV。处于临界状态的是大于2.4 V的输出高电平。由于LPC900事实上没有噪声容限,因此必须采取一些措施来改善这一点。

当没有从TTL输出吸取电流时,高电平电压远远大于2.4 V,LPC900的(高阻)输入口将正常工作。为了确保这一点,必须增加一个上拉电阻到5 V或单片机Vdd引脚。对于3.3 V的TTL逻辑,连接到3.3 V的上拉电阻也会改善噪声容限。虽然TTL的噪声容限看起来小于CMOS,但需要注意的是,TTL的输出阻抗远远小于CMOS的输出阻抗,这使其不容易受到电容耦合噪声的干扰。另外,也可考虑使用LPC900的内部上拉。要实现这一点必须将端口配置为双向I/O口并向其写入1。

另外还必须考虑到如下障碍:上拉器件流过的电流通常大于漏电流。该电流增加了单片机的电源电流。必须注意,流入引脚的总电流不能使电源电压高于规定值。即电源必须有足够的能力吸收电流(特别在掉电模式下)。

当驱动低电平时,LPC900在电压不高于0.3 V时的最大灌电流为20 mA。对于TTL和CMOS都有极好的噪声容限,分别为TTL>500 mV,CMOS>1.2 V。由于LPC900能够驱动接近电源电压的高电平,因此输出可以直接驱动TTL输入(在高电平时有非常高的阻抗)。噪声容限仍然大于0.2 V。输出必须配置为双向口模式。内部弱上拉管将电平上拉到Vdd。在3 V电压下如果不接外部元件是无法达到5 V CMOS逻辑的输入高电平的。这时可使用电平转换器或者连接到5 V的外部上拉电阻,并将LPC900的输出配置为开漏模式。上拉电阻的值取决于LPC900的负载特性(电容、电流和速度)和驱动能力。大多数情况下应当连接一个kΩ级的电阻。

LPC900有很强的输出驱动能力,灌电流和拉电流分别达到了20 mA和3.2 mA。这一能力与其可独立配置的输出模式(双向、推挽和开漏)相结合即可获得非常高的灵活性来驱动任何负载。推挽模式不能用于驱动电压高于Vdd的负载,否则会导致有额外的电流流入端口。通过将输出驱动到Vdd,可使双向模式下的内部上拉器件支持外部上拉电阻。但是如前面提到的,会导致额外的电流流入输出端口。

处理高于Vdd电压最好的方案是使用开漏模式。通过外部电阻可将电平上拉到最大

5.5 V,而只有漏电流流入 LPC900 的输出端口。与大多数 CMOS 器件一样,LPC900 的驱动能力是不对称的。其灌电流能力远远高于拉电流能力。较高电流的负载最好连接到 GND 或 Vss。将负载直接连接到 5 V 电源可减小(整流的)3 V 电源的负载。LED 应当通过一个限流电阻连接到 5 V。对大于 20 mA 的电流,可将同一个口的几个输出并联使用。需要注意的是,这几个输出必须同时驱动为高或低,并且保证所有电流的总和不超过 80 mA。

如果需要驱动一个连接到地的高电流负载,则需要使用外部元件。可以使用 P 沟道的 FET,也可使用 PNP 型三极管(见图 3.10)。电阻 R1 用来保证在单片机输出(开漏)关闭时 T1 也关闭。R2 用于限制三极管的驱动电流。它的值取决于三极管的参数和负载电流。当使用 P 沟道 FET 时不需要 R2。

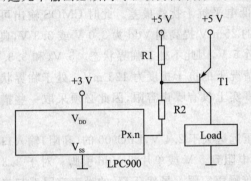

图 3.10 使用 PNP 型三极管

LPC900 的模拟比较器有几种不同的配置,其输入电压范围规定为 Vss~Vdd−0.3 V。如果要监视高于此范围的电压,则需要通过一个分压器来降压。由于输入的高阻抗——最大漏电流小于 10 μA,因此在许多情况下可使用电阻分压器。

3.2.3 Philips LPC900 微控制器的单电池电源

LPC900 系列器件都是低功耗微控器,电源电压为 2.4~3.6 V,电源电流可从完全掉电模式下的 1 μA,低频振荡下大约 10 μA,直至高频振荡时的几个 mA,另外还必须考虑 I/O 口吸收的电流,然而在大部分应用中 LPC900 系列器件与手持式设备类似通常工作在低功耗模式,这样就可降低器件的平均电流,若利用电池对器件供电,则电池的使用寿命可达几个月。

为了降低产品设计的功耗,使 P89LPC900 微控器可像手持式设备那样,仅用一节电池作为电源对芯片进行供电。本书描述了一种简便低成本的方案,利用一个电容升压 DC/DC 转换器将一节电池的电压(1.2~1.5 V)转换成 LPC900 系列器件所需的电源电压。

使用 Philips 公司的 2 输入 NAND 施密特触发器 74V132 来产生电源电压。74LV132 可执行宽范围的电压操作(1.0~5.5 V),经优化可得到一个低电压范围(1.0~3.6 V),此范围恰好适合一节电池工作。利用一个施密特触发器 NAND 门,一个电阻和一个电容来构造一个多谐振荡器/振荡器电路,如图 3.11 倍压器电路所示。

U1A 输出的方波连接到一个倍压器上包含 D1、D2 和 C2,电压从电容 C3 上输出。该电路原则上可将电压升高,另外利用一个反相器还可构成一个 Dickson 电荷泵,如三倍压放大电路见图 3.12。

输出电压约为 $V_{DD} = N \times (V_{batt} - V_{diode})/2$,其中 N 为二极管的个数,V_{bat} 为电池电压,V_{diode}

为二极管的管压降。为了得到最佳效率，建议使用低压降的二极管，如 Philips 公司的肖特基二极管。它在 10 mA 时指定的最大压降为 320 mV。这样利用三倍电压放大电路就可以产生一个 3 V 的 VDD。若利用四倍电压放大电路还可得到一个更高的 VDD，但这时微控器就必须使用一些保护电路来防止电压超过其最大额定值的限制。图 3.13 所示是 LPC932 驱动一个 LED 显示的完整应用。

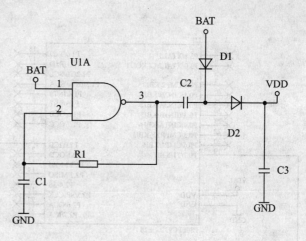

图 3.11 倍压器

这是一个应用实例，LPC900 切换到完全掉电模式。由一个外部中断将其唤醒。在中断服务程序中，LED 点亮，LPC900 返回到完全掉电模式。LPC932 在完全掉电模式下的电流消耗可低于 1 μA，取决于器件的配置和电源电压。

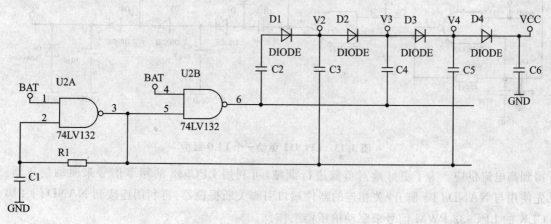

图 3.12 Dickson 电荷泵

在关闭那些所有不需要的功能（如看门狗振荡器或模拟功能）时要特别注意。通过对图 3.13 中的元件进行设置，整个电路的总电流消耗可低于 20 μA。为了在低功耗状态和活动模式下的高电流供给之间得到一个高动态点，LPC932 可在需要时改变振荡器频率。该操作由 P0.7 和 C5 来完成。在低功耗模式下，P0.7 被拉低，调整 C5 来增加时间常数和降低振荡器频率，并由此来降低电流消耗。在活动状态下，P0.7 切换到输入模式，提高振荡器频率，为应用提供更大的电流。在整个应用过程中，器件的电流消耗和电流供给在低于 20 μA 到几个 mA 之间变化。可通过增加 C1～C4 的电容值和提高振荡器频率（甚至可到 MHz 的范围）来

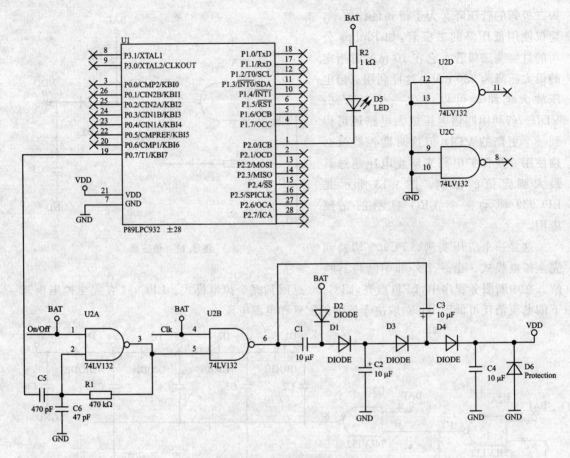

图 3.13 LPC932 驱动一个 LED 显示

得到高电流供应。为了更好地对负载进行调整,可利用 LPC932 的频率信号来驱动倍压器。先使用与 NAND 门 1 脚开/关相连的器件端口引脚关断振荡器,再利用连接到 NAND 门 4 脚 CLK 的 LPC932 PWM 信号来驱动倍压器工作。

下面的源代码是一个器件工作在低功耗模式下的简单范例。此时使用了看门狗振荡器,所有不需要的外围功能均被关闭。

软件实现的功能:配置 LPC932、初始化键盘中断、点亮 P2 口的 LED 以及使器件进入完全掉电模式。一旦 P0.5 被拉低,键盘中断将唤醒 LPC932,RC 振荡器的频率升高,LED 点亮,最后 LPC900 再次进入完全掉电模式。

```
#include<Reg932.h>
Unsigned int I,loop;
Unsigned char off;
```

```c
Void keypad_init(void)
{
    KBPATN = 0X20;              //P0.5 必须上拉
    KBCON = 0X02;               //P0 必须匹配 KBPATN 产生中断
    KBMASK = 0X20;              //除 P0.5 外,屏蔽所有的引脚中断
    BIBI = 1;                   //使能键盘中断
    EA = 1;                     //使能中断
}
Void keypad_isr(void)interrupt 7 using 1
{
    P1M2 = 0xFC;                //快速晶振模式
    PCONA = 0x00;               //打开外设
    For(loop = 0;loop<5;loop++)
    {
        P2 = 0XFF;
        For(i = 0;i<1000;i++);
        P2 = 0X00;
        For(i = 0;i<1000;i++);
    }
    P2 = 0XFF;                  //LED 关闭
    KBCON& = 0XFE;              //清除 KBIF 标志位
    Off = 1;                    //下电标志
}
Void main(void)
{
    //配置端口
    P0M1 = 0X20;P0M2 = 0XDF;P1M1 = 0X03;    //P1.3 输入
    P2M1 = 0X00;P2M2 = 0XFF;P2M1 = 0X00;P2M2 = 0XFF;P3M1 = 0X00;P3M2 = 0XFF;
    P0 = 0XFC;P1 = 0XFC;P2 = 0XFF;P3 = 0XFF;
    For(loop = 0;loop<4;loop++)
    {
        P2 = 0XFF;For(i = 0;i<1000;i++);P2 = 0X00;For(i = 0;i<1000;i++);
    }
    P2 = 0XFF;                  //LED 关闭
    IEN1 = 0XE8;EKBI = IEN1^1;keypad_init();
    AUXR1 = AUXR1|0X80;         //设置 CLKLP 低功耗时钟
    WDCON = WDCON&0XFE;         //WDT 时钟关闭
    PCONA = 0XEF;P1M2 = 0XFF;
    While(1){
```

```
    If(off){off = 0;PCONA = 0XEF;        //关闭外设
    P1M2 = 0XFF;                         //低速时钟
    PCON| = 0X03;                        //总电源关闭
  }
}
```

3.3 LPC900系列单片机复位电路的可靠性设计

由于LPC900系列单片机的电源电压为2.4～3.6 V,并非常规的5 V供电系统,常见的单片机几乎都使用5 V的供电方式,其单片机的复位电路门监电压是1.2 V,而使用3 V供电的单片机的复位门监电压是0.4 V,因此必须根据LPC900系列单片机的电气特性来进行复位电路的可靠性设计。

1. 有后备电池的系统

对于有后备电池的系统,平时一般均在低功耗状态下,即没有系统上下电的情况,可以使用内部上电复位,或者外部电源监控芯片复位,或者外部RC复位等。当用户所设计的系统为5 V/3 V系统时,为了保证复位的统一,复位监控电源以5 V为基准。使用内部复位时,必须在复位引脚接一上拉电阻(如5～10 kΩ),才能保证芯片上电复位更可靠,如图3.14所示。

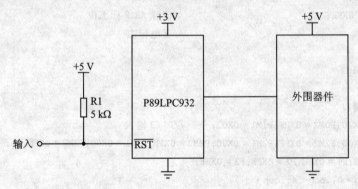

图3.14　5 V/3 V系统中,内部复位应用示意图

使用外部复位时(见图3.15),请使用电源监控芯片,如Philips半导体公司生产的MAX809L。

在3 V系统中,使用内部上电复位时(见图3.16),必须在复位引脚接一上拉电阻(如5～10 kΩ)。

3 V系统中,使用外部复位时(见图3.17),请使用电源监控芯片,如Philips半导体公司生产的MAX809R等。

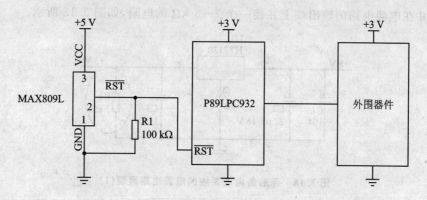

图 3.15　5 V/3 V 系统中,外部复位应用示意图

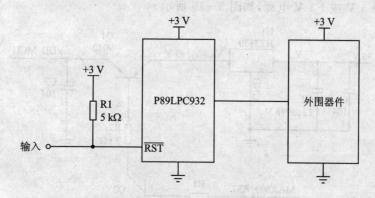

图 3.16　3 V 系统中,内部复位应用示意图

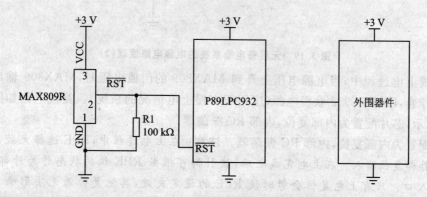

图 3.17　3 V 系统中,外部复位应用示意图

2. 无后备电池的系统

对于无后备电池系统的复位电路设计,建议使用 Philips 公司的外部电源监控芯片

MAX809,并在电源电路的输出端上并接一个2～3 kΩ的电阻,如图3.18所示。

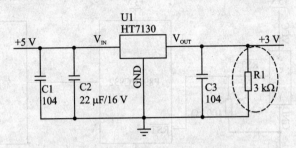

图 3.18　无后备电池系统的电源电路原理(1)

另外,电源部分电路还可以设计使用MAX809的$\overline{RST}$输出控制P89LPC932的供电电源,MAX809连接+5 V或+3 V电源,如图3-19所示。

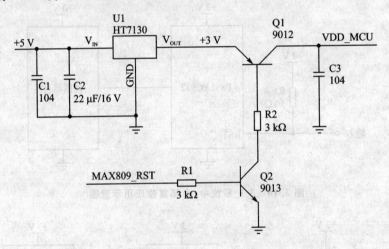

图 3.19　无后备电池系统的电源电路原理(2)

在系统上电过程中,当电源电压上升到MAX809的门槛电压时,MAX809输出高电平,使晶体管导通,P89LPC932获得电源(应用于有慢上电情况的系统)。复位电路如图3.20和图3.21所示,芯片配置为内部复位,内部RC振荡器。

芯片配置为内部复位,内部RC振荡器。**注意**:在上电过程中,RPE选择无效,$\overline{RST}$引脚总是作为外部复位输入。在上电完成之后,该引脚可根据RPE位的状态作为外部复位输入或数字输入口。只有上电复位会暂时使RPE的设定失效,其他复位源无法影响RPE位的设定。

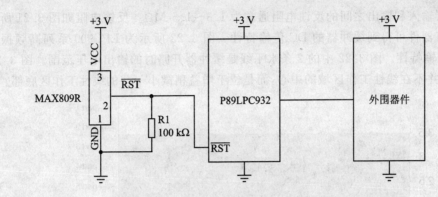

图 3.20　3 V 系统中,内部复位应用示意图

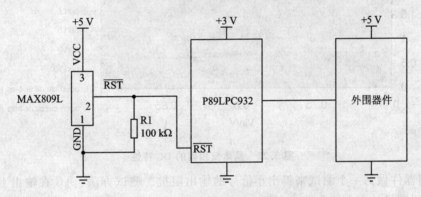

图 3.21　5 V/3 V 系统中,内部复位应用示意图

3.4　LPC900 系列单片机外部晶振电路的设计

由于 LPC900 系列单片机的电源电压为 2.4～3.6 V,并非常规的 5 V 供电系统,常见的单片机几乎都是使用 5 V 的供电方式,其单片机的复位电路门槛电压是 1.2 V,而使用 3 V 供电的单片机的复位门槛电压是 0.4 V,因此必须根据 LPC900 系列单片机的电气特性来进行复位电路的可靠性设计。

LPC900 系列器件的高频晶振由一个反相线性传导放大器(transconductance amplifier)组成,放大器可以放大 4～12 MHz 的信号。放大器的反馈电阻从输入端连接到输出端。本书主要描述如何通过增加一个外部偏置电阻使 LPC900 系列器件的高频振荡器起振。偏置外部晶振可以实现更稳定的起振。本书主要关注 LPC900 系列器件高频振荡器的特性,如 LPC900 系列器件高频晶振的 DC 特性和高频振荡器的开路偏压点,并给出了一个等式,当一个旁路电容的值固定时可用来计算要求的最小 g_m 值。

反相器输入和输出之间的反馈电阻通常为 1.3～1.5 MΩ。反馈电阻如图 3.21 所示。通过测试一组器件可得到缓冲器的 DC 传输特性。图 3.22 所示为 LPC900 系列高频振荡器的典型 DC 传输特性。图 3.22 中的 2 条水平线是缓冲器开路时的输出电压范围。图 3.22 表明 DC 工作点并不在线性工作区域的中心,而是位于增益稍微小一些的线性工作区底部。

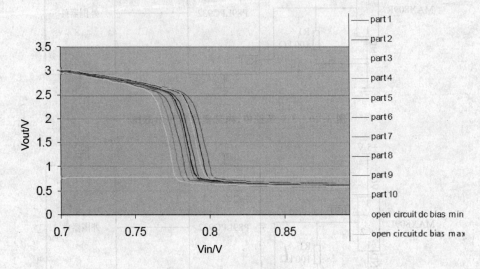

图 3.22 晶体反相器的 DC 特性

对一组器件做另一个测试来得出小信号的输出阻抗。测试方法:AC 在输出上加载一个信号,然后再测量输出电压和输入电压之比。图 3.23 所示为用来测试输出阻抗的电路,也可利用图中的等式通过输出电压和输入电压将输出阻抗计算出来。

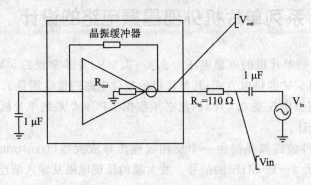

图 3.23 小信号输出阻抗测试电路

由输出阻抗 $= \dfrac{R_{in} \times \dfrac{V_{out}}{V_{in}}}{1 - \dfrac{V_{out}}{V_{in}}}$,可得出 LPC900 系列高频晶振的小信号输出阻抗范围为 2~5 kΩ。小信号传导的测试方法:AC 在输出端连接一个固定的负载,再测量输出电流和输入电流之比。图 3.24 所示为测试传导的电路,也可利用等式通过输出电压和输入电压将传导计算出来。当偏置为"开路"配置时,由传导测试公式得出传导系数 $= \dfrac{\dfrac{V_{out}}{110}}{V_{in}}$,得到测量结果为 0.002 2~0.002 9,即无外部偏置元件。

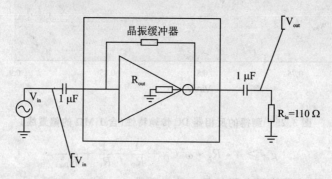

图 3.24 传导测试

从图 3.25 的 DC 传输曲线观察到,通常高频振荡器的偏压点不能提供最大增益的起振。缓冲器的开路输出电压范围为 0.77~0.79 V。这就使得小信号增益只出现在图 3.25 中浅颜色所示的器件中。通过在晶振缓冲器的输入端和地之间添加一个 1 MΩ 的电阻来改变 DC 工作点。这个电阻是个外部器件,在图 3.26 中用 R_{Bias} 表示。增加电阻后,缓冲器的 DC 工作点移至缓冲器线性工作区的中心位置。将晶振偏置到最大增益区可使振荡器的启振更加稳定。

振荡器要求的最小传导可由式(1)和(2)计算得出。

$$g_m \geqslant R_S \cdot \dfrac{\omega_O^2 C_O^2 (C_1 + C_2)^2}{C_1 C_2} + \dfrac{1}{R_P} \dfrac{(C_1 + C_2)^2}{C_1 C_2} + \dfrac{1}{R_O} \dfrac{C_1}{C_2} \tag{1}$$

如果 $C1 = C2$,则式(1)简化成

$$g_m \geqslant 4 \cdot R_S \cdot \omega_O^2 C_O^2 + \dfrac{4}{R_P} + \dfrac{1}{R_O} \tag{2}$$

式(1)和(2),表示无偏置电阻时的最小传导系数。但是,当在输入端到地之间增加一个偏置电阻后传导系数将增大。带偏置电阻的最小传导系数计算见式(3)和式(4)。

$$g_m \geqslant R_S \cdot \dfrac{\omega_O^2 C_O^2 (C_1 + C_2)^2}{C_1 C_2} + \dfrac{1}{R_P} \dfrac{(C_1 + C_2)^2}{C_1 C_2} + \dfrac{1}{R_O} \dfrac{C_1}{C_2} + \dfrac{1}{R_{Bias}} \dfrac{C_2}{C_1} \tag{3}$$

如果 $C1 = C2$,则式(3)简化成

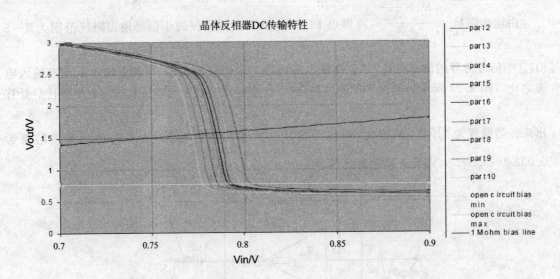

图 3.25 测得的反相器 DC 传输特性(含 1 MΩ 的偏置线)

$$g_m \geqslant 4 \cdot R_S \cdot \omega_O^2 C_O^2 + \frac{4}{R_P} + \frac{1}{R_O} + \frac{1}{R_{Bias}} \tag{4}$$

式(3)和式(4),表示带偏置电阻的最小传导系数。

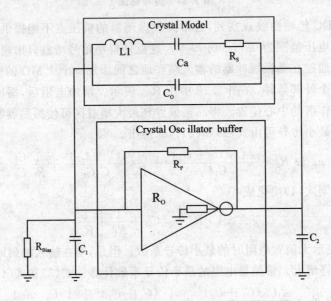

图 3.26 振荡器电路

使用上述等式可得出所需的最小 g_m 值,表 3.5 对计算所得的最小 g_m 值和测得的最小 g_m 值进行了比较。

表 3.5 g_m 在不同电阻下的计算

$F_0 = 12$ MHz	$R_S = 3$ kΩ	$R_P = 1.3$ MΩ	$C_O = 15$ pF
无 R_{Bias}	$g_m \geq 0.000\ 387$	测得的最小 g_m 值为 0.002 2	
$R_{Bias} = 1$ MΩ	$g_m \geq 0.000\ 388$	测得的最小 g_m 值为 0.003 1	

表 3.5 的数据表明,振荡器无偏置电阻时的增益明显比带有 1 MΩ 偏置电阻时更大。R_{Bias} 是一个另外增加的外部电阻,利用它来将振荡缓冲器的 DC 偏置移至线性工作区的中心。图 3.27 所示为 C_2 固定时要求的最小 g_m 值与 C_1 值的关系。图中还绘制了从实验器件中测得的最小和最大 g_m 值。从图中可以看出,当一个旁路电容的值在 65~85 pF 时器件应当停振。测试电路在 C_1 为 80 pF 时振荡器停振。这是保证测得的 g_m 在正确范围内的另一种验证方法。要求的传导系数与输入旁路电容的关系图如图 3.27 所示(输出旁路电容 C_2 固定为 12 pF)。

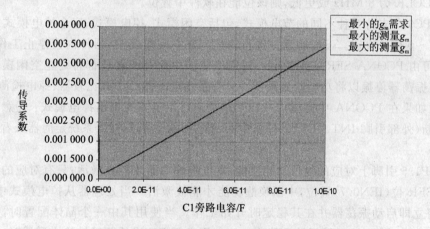

图 3.27 C_2 固定时要求的最小 g_m 值与 C_1 值的关系图

除了本文前面介绍的计算外,在一定的温度范围内,振荡器的启振也可通过外部 1 MΩ 的偏置电阻来验证。这个温度范围为 -55~+125 ℃,振荡器在整个温度范围内都可启振。振荡器的 DC 特性表明 DC 偏置点比较靠近传输曲线的下方。这就意味着振荡器的起振增益可能稍微有些偏低。使用一个额外的外部电阻来使偏置点朝着反相器线性工作区的中心方向上升,这样可以提高振荡器的启振增益。偏置电阻会稍微增大 g_m 的值,但是器件完全可以克服 g_m 值增大带来的影响。每个晶体电路主要跟随以下条件的变化而改变:所选的晶体、旁路电容、微控制器的振荡器特性、PCB 板的电容和晶体引脚的抗干扰能力。所有这些条件的变化都会影响应用中的晶振启振，因此要小心限制应用中的晶体启振。

3.5 低功耗设计

3.5.1 LPC900 系列单片机的功率管理

许多应用都对功率有严格的要求，此处将介绍几种无需降低性能就可降低功耗的方法。在描述系统的电源要求前，必须先计算出预计要使用的功率。LPC900 外设可通过设置寄存器中的相关位进入低功耗模式。这些低功耗模式的使用完全取决于具体的应用。本文描述 LPC900 系列不同的功率管理方法适用于所有的 LPC900 通用器件。

CMOS 数字逻辑器件的功耗受到供电电压和时钟频率的影响。总的电流消耗量直接与电源电压成比例。功耗取决于有效外设的数目以及振荡器和 CPU 是否工作。P89LPC935 的最大运行时钟为 12 MHz(CCLK)。但如果 CCLK 为 8 MHz 或更低，则可以通过将 CLKLP SFR 位(AUXR1.7)置位来进一步降低功耗。任何复位操作后，CLKLP 为 0，允许获得最高性能。如果 CCLK 为 8 MHz 或更低，则该位能在软件中置位。

P89LPC935 支持 3 种不同的节电模式，包括空闲模式、掉电模式、完全掉电模式。由 SFR 的 PCON1~0 位来决定。下面将逐一进行论述。在空闲模式中，器件内核停止工作，外设可以运行也可由 PCONA SFR 实现掉电。任何使能的中断源或复位都将终止空闲模式。在掉电模式中，振荡器停振以将功耗降到最低。只有系统定时器/RTC、比较器、掉电检测和 WDT 仍能运行(如果在 PCONA 中使能)。LPC900 可通过以下方式退出掉电模式：任意的复位或特定的中断(外部引脚 INT0/INT1、掉电中断、键盘中断、实时时钟(系统定时器)、看门狗和比较器)。

只有 P1.5 引脚上对应的复位功能使能，复位唤醒功能才能被激活；只有对应的中断使能并且 EA SFR 位(IEN0.7)置位，中断唤醒功能才能被激活。当处理器从掉电模式中唤醒时，LPC900 将立即启动振荡器并在其稳定时开始工作。当使用其中一个晶体配置时，振荡器在启振后的 1 024 个 CPU 时钟后达到稳定。当使用内部 RC 或外部时钟输入配置时，振荡器在启振后的 256 个时钟后达到稳定。

在完全掉电模式中，CPU 和振荡器都停止工作。只有系统定时器/RTC 和 WDT 仍能运行(如果使能)。下面是该模式支持的唤醒选项：看门狗定时器(能产生中断或复位)、外部中断 INT0/INT1、键盘中断和实时时钟/系统定时器。

表 3.6 列出了不同的功率管理模式。

表 3.6　LPC900 功率管理模式

LPC900 模式	晶体	CPU	外设
正常	开	开	开(使用 PCONA 可将外设单独掉电)
空闲	开	关	开(使用 PCONA 可将外设单独掉电)
掉电	关*	关	系统定时器/RTC、比较器、BOD 和 WDT 能运行(使能时)
完全掉电	关*	关	系统定时器/RTC 和 WDT 能运行(使能时)

注：*表示 RAM 处于保持状态,CPU 时钟停止工作。

如果 RTC 使能并选择晶体作为时钟源,则在掉电模式中晶体能正常工作。由于功耗受到电源电压和时钟频率的影响,因此降低时钟频率和工作电压可以降低功耗。通过配置分频寄存器 DIVM,LPC900 系列的振荡器频率 OSCCLK 能进行高达 510 次的整数分频。分频器的输出 CCLK 由公式 CCLK=OSCCLK/2N 获得,此处 N=DIVM 的值,则 CCLK 频率范围为 OSCCLK~OSCCLK/510。当 N 为 0 时,CCLK=OSCCLK。

OSCCLK 的时钟源由 UCFG 寄存器确定,可以是带外部晶体的内部振荡器,内部 RC 振荡器或内部看门狗振荡器。LPC900 系列的工作电压 VDD 为 2.4~3.6 V。I/O 口可承受 5 V (可以上拉或驱动到 5.5 V)。下面将从低频和低供电电压两方面论述降低功耗问题。在空闲模式中,内核停止工作,外设可以工作,也可以利用 PCONA SFR 掉电。任何使能的中断源或复位将终止空闲模式。微控制器处于完全掉电模式时,没有任何 I/O 口操作,所有外设都停止工作。在激活模式中,CPU 仍工作,外设利用 PCONA 关闭。内部 RC 振荡器全速运行时性能非常高。当不需要该性能时,可使用 DIVM 极大地降低功耗。在掉电模式下,比较器有效时电流消耗最高,而掉电检测有效时则稍小一些。如果想最大限度节电,可让器件进入完全掉电模式。400 kHz 内部看门狗振荡器功耗非常低,允许的误差范围为 20%~30%。

3.5.2　LPC900 Flash 单片机低功耗详解

首先介绍系统低功耗的几个重要因素,如表 3.7 所列。

表 3.7　低功耗的重要因素

低功耗因素	描述
电源电压	LPC900 系列单片机的电压范围为 2.4~3.6 V,其功耗随着电压递增
晶振频率	LPC900 系列单片机的内部功耗,随着晶振频率递增
功能模块的使用	使用的功能模块越少,功耗越低
I/O 口的设置	I/O 可设置成正确的模式,可以有效地降低功耗
外部电路的设置	外部电路尽量避免使用一些高功耗的器件

LPC900 系列单片机具有实时时钟、比较/捕获、I^2C、UART 等模块,可通过设置 PCON

和 PCONA 两个寄存器的相关位，实现芯片的普通掉电及完全掉电功能。不过要实现芯片手册上所描述的，完全掉电模式下，系统电流低于 1 μA 的情况，还需要对 WDCON 进行控制（因为 PCONA 中，没有关闭看门狗）。相关寄存器描述简表如表 3.8 所列。

表 3.8 相关寄存器描述简表

寄存器	位 7	位 6	位 5	位 4	位 3	位 2	位 1	位 0
PCON	SMOD1	SMOD0	BOPD	BOI	GF1	GF0	PMOD1	PMOD0
PCONA	RTCPD	DEEPD	VCPD	—	I2PD	SPPD	SPD	CCUPD
WDCON	PRE2	PRE1	PRE0	—	—	WDRUN	WDTOF	WDCLK

正常供电模式，不同晶振下的芯片功耗如表 3.9 所列。工作电压 3 V。测试芯片 P89LPC932，晶振范围为内部 RC 振荡（7.373 MHz），外部晶振（6 MHz），外部晶振（32.768 kHz）。

表 3.9 不同晶振频率下的系统功耗

晶振型号	系统电流	
	最初测量值/mA	稳定值/mA
内部 RC 振荡器 7.373 MHz	5.791	5.782
外部 6 MHz 晶振	2.698	2.790
外部 32.768 kHz 晶振	0.374	0.340

由表 3.9 可得，系统消耗电流随着晶振频率的降低而降低。

正常供电模式，不同电压下的功耗测量。测试芯片 P89LPC932，内部 RC 振荡（7.373 MHz）。测试电压范围 2.4～3.6 V（见表 3.10）。

表 3.10 不同电压下的系统功耗

电压/V	实际电流/mA	测试电流/mA	电压/V	实际电流/mA	测试电流/mA
2.9	5.332	5.316	3.3	6.718	6.698
3.0	5.833	5.802	3.4	6.890	6.856
3.1	6.110	6.084	3.5	7.360	7.318
3.2	6.384	6.353	3.6	7.482	7.472

根据表 3.10 可以很清晰地发现，芯片的电流量随供电电压的增长而增长。

下面程序讲述了完全掉电模式下，工作电压 3 V，内部 RC 振荡，测试芯片 P89LPC932，芯片的系统电流可以做到低于 1 μA。

```c
//文件名：PowerDown_test.c,功能：LPC900 系列完全掉电演示程序
#include "reg932.h"
#define uchar unsigned char
sbit LED = P0^0;
void main()
{
//程序运行后,首先闪烁灯 3 次,在这段时间内,可以测得系统电流为 6 mA 左右(采用内部 RC 振荡)
uchar temp;
P0M1 = 0x00;
P0M2 = 0x00;
for(temp = 0;temp<3;temp + +)
{
LED = 0;delay500ms();
LED = 1;delay500ms();
}
//端口初始化程序段,这一段代码对端口进行正确的设置,如果没有这段代码,测得的系统电流在
//70~80 μA 浮动
P0M1 = 0x00;
P0M2 = 0x00;
P1M1 = 0x00;
P1M2 = 0x00;
P2M1 = 0x00;
P2M2 = 0x00;
P3M1 = 0x00;
P3M2 = 0x00;
P0 = 0xff;
P1 = 0xff;
P2 = 0xff;
P3 = 0xff;
WDCON = 0xE0;      //关闭 WDCON,如果缺少这条指令,将测得系统电流为 18.5 μA
delay();
//需要在系统进入完全掉电状态前,添加 μs 级别延时,以保证能够完全掉电,如果缺少这句延时,将测
//得系统电流为 14 μA。
AUXR1 = 0x80;      //节省晶振功耗
PCONA = 0xff;      //关闭其他外围相应功能模块
PCON = 0x03;       //进入完全掉电模式后,将测得系统电流远低于 1 μA
}
void delay()
{
```

```
    uchar j;
    for(j=0;j<5;j++);
}
//功能：延时 500 ms 左右(7.373 MHz 情况下)
void delay500ms()
{
    int i,j;
    for(i=0;i<600;i++)
    {
        for(j=0;j<600;j++);
    }
}
```

根据上述程序调试得到的测量结果，可得：

① 如果去掉对端口初始化程序段，会测得系统有一定的电流。

② PCONA 寄存器中，没有关闭看门狗模块供电的位，要停止对看门狗模块的供电，必须调用 WDCON 寄存器。

③ 要使完全掉电状态下，系统电流低于 1 μA，则必须调用 WDCON 寄存器后，进行一段 μs 级别的延时，以保证掉电的彻底性。

④ 将 AUXR1 寄存器的 CLKLP 置位，可以在一定程度上，降低系统的功耗。

关于完全掉电状态下，芯片唤醒的一些补充，当 LPC900 系列 MCU 进入完全掉电状态以后，可由看门狗定时器（利用复位或中断）、外部中断 INT0/INT1、键盘中断和实时时钟等唤醒。另外，这里有 4 点要补充说明：

① LPC900 系列的单片机，INT0/INT1 中断为下降沿/低电平有效，键盘中断为低电平有效，因此在进入中断前必须保证相应引脚为高电平，否则很难将 MCU 从完全掉电状态下唤醒。本文提供示例程序，供大家参考。

② 当芯片处于完全掉电状态后，内部 RC 晶振停止工作，RTC 也不会工作，所以也就无法使 MCU 从完全掉电模式下唤醒。

③ 对于这种低电压掉电节能的系统，晶振的选择非常重要。这是因为低供电电压使提供给晶体的激励功率减小，造成晶体启振很慢或根本就不能启振。这一现象在上电复位时并不特别明显，原因是上电时电路有足够的扰动，很容易建立振荡。在睡眠唤醒时，电路的扰动要比上电时小得多，启振变得很不容易。在振荡回路中，晶体既不能过激励（容易振到高次谐波上），也不能欠激励（不容易启振）。所以晶体的选择必须考虑谐振频点、负载电容、激励功率、温度特性和长期稳定性。

④ 在对系统功耗要求不是很严格的场合，应避免使用 AUXR1 寄存器的 CLKLP 位，以保证系统掉电后，晶振能正常启振。

示例程序 3_C 版本

```c
//文件名：INT1_WakeUp.C
//功能：LPC900系列完全掉电下,外部中断唤醒演示程序
#include "reg932.h"
sbit LED = P1^6;
void INT1_ISR() interrupt 2
{ LED = ~LED;}
void main()
{
    P1M1 = 0x00;
    P1M2 = 0x00;
    EX1 = IT1 = 1;              //容许 INT1 中断下降沿触发
    while(1)
    {
        EA = 1;
        while(INT1 = = 0);      //保证 INT1 引脚为高
        PCON| = 0x03;           //LPC932 完全掉电
    }
}
```

3.5.3 LPC900 系列单片机完全掉电模式下的外部中断唤醒测试

  LPC900 系列单片机提供的节电模式有：空闲模式、掉电模式和完全掉电模式。在空闲模式下处理器被冻结，但是振荡器和其他外围功能模块仍然工作。任何一个中断或复位均可结束空闲模式，与其他节电模式相比，当发生中断时，它可以快速地结束空闲模式，而进入中断处理程序。这是因为在空闲模式下，振荡器一直在工作，从而在退出空闲模式时免除了振荡器启动与稳定时间。在掉电模式下，振荡器停振以使功耗最小。P89LPC932A1 可通过任何复位或特定的中断退出掉电模式。此模式可提供比空闲模式更好的节电性能，但是某些外围功能模块仍然在工作，并且消耗电流。这些外围功能模块包括掉电检测，看门狗定时器以及比较器，要想获得最佳的节电性能，可以使用完全掉电模式。完全掉电模式与掉电模式的主要区别在于为了降低功耗，掉电检测电路和模拟比较器也被关闭。此模式下的典型掉电电流为 1 μA，这意味着节 1.5/250 mAh 的电池可以连续工作至少 10 年以上，当然必须是优质电池自放电要小。下面以 LPC932A1 为例，通过一个小实验来演示 LPC900 系列单片机完全掉电模式的进入和唤醒技术。

  LPC900 系列单片机完全掉电模式的步骤如下：

  ① 初始化关闭中断，然后等待按键 KEY1 按下，如果 KEY1 按下则进入第二步，否则 LED 闪烁 1 s，这时可以在 P89LPC932A1 的电源引脚 Pin21 串入一个电流表，测量正常工作

状态下 P89LPC932A1 的工作电流。

② 等待 KEY1 按键释放，一旦 KEY1 被释放就打开外部中断 1，下降沿触发然后进入完全掉电模式，且实时时钟也被关闭以降低功耗，这时也可以在 P89LPC932A1 电源脚串入一个电流表分辨率在 $0.1\,\mu A$ 以上，测量 P89LPC932A1 完全掉电模式下的掉电电流。

③ 按下 S1 按键触发外部中断唤醒 CPU，蜂鸣器 BEEP 一声，以指示 P89LPC932A1 已经被唤醒。

使用到的主要特殊功能寄存器有 PCON 和 PCONA，如表 3.11 所列。

表 3.11 特殊功能寄存器

寄存器	7	6	5	4	3	2	1	0
PCON	SMOD1	SMOD0	BOPD	BOI	GF1	GF0	PMOD1	PMOD0
PCONA	RTCPD	DEEPD	VCPD	—	I2PD	SPPD	SPD	CCUPD

完全掉电模式的测试硬件线路如图 3.28 所示。

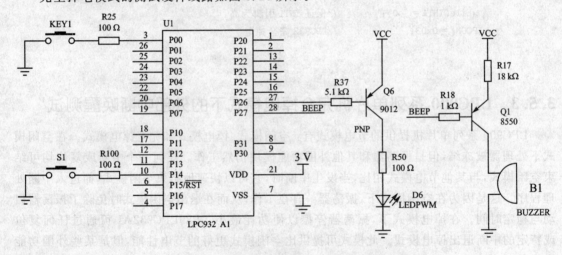

图 3.28 完全掉电模式的测试硬件线路图

经过上面的测试，会发现掉电模式下 CPU 的工作电流大大降低，从而大大降低了系统的功耗，这样一方面延长了电源的使用时间，同时也延长了电池供电系统的寿命；另一方面也降低了 EMI。因为完全掉电模式下，振荡器是停止振荡的。进行完全掉电模式测试时，需要注意以下事项以确保实验的顺利进行。

① P1.4 和 P0.0 要设置为准双向，以通过内部上拉提供高电平。如果仅设置输入，则会使引脚处于悬浮状态，因为静电的影响，引脚的输入状态不定。

② 在进入完全掉电模式时，还通过设置 PCONA 寄存器使所有的外围功能模块掉电。P89LPC932A1 通过外部中断唤醒之后，如果要使用某功能模块，则要设置 PCONA 的相应

位,使之退出掉电状态。例如,要使用 ISP 功能,则要清 SPDPCONA.1 和 BOPDPCON.5,并且确保 P1.0P1.1 为准双向。

③ 当 P89LPC932A1 的电源脚串入电流表测量电流时,测量的仅是 P89LPC932A1 的工作电流,而不是整个系统的工作电流。如果要使进入完全掉电模式后整个系统的功耗最小化,则应该注意外围分立元件的选择,例如图中的三极管 Q1 和 Q6 应该选用低漏电的型号。

④ 在测试中 INT1 采用下降沿触发,如果使用低电平触发,则一定要在退出中断处理程序前撤消触发条件,INT1 脚变为高电平,否则一旦退出中断处理,程序马上又会被触发进入中断。源程序如下:

```c
//文件 INT1_TEST1.C,功能测试 P89LPC932A1 在完全掉电模式下的外部中断唤醒
//选择高频晶振 6 MHz。
#include "reg932.h"
#include "intrins.h"
#define uchar unsigned char
//变量定义
uchar T_Cnt;
sbit KEY1 = P0^0;
sbit LEDCON = P2^6;
sbit BEEP = P2^7;
//函数声明
void Delay();
//主程序开始
void main()
{
    P0M1 = P0M2 = 0;              //P0 口设置为准双向
    P1M1 = P1M2 = 0;              //P1 口设置为准双向
    P2M1 = P2M2 = 0xc0;           //P2.6,P2.7 开漏输出
    IT1 = 1;                      //INT1 下降沿触发
    EA = 1;
    while(1)
    {
        EX1 = 0;                  //关中断 INT1
        T_Cnt = 0;
        while(KEY1)               //等待 KEY1 按下
        {
            Delay();
            if(T_Cnt + + = = 10)   //每秒钟对 LED 取反一次
            {LEDCON = ~LEDCON;T_Cnt = 0;}
        }
```

```
        while(! KEY1);              //等待 KEY1 释放
        IE1 = 0;                    //清除中断标志开中断
        EX1 = 1;
        AUXR1 |= 0x80;              //置位 CLKLP 以降低功耗
        PCONA = 0xef;               //LPC932A1 功能部件掉电
        PCON = 0x23;                //LPC932A1 完全掉电
    }
}
//延时程序,延时时间 0.1 s
void Delay()
{
    uchar i,j,k;
    for(k = 1;k;k - -)
    { for(j = 200;j;j - -){ for(i = 250;i;i - -){ _nop_();_nop_();_nop_();_nop_();} } }
}
}
//名称 INT1_Serv,功能外部中断 1INT1 中断处理蜂鸣器"Beep"一声
void INT1_Serv()interrupt 2
{
    BEEP = 0;Delay();               //蜂鸣器响 0.1 s
    BEEP = 1;IE1 = 0;               //清除中断标志
}
```

第 4 章

功能模块

4.1 LPC900 时基模块

下面主要以 LPC932A1 为例,介绍内部时钟定义。OSCCLK 为输入到 DIVM 分频器的时钟。OSCCLK 可选择 4 个时钟源之一(见图 4.1),也可降低到较低的频率。

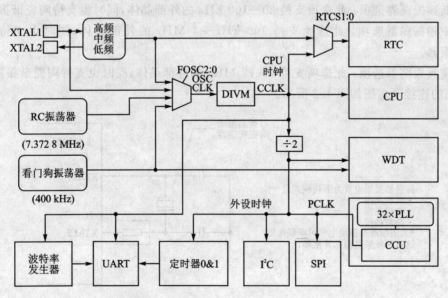

注:Fosc 定义为 OSCCLK 频率。

图 4.1 振荡器控制框图

CCLK:CPU 时钟,时钟分频器的输出。每个机器周期包含 2 个 CCLK 周期,大多数指令执行时间为 1~2 个机器周期(2~4 个 CCLK 周期)。

RCCLK:内部 7.373 MHz RC 振荡器输出。

PCLK:用于不同外围器件的时钟,为 CCLK/2。

振荡器相关寄存器如表 4.1 所列。

表 4.1 振荡器相关寄存器

名称	定义	地址	位功能和位地址							复位值
DIVM	CPU 时钟分频控制器	95H								00H
TRIM	内部振荡调整寄存器	96H	—	ENCLK	TRIM.5	TRIM.4	TRIM.3	TRIM.2	TRIM.1	TRIM.0	注

注：上电复位时，TRIM 寄存器初始化为出厂时的配置。

P89LPC932A1 提供几个可由用户选择的振荡器选项为 CPU 时钟，这样就满足了从高精度到低成本的不同需求。这些选项在对 Flash 进行编程时配置，包括片内看门狗振荡器、片内 RC 振荡器、使用外部晶体的振荡器或外部时钟源。晶体可选择低、中、高频晶体，频率范围为 12～20 kHz。

- 低频振荡器选项：此选项支持 20～100 kHz 的外部晶体，同时也支持陶瓷谐振器。
- 中频振荡器选项：此选项支持 100 kHz～4 MHz 的外部晶体，同时也支持陶瓷谐振器。
- 高频振荡器选项：此选项支持 4～12 MHz 的外部晶体，同时也支持陶瓷谐振器。

晶振的连接示意图如图 4.2 所示。

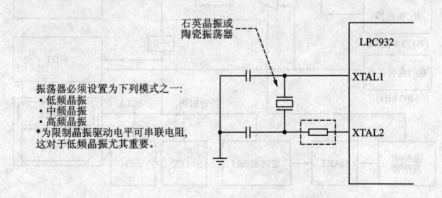

图 4.2 晶振的连接示意图

P89LPC932A1 支持可由用户选择的时钟输出功能。如果不使用晶振，则可从 XTAL2/CLKOUT 输出时钟。实现该功能的前提是已选择另外的时钟源（片内 RC 振荡器，看门狗振荡器或 X1 脚输入的外部时钟），并且未使用晶振作为实时时钟的时钟源。这样可使外部器件与 P89LPC932A1 同步。时钟输出的使能通过置位 TRIM 寄存器中的 ENCLK 位实现，如图 4.3 所示。振荡器或 X1 脚输入的外部时钟，且未使用晶振作为实时时钟的时钟源。这样可使外部器件与 P89LPC932 同步。时钟输出的使能通过置位 TRIM 寄存器中的 ENCLK 位实现,如图 4.3 所示。

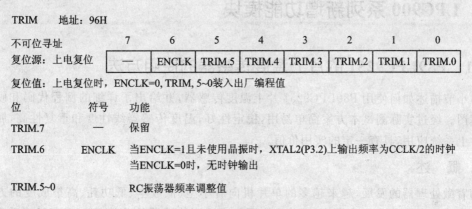

图 4.3 片内振荡器 TRIM 寄存器

该时钟输出的频率为 CCLK/2。如果在空闲模式中不需要输出时钟,那么可在进入空闲模式之前将该功能关闭以降低功耗。**注意**:在复位时,TRIM 寄存器初始化为出厂的预编程数值。当用户置位或者清零 ENCLK 位时,应当保持 TRIM[5:0]的内容不变,可以通过读出 TRIM 的内容(例如读入到 ACC),然后修改 TRIM.6 后再写入 TRIM。另外,也可使用 ANL 或 ORL 指令置位或清零 ENCLK(TRIM.6)。

P89LPC932A1 片内具有一个 6 位 TRIM 寄存器,可对 RC 振荡器的频率进行调整。在复位时,TRIM 的数值初始化为出厂时预编程数值,以将振荡器频率调整为 7.373 MHz。**注意**:初始值误差小于 1%。用户程序可修改 TRIM 寄存器,将 RC 振荡器调整为其他频率,增加 TRIM 数值会降低振荡器频率。在配置外部时钟输入选项时,提供 CPU 时钟的外部时钟源从 XTAL1/P3.1 脚输入。频率范围为 0 Hz~12 MHz。XTAL2/P3.0 脚可作为标准 I/O 口或者时钟输出。

P89LPC932A1 具有一个内部唤醒定时器,可使时钟延迟直到稳定下来。其延迟时间取决于使用的时钟源。如果时钟源为 3 个晶振选项中的任意一个(低、中或高频),则延迟时间为 992 个 OSCCLK 周期加上 60~100 μs。如果时钟源为内部 RC 振荡器、看门狗振荡器或外部时间,则延迟时间为 224 个 OSCCLK 周期加上 60~100 μs。OSCCLK 频率可通过配置分频寄存器 DIVM 进行分频(最大 510 分频)来提供 CPU 时钟 CCLK。OSCCLK 被一个整数所除得到 CCLK 频率,即 CCLK 频率 $= f_{osc}/2N$,其中:f_{osc} 为 OSCCLK 频率;N 为 DIVM 数值。由于 N 的范围为 1~255,CCLK 频率可以从 f_{osc}~$f_{osc}/510$。如果 $N=0$,则 CCLK 频率$= f_{osc}$,此特性可使 CPU 暂时以较低的频率工作,以降低功耗。通过将时钟分频,程序以较低的速度运行,使 CPU 仍保持对事件响应的能力,而不是只响应能产生中断的事件(使 CPU 从空闲模式中退出的事件)。这常常会得到比空闲模式更低的功耗。与掉电模式相比,则少了振荡器启振时间。在程序内 DIVM 的数值可随时改变而不会中断程序的运行。

4.2 LPC900 系列新增功能模块

4.2.1 P89LPC9251 的片上温度传感器的使用方法

本小节描述如何使用 P89LPC9251 片上温度传感器,并给出了详细的例程代码和硬件测试原理图。经过实际测试本方案简单易用,稳定性好,温度传感器线性度和重复性高,属于低成本片上系统应用,具有一定的实用价值。

1. 概 述

随着微处理器的发展,越来越多的单片机向着小型、低成本、低功耗、高集成度的方向发展。NXP(原 Philips 公司半导体)日前推出了集成温度传感器的芯片 P89LPC92X1 系列微型处理器,进一步为系统设计带来方便。

P89LPC9251 是 P89LPC92X1 系列中的一种,它是一款高性能数字微控制器,包括一个内部温度传感器,该传感器可用来校正与温度相关的信号,或作为一个独立的温度计。在嵌入式系统设计中,使用 P89LPC9251 不仅可以省去如 DS18B20、TMP04 等常用的温度传感器,同时可以节省系统设计的 I/O 口资源,以及减小布板 PCB 的尺寸空间,进一步降低系统设计的成本。P89LPC9251 具备 2 个模/数转换模块:ADC0 和 ADC1。ADC1 是一个 8 位,4 通道复用逐次逼近 A/D 转换器。ADC0 是专门用于片上宽温度范围的温度传感器,其温度测量的范围是 $-40 \sim 85\ ℃$,在该工作温度范围内输出分辨率近似为 $+11\ mV/℃$,其性能远远大于一般的温度传感器 TMP04 的测量范围,适用于中低温的测量,因此 P89LPC9251 温度传感器可以在低温环境的系统中可靠工作。

2. 温度传感器

(1) ADC 功能模块

A/D 转换器的功能模块图如图 4.4 所示。片上温度传感器集成在 ADC0 功能模块中,通过 Anin03 通道测量温度传感器 Vsen,其他 3 个通道 Anin00、Anin01 和 Anin02 暂时没有使用。温度传感器和内部参考电压 Vref(bg)[(1.23(1±10%)V],引脚一起复用在相同的输入通道 Anin03。通过配置 CONTROL LOGIC(控制逻辑单元)中 TPSCON 寄存器的 TSEL1 和 TSEL0 位来选择温度传感器是外部参考电压,还是内部参考电压。

(2) 温度传感器使用步骤

为了准确地测量温度值,必须首先测量内部参考电压 Vref(bg)的电源电压。该温度传感器的电压计算公式为

$$V_{sen} = A_{sen} \times V_{ref(bg)} / A_{ref(bg)} \tag{1}$$

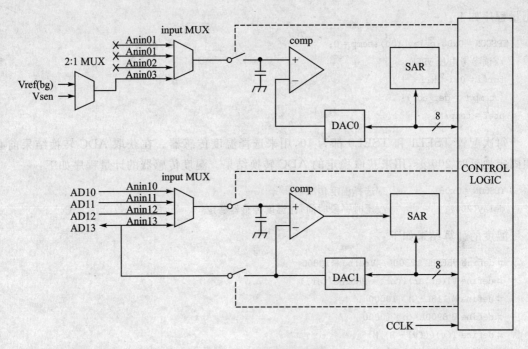

图 4.4 ADC 功能模块

式(1)Aref(bg)是 Vref 的 A/D 转换结果，Asen 是 Vsen 的 A/D 转换结果。该温度传感器的计算公式为

$$V\text{sen} = m \times \text{Temp} + b \quad (m = 11.3 \text{ mV/℃}, b = 890 \text{ mV}) \tag{2}$$

温度传感器的使用步骤如下：配置 TSEL1 和 TSEL0 为 01，选择内部参考电压；使用 ADC 获得 Aref 转换结果；配置 TSEL1 和 TSEL0 为 10，选择温度传感器；等待至少 200 μs，使传感器稳定，然后使用 ADC 测量 Asen；通过式(1)计算 Vsen；通过式(2)计算温度的数值。

(3)代码例程

本代码将读出温度传感器的数值，并将温度的计算结果发送给 UART0。ADC0 的配置方法如下：

```
void ad03_init(void)
{
    ADINS = 0x08;           //选择 ADC03
    ADMODA = 0x01;          //单次 A/D 转换模式
    ADMODB |= 0x40;         //配置时钟分频模式
}
```

根据前述温度传感器的测量步骤，内部参考电压 Vref(bg)应当首先测量。内部参考电压测量程序如下：

```
TPSCON = 0x04;delay(100);temp = 0;
//读参考电压 VREF
for(i = 0;i<N;i++)
{ temp += get_ad();}
aref = temp/N;
```

每次配置 TSEL1 和 TSEL0 都为 10，用来选择温度传感器。在获取 ADC 转换结果前必须固定地延时 200 μs，用来获取稳定的 ADC 转换结果。温度传感器的计量程序如下：

```
TPSCON = 0x08;          //选择温度传感器
delay(200);             //延时一段时间，让温度传感器稳定
```

温度的计算结果如下：

```
#define VREFBG 12300L//Vrefbg * 10000
#define VT(at,ar)((at) * VREFBG/(ar))
#define M 113L//M * 10000
#define B 8900L//b * 10000
#define T(v)(((v) - B)/M)
//计算实际的温度数值
temperature = T(VT(atemp,aref));
```

3. 硬件环境配置

硬件原理图如图 4.5 所示，LPC9251 的供电电压采用 3.3 V 供电，可以通过 MAX3232 输出给串行口，或者 74HC244 输出点亮 8 个 LED 来实时观测温度传感器的数值。PC 软件终端使用的是 Tera Term，用于接收 LPC9251 串行口发出的温度数据。Tera Term 配置如图 4.6 所示。

4. 使用 P89LPC9251 输出固定格式的温度数值

程序中以固定的间隔测量温度传感器的温度数值，并将计量的温度结果发送给 UART0，然后在 PC 机上显示测量结果，如图 4.7 所示。

实际测量 1 000 个温度数值，在工作温度范围内 100 个离散温度点读数的最大标准偏差仅为 2.5 个 ADC 最小分辨率或 0.25% 误差，说明 P89LPC9251 的片上温度传感器具有极佳的重复性。由此看来，P89LPC9251 的重复性比市场上大多数性能出色的温度传感器还好。使用 P89LPC9251 用于片上温度监控，具有体积小、功耗低、精度高、易于实现等优点，可以比较容易地实现系统温度监测功能，有一定的实用价值。

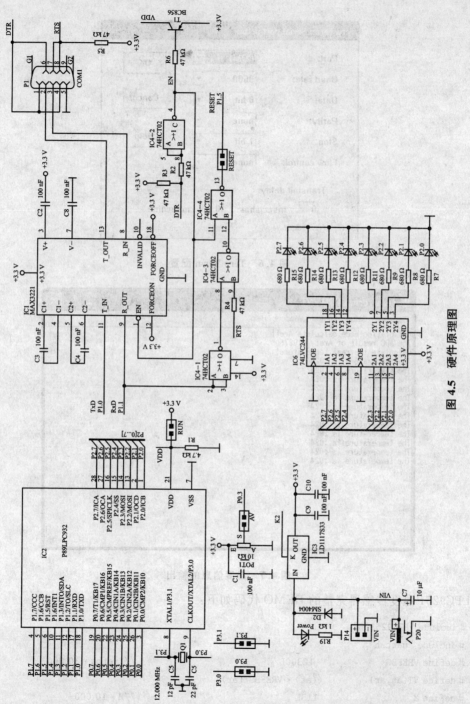

图 4.5 硬件原理图

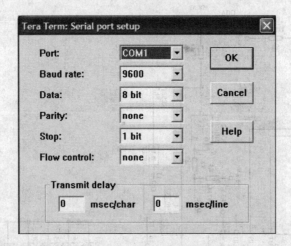

图 4.6　Tera Term 配置

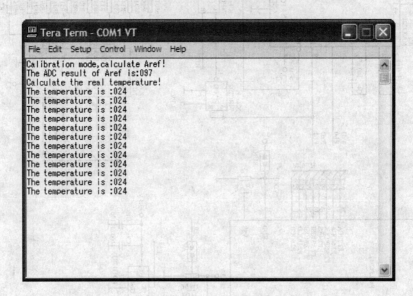

图 4.7　温度信息的输出

LPC9251 温度传感器完整的 DEMO 代码如下：

```
# include "REG9251.H"
# include "uart.h"
# define VREFBG          12300L              //Vrefbg * 10 000
# define VT(at,ar)       ((at) * VREFBG/(ar))
# define M               113L                //M * 10 000
# define B               8900L               //b * 10 000
```

```c
#define T(v)              (((v)-B)/M)
#define N                 1
code unsigned char msg1[] = "Calibration mode,calculate Aref!";
code unsigned char msg2[] = "The ADC result of Aref is: ";
code unsigned char msg3[] = "Calculate the real temperature!";
code unsigned char msg4[] = "The temperature is : ";
//初始化 ADC03
void ad03_init(void)
{
    //选择 ADC03
    ADINS = 0x08;
    //单次转换模式
    ADMODA = 0x01;
    //配置时钟分频器
    ADMODB |= 0x40;
}
//读取 A/D 结果,调用此函数前必须首先调用 ad03_init()
unsigned char get_ad(void)
{
    //Start convert
    ADCON0 |= 0x05;
    //等待转换完成
    while(!(ADCON0 & 0x08));
    ADCON0 = 0;
    //从 AD0DAT3 口读取转换结果
    return(AD0DAT3);
}
void delay(unsigned int temp)
{
    unsigned int cnt;
    while(temp--)
    {
        for(cnt = 0;cnt<1000;cnt++);
    }
}
unsigned char i;
unsigned int temp;                    //校验模式,设置 A/D 的参考电平
unsigned char aref;
unsigned long int atemp;              //最终温度传感器数值
```

```c
signed char temperature;
void main()
{
    ad03_init();                //初始化 adc03
    uart_init();                //初始化 UART,波特率为 9 600
    EA = 1;                     //使能中断
    uart_transmit_string(msg1);
    uart_transmit(0x0A);
    uart_transmit(0x0D);
    delay(1000);
    //测量内部参考电压
    TPSCON = 0x04;
    delay(100);
    temp = 0;
    //读取 VREF
    for(i = 0;i<N;i + +)
    {temp + = get_ad();}
    aref = temp/N;
    uart_transmit_string(msg2);
    uart_transmit((unsigned char)(aref/100 + 0x30));
    uart_transmit((unsigned char)(aref % 100/10 + 0x30));
    uart_transmit((unsigned char)(aref % 10 + 0x30));
    uart_transmit(0x0A);
    uart_transmit(0x0D);
    delay(1000);
    uart_transmit_string(msg3);
    uart_transmit(0x0A);
    uart_transmit(0x0D);
    delay(1000);                //选择温度传感器
    TPSCON = 0x08;              //等待温度传感器稳定
    delay(200);
    while(1)
    {
        temp = 0;
        for(i = 0;i<N;i + +)
        {temp + = get_ad();}    //读取 ADC 结果
        atemp = temp/N;         //计算实际的温度数值
        temperature = T(VT(atemp,aref));
        uart_transmit_string(msg4);
```

```
        uart_transmit((unsigned char)(temperature/100 + 0x30));
        uart_transmit((unsigned char)(temperature%100/10 + 0x30));
        uart_transmit((unsigned char)(temperature%10 + 0x30));
        uart_transmit(0x0A);uart_transmit(0x0D);
        delay(1000);
    }
}
```

4.2.2 增强型 BOD 功能使用例程

溢出功能检测用于判断供电电压是否低于设定的数值。P89LPC9351 增强型 BOD 功能有 3 个独立的功能：BOD 复位、BOD 中断和 BOD E^2PROM/Flash。Flash 用户配置字节 1 (UCFG1) 位定义如表 4.2 所列。

表 4.2 Flash 用户配置字节 1(UCFG1) 位定义

Bit	7	6	5	4	3	2	1	0
Symbol	WDTE	RPE	BOE1	WDSE	BOE0	FOSC2	FOSC1	FOSC0
Unprogrammed value	0	1	1	0	0	0	1	1

1. BOD E^2PROM/Flash

BOD E^2PROM/Flash 使用闪存/数据 E^2PROM 编程/擦除保护。BOD E^2PROM/Flash 总是处于开启状态，除了在掉电或者总电源掉电模式下(PCON.1=1)，可以通过软件关闭这个功能。BOD E^2PROM/Flash 只有一个触发电压，触发电压是 2.4 V。片上 512 B 的 DATA E^2PROM，在 DEECON 寄存器中的 EWERR1 和 EWERR0 位用于标识 BOD E^2PROM 写错误。在编程/擦除的操作过程中，当 VDD 降低到 2.4 V 以下时，EWERR0 位是 1。当编程/擦除请求发生的时候电压 VDD 低于 2.4 V，EWERR1 位是"1"。这 2 个位在上电复位、看门狗复位或者软件写的时候均被清零。对于 8 KB 的片上 Flash，BOD Flash 的触发和 Flash 的擦除/编程是以块为单位的，当 VDD 低于 2.4 V 时，FMCON 中的 HVA 位就会被置位，标识 BOD Flash 事件发生。

2. BOD 复位和 BOD 中断

BOD 复位将产生处理器复位，除了掉电模式以外，这个功能不能通过软件关断。BOD 中断将产生中断事件，可以在软件中使能或者关断。BOD 复位和中断都有 4 个触发电压。BOE1 位(UCFG1.5)和 BOE0 位(UCFG1.3)用于 BOD 复位触发点的配置。BOICFG1 位和 BOICFG0 位用于 BODCFG 寄存器中，用于 BOD 中断的触发配置。BOD 复位电压应该低于 BOD 中断触发电压。表 4.3 给出了 BOD 触发点的配置。在上电复位后，BOICFG1/0 位从

UCFG1.5 和 UCFG1.3 中读取。UCFG1 默认的编程数值是 0x63。本例中,BOD 复位的触发电压是 2.4 V,BOD 中断电压是 2.6 V。当然触发电压是可以通过软件来设置的。当配置 BOD 复位电压时,确保供电电压足够高,否则将导致处理器连续的复位。

表 4.3 BOD 触发电压配置

BOE1(UCFG1.5)	BOE0(UCFG1.3)	BOICFG1 (BOICFG.1)	BOICFG0 (BOICFG.0)	BOD reset /V	BOD interrupt /V
0	0	0	0		
0	0	0	1		
0	0	1	0	Reserved	
0	0	1	1		
0	1	0	0		
0	1	0	1	2.2	2.4
0	1	1	0	2.2	2.6
0	1	1	1	2.2	3.2
1	0	0	0		
1	0	0	1	Reserved	
1	0	1	0	2.4	2.6
1	0	1	1	2.4	3.2
1	1	0	0		
1	1	0	1	Reserved	
1	1	1	0		
1	1	1	1	3.0	3.2

在总电源掉电模式(PMOD1/PMOD0=11),低功耗电路的溢出检测是处于关断状态。当 PMOD1/PMOD0 位不等于 11,BOD 复位总是处于开启状态,BOD 中断是通过 BOI (PCON.4)位设置的。可以参见表 4.3 中的 BOD 复位和 BOD 中断配置。BOD 复位标志位 BOF 位(RSTSRC.5)默认数值为 0,BOD 复位触发的时候被置位。BOD 中断标志 BOIF 位 (RSTSRC.6)默认为 0,当 BOD 中断触发的时候被置位。BOD 复位和 BOD 中断配置如表 4.4 所列。

表 4.4 BOD 复位和 BOD 中断配置

PMOD1/PMOD0(PCON[1:0])	BOI (PCON.4)	EBO (IEN0.5)	EA (IEN0.7)	BOD reset	BOD interrupt
11(total power-down)	X	X	X	N	N
≠11(any mode other than total power down)	0	X	X	Y	N
	1	0	X	Y	N
	1	X	0	Y	N
	1	1	1	Y	Y

3. 应用例程

本例演示如何使用增强型 BOD 特性,触发电压设置为 2.4 V,用于 BOD 复位;触发电压设置为 3.2 V,用于 BOD 中断。当 LPC9351 运行的时候,供电电压调整到低于 3.2 V 来触发 BOD 中断。BOD 中断复位程序中对 8 个 LED 进行取反,通过 UART0 输出 BOD 的信息。BOE1/0 位(UCFG1.5/1.3)设置为 10。

BOD 中断初始化部分:

```
BODCFG = 0xFF;        //设置 BODCFG.1,0 = 1,1,因此 BOD 中断电压是 3.2 V
EA = 1;               //设置 EA
EBO = 1;              //设置 BOD 使能
PCON |= 0x10;         //设置 BOD 中断使能
```

BOD 中断服务程序如下:

```
void BOD_ISR(void) interrupt 5
{
    RSTSRC &= 0xbf;       //在 RSTSRC.6 中清除 BOIF
    printf("\n");          //打印 BOD 中断信息
    printf("BOD interrupt! Please note the voltage! \n");
    printf("\n");
    P2^ = 0xff;            //LED 闪烁
    delay();
}
```

4.2.3 可编程增益放大器(PGA)功能的使用例程

P89LPC9351 的 PGA 功能集成到每个 ADC 模块中,用来改善 ADC 的解析度。单通道可被单独的设置放大。PGA 增益数值可以通过编程设定为 2,4,8 或 16。PGA 输出进入到 4 个

A/D 转换器,允许放大后的信号通过 ADC 转换测量。对于 PGA1,它的输出也通过模拟比较器。PGA 功能块图如图 4.8 所示。

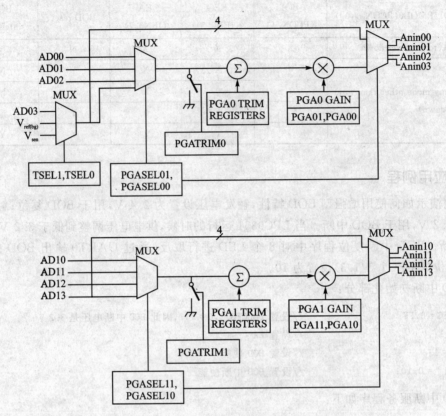

图 4.8　PGA 功能块图

对于 P89LPC9351,有外部 SFRs 寄存器加入到 PGA 功能：PGACONx——PGAx 控制寄存器；PGACONxB——PGAx 控制寄存器 B；PGAxTRIM8X16X——8x 和 16x 增益的校准寄存器；PGAxTRIM2X4X——修正数值为 2x 和 4x 增益数值(x=0,1)。

通过这些寄存器,用户可以配置 PGA,包括使能/关闭 PGA,设置 PGA 的增益以及选择合适的通道。可以通过 Flash Magic 软件的 ISP 功能将代码(.hex)下载到芯片中。软件开发环境选用 Keil μVision3(PK51 ver 7.50)IDE 工具链。本例演示如何使用 PGA 和 ADC。P0.3 引脚连接到电位器。AD12 通道用于测量电位器的电压以及增益数值的获取。转换结果通过 UART0 口发送到 PC 终端。例程代码演示 PGA 功能,函数 setgain()用于设置 PGA 增益数值。函数 GetOffset()和 LoadOffset()用于 PGA 校准。

ADC1 配置如下：

```
ADCON1 = 0x04;              //在 ADCON1 寄存器中使能 ADC1
ADMODB = 0x40;              //时钟分频为 3,用于产生 ADC 时钟
ADCINSEL = 0x40;            //使能 AD12 引脚作为采样和转换引脚
ADMODA = 0x10;              //选择单次转换模式(固定通道)
```

PGA1 配置方法如下:

```
setgain(PGA1,gainA);        //设置增益放大器数值
PGACON1| = 0x40;
PGACON1& = 0xDF;            //AD12 通道使用 PGA
PGACON1| = 0x80;            //使能 PGA
```

对于 PGA 校准,PGA 输入需要接地,只需要连接 PGA 的偏置电压即可。函数 GetOffset() 用于获取不同的 PGA 增益数值,并将它们存入变量表中。如果不需要校准,则需要定义 #define _GetOffset 代码。

```
#define _GetOffset
BYTE data PGA1Offset2x,PGA1Offset4x,PGA1Offset8x,PGA1Offset16x;
void GetOffset()            //获取 PGA1 偏置电压值(2/4/8/16)
{
    BYTE temp = 0;PGACON1B = 1;PGACON1| = 0x10;
    setgain(PGA1,PGAGain2x); //设置增益放大器数值为 2
    ADCON1 = 0x05;           //启动转换,ADC1
    do
    {temp = ADCON1;}
    while(!(temp & 0x08));
    ADCON1 & = 0x08;         //清除转换完成标志,清除边界中断
    PGA1Offset2x = AD1DAT2;
}
//在 main()中获取放大器数值,通过 UART0 发送出去
if(gainA = = 1)
{ADCTemp = AD1DAT2;}
else
{ADCTemp = AD1DAT2 - GetOffset(PGA1,gainA);}
#include "REG98x.H"
#include<stdio.h>
char BOD_flag;
static void delay(void)      //延时 0.2 s
{
    unsigned long i;
    for(i = 0;i<25000;i + +); //延时
```

}

BOD 中断函数配置。通过设置 UCFG1 来设置 RST 复位电压为 2.25 V 下降沿和 2.4 V 上升沿,中断电压可以设置为下降沿为 2.55 V,上升沿为 2.7 V。

```
void BOD_Int_Config(void)
{
    BODCFG = 0x02;
//设置 BODCFG = 0000 0010 bin;BOD 中断电压下降沿是 2.55 V,上升沿是 2.7 V
    EA = 1;                    //使能所有的中断
    EBO = 1;                   //设置 BOD 使能
    PCON |= 0x10;              //设置 BOD 中断使能
    printf("Setting BODCFG = 0000 0010 \n");
    printf("Setting completed! BOD interrupt voltage is 2.55V Fall and 2.7V Rise. \n");
}
//BOD 中断子程序
void BOD_ISR(void) interrupt 5
{
    RSTSRC &= ~0x40;           //在 RSTSRC.6,清除 BOIF
    BOD_flag = 1;              //flag 激活
    P2^ = 0xff;                //LEDs 闪烁
}
void main()
{
    unsigned char a;
    P2M1 = 0;
    P1M1 = 0;
    SCON    = 0x52;            //初始化 UART
    BRGR0 = 0xF0;              //9 600 波特率,8 位,无校验位,1 位停止位
    BRGR1 = 0x02;
    BRGCON = 0x03;
    P2 = 0x55;
    printf("-------------------------------------------------\n");
    printf("Hello! \n");
    printf("This is a BOD test program for NXP MCU LPC98x\n");
    printf("Reading the original UCFG1 configuration after reset,please wait... \n");
    printf("-------------------------------------------------\n");
    a = BODCFG;
//打印 UCFG 从 1.5~1.3,在复位的时候,载入 BODCFG
    switch(a)
```

```
            case 0x02:     printf("UCFG1.5 to 1.3 = 010 \n");break;
            case 0x03:     printf("UCFG1.5 to 1.3 = 011 \n");break;
            case 0x04:     printf("UCFG1.5 to 1.3 = 100 \n");break;
            case 0x05:     printf("UCFG1.5 to 1.3 = 101 \n");break;
            case 0x06:     printf("UCFG1.5 to 1.3 = 110 \n");break;
            case 0x07:     printf("UCFG1.5 to 1.3 = 111 \n");break;
        }
        printf("\n");
    printf("For testing: please adjust the LPC98x Vdd to below 2.55V... and wait for the alarm...\n");
        BOD_Int_Config();              //初始化 BOD 中断
        printf("\n");
        while(1)                       //调整 Vdd 电压值为小于 2.7 V,等待 BOD 中断
        {
            if(BOD_flag = = 1)
            {
                BOD_flag = 0;          //复位标志位
                printf("\n");          //打印 BOD 中断信息
                printf("BOD interrupt! Please note the voltage! \n");
                printf("\n");
            }
            delay();                   //延时 0.2 s
        }                              //结束 while
    }                                  //结束 main
```

4.2.4　P89LPC97x/98x 中定时器 2、3 和 4 的使用例程

P89LPC98x/97x 芯片有 5 个定时器。定时器 0 和定时器 1 都作为通用定时器/计数器,兼容 80C51 定时器 0 和定时器 1。另外,P89LPC98x/97x 有 3 个外部 16 位定时器/计数器:定时器 2、3 和 4。这 3 个定时器要么配置为定时器,要么配置为事件计数器。2 个引脚用于定时器 2、3 和 4。T2/T3/T4 是定时器/计数器 2/3/4 外部计数输入或者溢出输出。T2EX/T3EX/T4EX 是定时器/计数器 2/3/4 外部捕获输入。

1. 操作模式和寄存器

定时器 2、3 和 4 有 3 个操作模式:模式 0——16 位定时器/计数器带自动装载;模式 1——16 位定时器/计数器带输入捕获;模式 2——16 位 PWM 模式。定时器功能、定时器数值在每个 PCLK 时钟沿累加。在计数器模式下,根据输入引脚 Tx(x=2,3,4)电平的变化来

进行计数。由于需要2个机器周期(4个CPU时钟)来识别高低切换过程,最大的计数频率是1/4个CPU时钟周期。TxCON(x=2,3,4)寄存器如表4.5所列,表4.6中PWMx位和CP/NRLx位执行不同的操作模式。通过设置C/NTx位来选择定时器模式或者计数器模式。通过定时器操作来清零(输入源是PCLK),也可以通过计数器来置位(输入源是Tx引脚),当在16位PWM模式时,C/NTx位必须清零。

表4.5 定时器/计数器 x(TxCON, x=2,3,4)控制位分配

Bit	7	6	5	4	3	2	1	0
Symbol	PSELx	ENTx	TIENx	PWMx	EXENx	TRx	C/NTx	CP/NRLx
Reset	0	0	0	0	0	0	0	0

表4.6 操作模式选择(x=2,3,4)

PWMx	CP/NRLx	Modes
0	0	16-bit Timer/Counter with auto-reload
0	1	16-bit Timer/Counter with Input Capture
1	0	16-bit PWM mode

定时器2、3和4的溢出标志位、捕获标志位和中断设置位可以在TINTF寄存器中读取或者设置。表4.7列出了每个定时器中的2个位。TFx位是溢出标志位,当定时器/计数器溢出的时候,可以通过硬件置位。EXFx是外部标志位,当捕获事件发生或者通过TxEX与EXENx触发自动重载时候,能够置位这个标志位。如果定时器x中断使能,设置EXFx将产生一个中断。

表4.7 定时器/计数器溢出与外部标志位(TINTF)分配

Bit	7	6	5	4	3	2	1	0
Symbol	—	—	TF4	EXF4	TF3	EXF3	TF2	EXF2
Reset	X	X	0	0	0	0	0	0

每个定时器有6个数据寄存器:THx,TLx,RCAPxH,RCAPxL,PWMDxH,PWMDxL(x=2,3,4)。THx和TLx是16位计数器寄存器。RCAPxH,RCAPxL是16位重载寄存器(模式0下),同时也是16位捕获寄存器(模式1下)。在16位PWM模式,PWM信号的高电平周期通过寄存器RCAPxH,RCAPxL设置,低电平周期通过寄存器PWMDxH,PWMDxL设置。

2. 模式0——自动重载模式16位定时器/计数器

模式0配置定时器x(x=2,3,4)作为16位定时器/计数器为自动重载模式,如图4.9所

示。在这个模式中,定时器 x 可以通过向 TxCON 中的 C/NTx(x=2,3,4)写入计数值,来配置为定时器或者计数器模式。如表 4.8 所列。

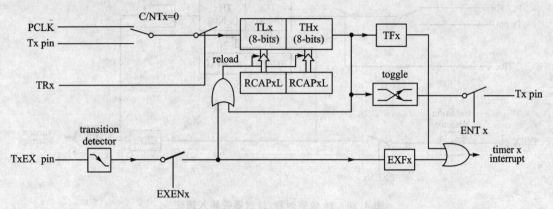

图 4.9 16 位定时器/计数器带自动重载功能

表 4.8 模式 0 操作(x=2,3,4)

PWMx	CP/NRLx	C/NTx	Modes
0	0	0	16-bit Timer with auto-reload
		1	16-bit Counter with auto-reload

　　16 位重载数值是在寄存器 RCAPxL 和 RCAPxH 之中,可以通过软件来重置。可以通过选择 EXENx(TxCON.3)位选择 2 个选项来触发自动重载功能,当 EXENx 被清除时,定时器 x 将计数到 0FFFFH,同时设置 TFx 位为上溢出,这将使得定时器 x 寄存器自动重载。当 EXENx 被置位后,这 16 位重载寄存器不仅可以通过定时器 x 的溢出来触发,也可以通过向 TxEX 引脚输入从 1 到 0 的切换来触发,这种切换过程也置位 EXFx 位。它需要 2 个连续的机器周期来获取 TxEX 下降沿,接着的一个周期用来置位 EXFx。定时器 x 中断如果使能,则当 TFx 或者 EXFx 置位的时候可以产生。在 Keil IDE 中初始化定时器 3 为模式 0,代码中定时器 3 作为一个 16 位带自动重载的定时器,当定时器 3 计数到 0FFFFH 时候,T3 引脚翻转。定时器溢出和 T3EX 下降沿将触发自动重载,重载数值是 4000H。

```
T3CON = 0x48;            //定时器 3 模式 0
RCAP3H = 0x40;           //初始化定时器 3 寄存器
RCAP3L = 0;
T3CON| = 0x04;           //开启定时器 3
```

3. 模式 1——输入捕获 16 位定时器/计数器

　　模式 1 配置定时器 x 作为 16 位定时器/计数器为带输入捕获方式,如图 4.10 所示(x=2,

3,4)。

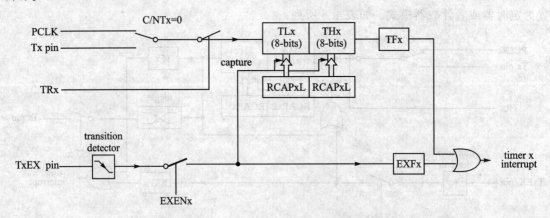

图 4.10 16 位定时器/计数器带输入捕获

在这个模式中,无论捕获事件发生与否,TLx 和 THx 寄存器都用来计数 Tx 引脚的高低切换或者 PCLK 时钟。可以通过 EXENx 位(TxCON.3)来使能或者关闭捕获功能。如果 EXENx 被清零,将没有捕获操作发生,定时器 x 是一个 16 位的定时器/计数器(通过 TxCON 中的 C/NTx 来选择)。当溢出发生时,TINTF 寄存器的 TFx 位将被置位。定时器 x 中断如果使能,同时 TFx 或者 EXFx 使能,将会产生中断。如果 EXENx 被置位,当 TxEX 外部输入从高到低变化时,定时器 x 寄存器的数值 TLx:THx 被捕获到 16 位寄存器 RCAPxL:RCAPxH 中。另外,TxEX 的变化将置位 TINTF 中的 EXFx 位。EXFx 和 TFx 位一样可以产生一次中断(它们的中断向量地址与定时器 x 溢出中断标志位中的地址是一样的)。定时器 x 中断服务程序检测 TFx 与 EXFx,来判断中断源。由于 RCAPxL:RCAPxH 寄存器的内容没有保护,一旦定时器 x 中断产生,则 RCAPxL:RCAPxH 的数值在新的捕获事件发生时就会被读取出来;否则,下一次捕获将会对这次的捕获寄存器产生冲突。

(1) 模式 1 例程

本例演示定时器 4 工作在模式 1 下,定时器 4 工作在 16 位带捕获的定时器,在 T4EX(P1.4)外部的下降沿来触发捕获功能。init()函数来初始化定时器 4。PCLK 被选为时钟源。由于中断功能已经使能,T4EX 引脚的变化将置位 TINTF 寄存器中的 EXF4 位,同时产生中断。TH4 和 TL4 置位清零。因此定时器 4 从 0 自加。中断服务子程序 Timer_ISR()用来记录定时器 4 的捕获数值。当捕获事件发生时,全局变量 cap_flag 将被置位,通过主函数来轮询 cap_flag。如果标志位置位,捕获内容通过 UART 接口来传输。UART 接口配置为 9 600 Hz 波特率,8 位数据位,无校验位,1 位停止位。例程代码如下:

```
#include<REG98x.h>
#include<stdio.h>
unsigned char cap_datah,cap_datal,cap_flag;
```

```
void main(void)
{
cap_datah = 0;
cap_datal = 0;
cap_flag = 0;
P0M1 = 0x00;              //双向模式
P0M2 = 0x00;
P1M1 = 0x10;              //P1.4 为只输入模式,其他为双向模式
P1M2 = 0x00;
P2M1 = 0x00;              //双向模式
P2M2 = 0x00;
SCON = 0x52;              //初始化 UART
BRGR0 = 0xF0;             //9 600 波特率,8 位,无校验位,1 位停止位
BRGR1 = 0x02;
BRGCON = 0x03;
timer4_init();            //配置定时器 4 在模式 1 下
while(1)
{
//如果捕获事件发生,则显示内容同时清除标志位
if(cap_flag = = 1)
{
capture_display();
cap_flag = 0;
}
}
}
void timer4_init(void)
{
T4CON = 0x29;             //定时器 4 在模式 1 下
TH4 = 0;
TL4 = 0;
EXTIM = 1;                //使能定时器 2/3/4 中断
EA = 1;
T4CON| = 0x04;            //启动定时器 4
}
void XTimer_ISR(void) interrupt 11
{
if(TINTF & 0x10)
{
```

```
        cap_datah = RCAP4H;              //记录捕获的内容
        cap_datal = RCAP4L;
        cap_flag = 1;                    //设置标志位
    }
    TINTF = 0;
}
```

(2) 输出信息

本例中外部下降沿触发信号在引脚 T4EX(P1.4)输入,用来触发捕获事件。如果捕获事件发生,捕获内容将通过 UART 口发出。输出信息如图 4.11 所示。

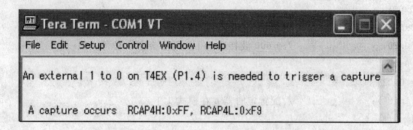

图 4.11　输出信息

4. 模式 2——16 位 PWM 模式

PWM 模式,相应的定时器可以配置为 PWM 发生器,如图 4.12 所示。为了能够正确地进入 PWM 模式,在 TxCON 寄存器中的 C/NTx,CP/NRLx 位需要清零,PWMx 位需要置位。

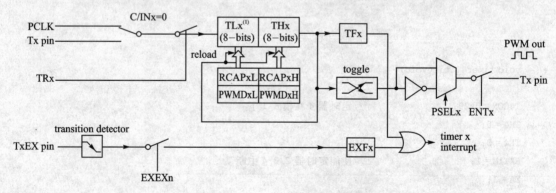

图 4.12　16 位 PWM 模式

RCAPxH,RCAPxL 寄存器和 PWMDxH,PWMDxL 用于调整 PWM 波形的占空比。公式如下:

Duty Cycle＝RCAPxH：RCAPxL/(RCAPxH：RCAPxL＋PWMDxH：PWMDxL)　(1)

TxCON 中的 ENTx 用于输出 PWM 信号。另外,PWM 输出有极性的波形,当控制寄存器 PSELx 置位时，PWM 将输出翻转的波形。当定时器 x 工作在 PWM 模式下时，图 4.13 表示 Tx 引脚输出图，从图中可知，PWM 波形的频率和占空比可以根据实际的应用来调整。其结构类似于自动重载模式，不同的是 TFx(x＝2,3,4)通过硬件置位和清零。RCAPxH：RCAPxL 是 TFx 的高电平周期，PWMDxH：PWMDxL 是 TFx 的低电平周期，它们的取值范围是 1～65 536。

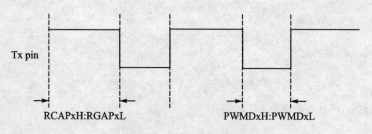

图 4.13 PWM 信号输出

当 RCAPxH：RCAPxL 载入 0000h 时，将强制 Tx 引脚为低电平。只有当 PWMDxH：PWMDxL 载入 0000h 时，将强制 Tx 引脚为高电平。当载入 RCAPxH：RCAPxL 和 PWMDxH：PWMDxL 为 0000h 时，将强制 Tx 引脚为高电平。在 TFx 的低电平到高电平转换过程中，中断仍然可以使用，TFx 可以像其他模式一样，通过软件清除。

(1) PWM 模式例程

本例演示如何使用定时器 2、3 和 4 来产生 PWM 信号，定时器 2 设置为 16 位 PWM 模式。函数 timer2_init()用来初始化定时器 2，RCAP2H、RCAP2L、PWMD2H 和 PWMD2L 寄存器初始化为 1。主函数中，PWM 波形的高电平和低电平可以连续同时变化，测量 T2(P0.3) 引脚可以看到 PWM 波形。

```
void Timer2_init(void)
{
T2CON = 0x40;              //timer2：PWM 模式
RCAP2H = 1;                //初始化高电平周期和低电平周期
RCAP2L = 1;
PWMD2H = 1;
PWMD2L = 1;
T2CON| = 0x14;             //启动定时器 2
}
void main(void)
{
P0M1 = 0x00;               //通过 P0.3 上拉
P0M2 = 0x08;
Timer2_init();             //设置定时器 2 为 PWM 模式
```

```
while(1)
{
for(n=1;n<99;n++)          //改变 PWM 的高电平和低电平周期
{
PWMD2H = n;
PWMD2L = n;
RCAP2H = n;
RCAP2L = n;
msec(15);
}
msec(100);
for(n=99;n>1;n--)
{
PWMD2H = n;
PWMD2L = n;
RCAP2H = n;
RCAP2L = n;
msec(15);
}
msec(100);
}
}
```

(2) PWM 输出信息

使用定时器 2 的 T2(P0.3)产生 PWM 信号,PWM 波形的高电平周期和低电平周期将同步变化。图 4.14 是 PWM 频率的低频和高频部分。

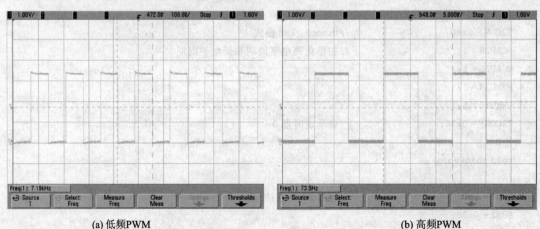

(a) 低频PWM　　　　　　　　　　　　　(b) 高频PWM

图 4.14　PWM 输出

4.3 LPC900 系列单片机 Flash 的字节编程方法

本节描述了如何使用 P89LPC9251 片上温度传感器,并给出了详细的例程代码和硬件测试原理图。经过实际测试本方案简单易用,稳定性好,温度传感器线性度和重复性高,属于低成本片上系统应用,具有一定的实用价值。

1. 概 述

LPC900 系列单片机是 Philips 公司推出的一款高速、低功耗的小引脚单片机,包括 P89LPC932、P89LPC930/931、P89LPC920/921/922、P89LPC912/913/914、P89LPC906/907/908、P89LPC901/902/903,它们的特性基本一致,只是内部资源、引脚和价格有所不同。LPC932 具有 512 字节的片内 E^2PROM,可用来保存用户的数据,其他芯片没有片内 E^2PROM,但是它们的 Flash 具有字节擦除编程特性,可直接用来保存用户的数据,代替片内 E^2PROM。

2. 字节擦除编程操作方法

LPC900 系列单片机的字节擦除编程特性允许 Flash 程序存储器用作数据存储器,使用 VDD 电压来执行编程和擦除算法,Flash 编程/擦除操作执行时间小于 2 ms。以下是各芯片的 Flash 大小和扇区/页规格:P89LPC930/931 是 4 KB/8 KB 的 Flash,Flash 扇区大小为 1 KB,页为 64 字节;P89LPC920/921/922 是 2 KB/4 KB/8 KB 的 Flash,Flash 扇区大小为 1 KB,页为 64 字节;P89LPC912/913/914 均为 1 KB 的 Flash,Flash 扇区大小为 256 字节,页为 64 字节;P89LPC906/907/908、P89LPC901/902/903 均为 1 KB 的 Flash,Flash 扇区大小为 256 字节,页为 16 字节。

字节擦除编程实际是应用固件(IAP-Litie)控制来实现的,即通过使用 4 个 SFR 来实现,1 个控制/状态寄存器——FMCON,1 个数据寄存器——FMDATA,2 个地址寄存器——FMADRH、FMADRL。

(1) IAP-Litie 简介

P89LPC900 系列单片机(除 LPC932 外)支持 IAP-Litie 编程和擦除功能,未加密扇区中的任何字节都可通过 MOVC 指令访问,因此,未加密扇区可用作非易失性数据存储器。另外,用户还可访问其他 Flash 单元,诸如 UCFG1、引导向量字节、状态字节、加密字节和标识字节。访问上述 Flash 单元的方法与访问用户程序存储器稍微有些不同。

(2) 字节擦除编程应用

IAP-Litie 提供了一种程序擦除编程功能,通过一次操作完成一页内一个或多个字节的擦除和编程,而不影响该页的其他字节。IAP-Litie 功能在微控制器的固件控制下得以实现,通过使用 4 个 SFR 和 1 个内部 16/64 字节页寄存器来完成对未加密扇区的擦除和编程。这些 SFR 为：FMCON（Flash 控制寄存器），读时用作状态寄存器；写时用作命令寄存器（注：写入命令时状态位被清零）；FMDATA（Flash 数据寄存器），将接收的数据装入页寄存器；FMADRL、FMADRH（Flash 存储器地址低字节，Flash 存储器地址高字节），用来指示页寄存器的字节地址或用户程序存储器的页。

页寄存器包括 16/64 个字节，每个字节都有一个更新标志。当将一个 LOAD 命令写入 FMCON 时，页寄存器和所有更新标志都被清零。当 FMDATA 被写入数据时，写入的值存放在 FMADRL 低 4/6 位指向的页寄存器单元。同时，相应单元的更新标志置位，FMADRL 自动增加到下一个单元。在页寄存器的最后一个字节被写入后，FMADRL 重新指向页寄存器的第一个字节，但不影响 FMADRL[7:4]/[7:6] 的值。此时，就不能继续向页寄存器写入数据了。通过在写入 FMDATA 前改变 FMADRL 的内容，可将任何字节单元装入页寄存器，但是，每发布一个 LOAD 命令，页寄存器的每个单元只能被写入一次，不要试图对一个页寄存器单元执行多次写操作。

FMADRH 和 FMADRL[7:4]/[7:6] 用来选择执行擦除编程功能的程序存储器页。当向 FMCON 写入擦除编程命令后，页寄存器中被更新单元对应在程序存储器页单元的所有内容被清除，且相应单元的内容被编程到程序存储器页中。只有用户程序阵列中装入页寄存器的字节才可被擦除和编程，用户程序存储器的其他字节不受影响。

向 FMCON 写入擦除-编程命令(68H)将启动擦除-编程，过程并使 CPU 进入编程-空闲状态。CPU 会一直保持这种空闲状态直到擦除-编程周期结束或被一个中断终止。从编程-空闲状态退出后，FMCON 的内容是该周期的状态信息。

如果在擦除-编程周期内有中断产生，则擦除-编程操作被终止，FMCON 的 OI 标志（操作被中断）置位。如果某一应用允许在擦除-编程过程中产生中断，则可通过用户程序在每次擦除-编程操作后检查 OI 标志(FMCON.0)来判断操作是否被终止。一旦擦除-编程操作被终止，用户程序需要重复整个过程来启动页寄存器的装载。不管有多少个字节装入页寄存器，擦除编程周期的时间均为 4 ms。程序存储器中一个字节（或多个字节）的擦除-编程操作步骤如下：

- 向 FMCON 写入 LOAD 命令(00H)。LOAD 命令将清除页寄存器的所有单元及其更新相应标志。
- 将页寄存器内的地址写入 FMADRH、FMADRL（即所要擦除编程的地址）。用户此时可写入页寄存器内的字节单元(FMADRL[3:0]/[5:0])和程序存储器页地址(FMADRH 和 FMADRL[7:4]/[7:6])。
- 将要编程的数据写入 FMDATA。这可让 FMADRL 增加，使其指向页寄存器的下一个字节。
- 如果需要的话，将要编程的下个字节的地址写入 FMADRL（如果是连续字节就不需要，因为 FMADRL 是自动递增的）。所有被编程的字节必须在同一页中。
- 将要编程到下一字节的数据写入 FMDATA。

- 重复 FMADRL 和/或 FMDATA 的写操作,直至所有要编程的字节都被装入页寄存器。
- 向 FMCON 写入擦除编程命令(68H),启动擦除-编程周期。
- 读 FMCON 来检查状态。如果操作被终止,重新通过 LOAD 命令来启动操作。

FMCON 状态寄存器各个位代表的意义如下所示。

FMCON　　地址：E4h
不可位寻址
复位源：任何复位
复位值

7	6	5	4	3	2	1	0
—	—	—	—	HVA	HVE	SV	OI

位	符号	功能
FMCON.7~4	—	保留。
FMCON.3	HVA	高电压终止。当出现中断、检测到掉电或掉电检测器禁能时,该位置位。
FMCON.2	HVE	高电压错误。当高电压发生器出错时,该位置位。
FMCON.1	SV	安全出错。当试图对加密扇区或页进行编程、擦除或 CRC 校验时,该位置位。
FMCON.0	OI	操作被中断。由于中断或复位而使擦除-编程终止时该位置位。

(3) 字节擦除编程代码

IAP-Litie 具有扇区擦除、页擦除和页编程功能,可以用来实现数据区的快速擦除及填充。扇区擦除和页擦除的命令字分别为 70H 和 71H,控制操作方法如下。

- 将要擦除的扇区/页地址写入 FMADRH、FMADRL(即所要擦除扇区/页内的任一地址)。
- 将命令字(70H/71H)写入 FMCON,启动擦除操作。
- 读 FMCON 来检查状态。如果操作被终止,重新操作。在页编程前要先进行页擦除操作,否则编程出错。页编程的命令字为 48H,控制操作步骤为:
  - 将要编程的页起始地址写入 FMADRH、FMADRL;
  - 向 FMCON 写入 LOAD 命令(00H);
  - 将要编程的数据写入 FMDATA,写满一页为止;
  - 将命令字(48H)写入 FMCON,启动编程操作;
  - 读 FMCON 来检查状态。如果操作被终止,重新操作。

扇区擦除和页擦除的代码如下:

```
;写数据 55H~406H
MOV DPTR,#406H
MOV A,#55H
ACALL FLASH_WRBYTE
;扇区擦除 400H~43FH(64 字节一页)
MOV DPTR,#400H
```

增强型 51 片上系统——LPC900 系列 Flash 单片机开发与应用

```
        ACALL ERASE_PAGE
        ;填充数据
        MOV A,#5AH;设置填充数据
        MOV DPTR,#400H;设置填充扇区地址
        ACALL FILL_PAGE;然后填充
```

注意：对于早期的芯片（芯片标识的最后一行、最后一个字符为字母，如 F、G）没有字节擦除编程功能。

```c
//功能：测试 IAP_Lite 功能
# include   "REG931.H"
# include   "IAP_LITE.H"
//使用内部 7.376 8 MHz 晶振,9 600 波特率
# define   BRGR1_DAT    0x02
# define   BRGR0_DAT    0xF0
sbit KEYIN = P2^7;                    //按键定义
//名称：UART_Ini
//功能：初始化串口,波特率为 9 600,8 位数据位,1 位停止位,无奇偶校验
void   UART_Ini(void)
{   P1M1 = 0x00;                      //设置 P1 口为准双向口
    P1M2 = 0x00;
    SCON = 0x50;                      //设置串口工作模式
    BRGCON = 0x00;                    //关波特率发生器
    BRGR1 = BRGR1_DAT;                //设置波特率值
    BRGR0 = BRGR0_DAT;
    BRGCON = 0x03;                    //启动波特率发生器
}
//名称：UART_SendByte,功能：向串口发送字节数据
void   UART_SendByte(uint8 dat)
{   SBUF = dat;                       //发送数据
    while(0 = = TI);                  //等待发送完毕
    TI = 0;                           //清除发送标志
}
//名称：UART_SendCode,功能：读取 FLASH 中的数据,并发送到串口
void   UART_SendCode(uint16 addr,uint16 no)
{   uint8 code * readp;

    readp = addr;
    for(;no>0;no--)
    {   UART_SendByte(*readp++);      //读取数据并发送
```

```
        }
    }
//名称：主程序,功能：调用 IAP_LITE.C 中的子程序,进行测试
void    main(void)
{   uint8    idata write_dat[90];
    uint8    i;
    P2M1 = 0x00;
    P2M2 = 0x00;
    UART_Ini();
    //字节擦除编程
    FLASH_WriteByte(0x1000,0x33);
    FLASH_WriteByte(0x1010,0x44);
    FLASH_WriteByte(0x1020,0x55);
    UART_SendCode(0x1000,60);
    //写多字节
    for(i = 0;i<90;i + +)write_dat[i] = i;
    FLASH_WriteNByte(0x1000,write_dat,90);
    UART_SendCode(0x1000,120);
    //擦除扇区/页
    FLASH_EraseSector(0x1020);
    //FLASH_ErasePage(0x1020);
    UART_SendCode(0x1000,120);
    //页填充
    if(1 = = KEYIN)
    {   FLASH_FillPage(0x1010,0x88);
        UART_SendCode(0x1000,120);
    }
    while(1);
}
```

4.4 LPC900 的 Timer 实现模拟串口功能例程

  单片机使用 I/O 模拟串行口的用途：短距离、波特率要求不高、环境干扰不大的场合。特点：程序简练、实用、移植方便,占用定时器 T0,只消耗约 600 字节的 ROM。参数：晶振 7.373 MHz,波特率 2 400,起始位 1 位,数据位 8 位,无校验位,停止位 1 位。程序中的 HITS 只有在判断开始位时,才有实际意义,其他 HITS 使用场合中,如果不是每次采样都和上次结果作比较判断,意义就不是很大,只能凑个接收周期。

```c
extern void Uart2Init(void);                              //初始化
extern void TXD_Send_String(const unsigned char s[]);     //发送字符串函数
extern void Uart2Task(void);                              //放在主函数 WHILE(1)中,一旦收到结束符
                                                          //号?',把 RXD_buf 中收到的数据发送回来
#include<REG922.H>                                        //修改如下定义将方便程序移植
sbit RXD_pin = P0^4;                                      //定义接收引脚
sbit TXD_pin = P0^5;                                      //定义发送引脚
#define MAIN_CLK       7373000                            //定义主频
#define BAUD_RATE      2400
//定义波特率(数值不能太高,因为要给 T2 中断服务程序留足执行时间)
#define HITS           8
//定义采样率(应当是偶数,减少采样率能提高波特率,但为保证可靠工作,最小不能少于 6 次)
#define RXD_BUF_LEN    16                                 //定义接收缓冲区大小
volatile unsigned char RXD_buf[RXD_BUF_LEN];              //定义接收缓冲区(循环队列)
volatile unsigned char RXD_p1;                            //指向缓冲区,由中断程序自动修改
volatile unsigned char RXD_p2;                            //指向缓冲区,由主程序修改
#define TXD_BUF_LEN    16                                 //定义发送缓冲区大小
volatile unsigned char TXD_buf[TXD_BUF_LEN];              //定义发送缓冲区(循环队列)
volatile unsigned char TXD_p1;                            //指向 TXD_buf,由主程序修改
volatile unsigned char TXD_p2;                            //指向 TXD_buf,由中断程序修改
volatile bit U2TEnable;                                   //定时器 T0 初始化
void Time0Init(void)
{
    unsigned char TimeValue;
    TAMOD& = (~0x01);                                     //T0M2 = 0
    TMOD| = 0X02;                                         //T0M1 = 1
    TMOD& = (~0X01);                                      //T0M0 = 0,T0 MODE 2
    TMOD& = (~0X04);                                      //设置为定时器功能
    TMOD& = (~0X08);                                      //设置为 TR0 使能定时器
    IP0H| = 0x02;                                         //设置 T0 为最高优先级中断
    IP0| = 0x02;TimeValue = 256 - (MAIN_CLK/2)/(BAUD_RATE * HITS);
    //一般只能设置到 2 400,再低就要溢出了
    TH0 = TimeValue;TL0 = TimeValue;ET0 = 1;TR0 = 1;
}
//接收初始化
void RXDInit(void)
{   unsigned char i;
    P0M1 & = ~(0X01<<4);                                  //PortSet(0,4,GPIO);把 P0.4 设置为 GPIO
    P0M2 & = ~(0X01<<4);RXD_pin = 1;RXD_p1 = 0;RXD_p2 = 0;
    for(i = 0;i<16;i + +)                                 //RXD_BUF_LEN { RXD_buf[i] = 0x00;}
```

```c
}
//发送初始化
void TXDInit(void)
{   unsigned char i;
    P0M1 &= ~(0X01<<5);                    //PortSet(0,5,GPIO);把 P0.5 设置为 GPIO
    P0M2 &= ~(0X01<<5);TXD_pin = 1;TXD_p1 = 0;TXD_p2 = 0;
    for(i = 0;i<TXD_BUF_LEN;i++){TXD_buf[i] = 0x00;}
}
//发送单个字符
void TXD_Send_Char(const unsigned char c)
{   unsigned char p;                       //临时变量
    p = TXD_p1 + 1;
    if(p>= TXD_BUF_LEN)p = 0;
    while(p == TXD_p2);                    //判断发送缓冲队列是否已满,如果是,则暂
                                           //时不能发送
    TXD_buf[TXD_p1] = c;                   //先将 c 写入队列
    TXD_p1 = p;                            //再修改 TXD_p1
    //在 T2 中断服务程序里会自动完成发送
}
//发送字符串(不包括末尾的\0)
void TXD_Send_String(const unsigned char s[])
{
unsigned char c;unsigned int i = 0;
for(;;)  {c = s[i++];if(c == '\0')break;TXD_Send_Char(c);}
}
//定义接收缓冲字符
volatile unsigned char bdata RXD_ch;
sbit RXD_ch_MSB = RXD_ch^7;                //定义发送缓冲字符
volatile unsigned char bdata TXD_ch;
sbit TXD_ch_LSB = TXD_ch^0;                //T2 中断服务程序,每中断 HITS 次处理 1 位
static void IRQTIME0() interrupt 1 using 3
{//定义接收所需要的变量
    static bit RXD_doing = 0;              //正在接收的标志
    static unsigned char RXD_t = HITS/2;   //接收时计数 T2 的中断次数
    static unsigned char RXD_cnt;          //接收时 bit 位的计数器
//定义发送所需要的变量
    static bit TXD_doing = 0;              //正在发送的标志
    static unsigned char TXD_t;            //发送时计数 T2 的中断次数
    static unsigned char TXD_cnt;          //发送时 bit 位的计数器,先清除 TF2
```

```c
        TF0 = 0;                                       //接收数据
        if(RXD_doing)                                   //正处于接收状态
        {
          if( - - RXD_t = = 0)                          //经过了 HITS 个采样脉冲
          {
            if(RXD_cnt = = 0)                           //8 个数据位接收完毕
            {   if(RXD_pin)                             //检测到停止位
               {RXD_t = RXD_p1 + 1;                     //在这里,RXD_t 作为临时变量
                if(RXD_t >= RXD_BUF_LEN)RXD_t = 0;
                  if(RXD_t ! = RXD_p2)                  //如果接收缓冲队列未满
                  {RXD_buf[RXD_p1] = RXD_ch;
                   RXD_p1 = RXD_t;
                   if(RXD_ch = = '?'){U2TEnable = 1;}
                  }
                  else
                  {//如果接收缓冲队列已满,只好丢弃新收到数据
                  }
               }
               else                                     //检测停止位时出错
               {//舍弃新收到的数据}
               RXD_doing = 0;                           //接收全部完毕,清除正在接收的标志
               RXD_t = HITS/2;                          //恢复 RXD_t 的初始值}
            else                                        //接收数据位
            { RXD_ch >>= 1;RXD_ch_MSB = RXD_pin;
              //上面 2 条语句若用{CY = RXD_pin;CY = (RXD_ch&0x01);RXD_ch = ACC;}代替,效率更高
              RXD_cnt - -;RXD_t = HITS;
            }
          }
        }
        else    //检测起始位[/#]
        {
              if(RXD_pin){RXD_t = HITS/2;}
              else {RXD_t - -;
              if(RXD_t = = 0)
              //连续 HITS/2 次采样 RXD_pin 都是 0,就可以确认起始位
              {                                         //启动接收
                RXD_t = HITS;RXD_cnt = 8;RXD_doing = 1;
              }
        }
```

```
        }                                       //发送数据
if(TXD_doing)                                   //正处于发送状态
    {   TXD_t - -;
        if(TXD_t = = 0)
        {
            if(TXD_cnt = = 0)                   //发送全部完毕
            {
                TXD_doing = 0;                  //清除正在发送的标志
            }
            else
            {
                if(TXD_cnt = = 1)               //8个数据位发送完毕
                {
                    TXD_pin = 1;                //发送停止位
                }
                else                            //发送数据位
                {
                    TXD_pin = TXD_ch_LSB;
                    TXD_ch≫ = 1;
//上面2条语句若用{CY = (TXD_ch&0x01);TXD_pin = CY;TXD_ch = ACC;}代替,效率更高
                }
                TXD_cnt - -;TXD_t = HITS;
            }
        }
    }
    Else
    {
        if(TXD_p2 ! = TXD_p1)                   //如果发送缓冲队列不空
        {
        //从发送缓冲队列中取出要发送的数据
            TXD_ch = TXD_buf[TXD_p2 + +];
            if(TXD_p2> = TXD_BUF_LEN)TXD_p2 = 0;
            //启动发送
            TXD_doing = 1;
            TXD_cnt = 9;TXD_t = HITS;           //先发送起始位
            TXD_pin = 0;
        }
        else
        {                                       //发送缓冲队列是空的,不发送任何数据
```

```
        }
    }
}
//系统初始化
void Uart2Init(void){TXDInit();RXDInit();Time0Init();U2TEnable = 0;}
void Uart2Task(void)
{
    unsigned char c;
    if(U2TEnable)
    {
        while(RXD_p2 ! = RXD_p1)
        {   c = RXD_buf[RXD_p2 + + ];
            if(RXD_p2> = RXD_BUF_LEN)RXD_p2 = 0;
            TXD_Send_Char(c);
        }
        TXD_Send_String("Return Data Over.\r\n");
        U2TEnable = 0;
    }
}
//主程序
void main(void)
{
    Uart2Init();TXD_Send_String("Welcome.\r\n");
    While(1){Uart2Task();}
}
```

4.5　LPC900 单片机 I/O 口

4.5.1　LPC900 单片机 I/O 口配置

　　除了 3 个口(P1.2、P1.3 和 P1.5)以外，LPC900 其他所有的 I/O 口均可由软件配置成 4 种输出类型之一，如表 4.9 所列。4 种输出类型分别为：准双向口(标准 80C51 输出模式)，推挽，开漏输出或仅为输入功能。每个口配置 2 个控制寄存器，控制每个引脚输出类型。P1.2 (SCL/T0)和 P1.3(SDA/INT0)只能配置为输入口或开漏口。P1.5(RST)只能作为输入口，无法进行配置。I/O 口输出方式设定如表 4.9 所列。

表 4.9 I/O 口输出方式设定

PxM1.y	PxM2.y	I/O 口输出模式	PxM1.y	PxM2.y	I/O 口输出模式
0	0	准双向口	1	0	仅为输入（高阻）
0	1	推挽	1	1	开漏

注意：上电后，所有 I/O 口都处于仅为输入的模式，即 PxM1=0xFF，PxM2=0x00。

1. 准双向口输出配置

准双向口输出类型可用作输出和输入功能而不需重新配置口线输出状态。这是因为当口线输出为逻辑高电平时驱动能力很弱，允许外部装置将其拉低。当引脚输出为低时，它的驱动能力很强，可吸收相当大的电流。准双向口有三个上拉晶体管，可适应不同的需要。

在 3 个上拉晶体管中，有一个"极弱上拉"，当口线锁存为逻辑 1 时打开，当引脚悬空时，这个极弱的上拉源产生很弱的上拉电流将引脚上拉为高电平。

第 2 个上拉晶体管称为"弱"上拉，当口寄存器为 1 且引脚本身也为 1 时打开。此上拉提供拉电流使准双向口输出为 1。如果一个引脚输出为 1 而由外部装置下拉到低时，弱上拉关闭而"极弱上拉"维持开状态，为了把这个引脚强拉为低，外部装置必须有足够的灌电流能力使引脚上的电压降到门槛电压以下。

第 3 个上拉晶体管称为"强上拉"。当口线锁存器由 0 到 1 跳变时，这个上拉用来加快准双向口由逻辑 0 到逻辑 1 的转换。当发生这种情况时，强上拉打开约 2 个机器周期以使引脚能够迅速上拉到高电平。准双向口输出如图 4.15 所示。LPC900 单片机为 3 V 器件，但大部分引脚可承受 5 V 电压。在准双向口模式中，如果用户在引脚加上 5 V 电压，将会有电流从引脚流向 V_{DD}，这将导致额外的功率消耗。因此，建议不要在准双向口模式中向引脚施加 5 V 电压。准双向口带有一个施密特触发输入以及一个干扰抑制电路。

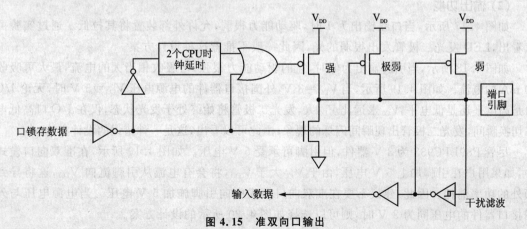

图 4.15 准双向口输出

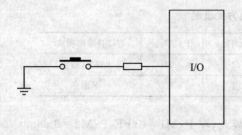

图 4.16 准双向口模式输入功能

(1) 输入功能

用作键盘输入功能时,通常将 I/O 口配置成准双向口模式。如图 4.16 所示,当有按键按下时,输入端为低电平 0;当没有按键按下时,由于内部极弱上拉源产生的很弱的上拉电流将引脚拉为高电平 1。

以下例程演示了把 I/O 口配置为准双向口,用作键盘的输入,然后用一个发光二极管 LED 进行指示。当有按键按下时,则控制改变 LED 的当前显示状态。

```c
//功能:本程序设置 P0.0 为准双向口方式,设置 P0.6 为推挽方式
//使用 P0.0 作为 1 个独立键盘输入,P0.6 作为输出控制 LED 进行指示
//当有按键按下时,则控制改变 LED 的当前显示状态
#include"reg932.h"
sbit led = P0^6;           //LED 控制,为高电平 1 时点亮
sbit key = P0^0;           //按键定义
void main(void)
{
    P0M1 = 0x00;           //设置 P0 口,P0.0 设置为准双向口方式
    P0M2 = 0x40;           //P0.6 设置为推挽方式
    P0 = 0xbf;             //初始化 P0 口,LED 灯关掉
    while(1)
    while(! key)           //判断 KEY 键是否按下
    led = ~led;            //若是,则更新 LED 显示
}
```

(2) 输出功能

如图 4.17 所示,当口线输出为 1 时,驱动能力很弱,允许外部装置将其拉低。通过实验可以看出,LED 发光二极管发出很弱的光,因此一般不推荐这种设计方案。

如图 4.18 所示,当引脚输出为低时,它的驱动能力很强,可吸收相当大的电流,最大可吸收 20 mA 的电流。如图 4.19 所示,当 $V_{DD}=3$ V,外围接口器件的电源电压 $V_{CC}=5$ V 时,无论 I/O 口是高电平还是低电平,V_{CC} 永远比 V_{DD} 大,发光二极管将始终处于发光状态,仅在 I/O 口高低电平切换瞬间,发光二极管出现瞬间闪烁的现象,由此可以看出,这是一种错误的设计方法。

尽管 P89LPC932 为 3 V 器件,但引脚可承受 5 V 电压。如图 4.19 所示,在准双向口模式中,如果用户在引脚加上 5 V 电压,由于 V_{CC} 大于 V_{DD},将会有电流从引脚流向 V_{DD},这将导致额外的功率消耗。因此,建议不要在准双向口模式中向引脚施加 5 V 电压。当电源电压与外围接口器件的电压同为 3 V 时,则可以选择如图 4.20 所示的设计方案。

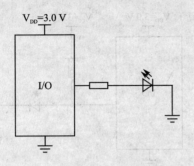

图 4.17 输出口为 1 的情况

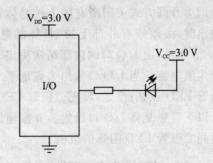

图 4.18 输出口为 0 的情况

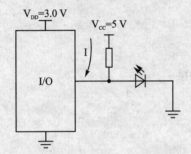

图 4.19 $V_{DD}=3\ V$ 与 $V_{CC}=5\ V$ 的情况

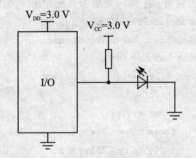

图 4.20 $V_{DD}=3\ V$ 与 $V_{CC}=3\ V$ 的情况

小结：通过上述分析与实验可以得出结论，图 4.17 和图 4.20 是准双向口作为输出口正确的设计方案。

2. 开漏输出配置

当口线锁存器为 0 时，开漏输出关闭所有的上拉晶体管而仅驱动下拉晶体管。作为一个逻辑输出时，这种配置方式必须有外部上拉，一般通过电阻外接到 V_{DD}。这种方式的下拉与准双向口相同。开漏输出配置如图 4.21 所示。开漏端口带有一个施密特触发输入以及一个干扰抑制电路。

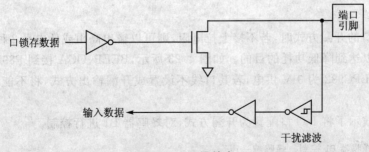

图 4.21 开漏输出

因为开漏方式关闭所有的上拉晶体管,所以作为输出时,必须接有外部上拉,具体的电路原理如图 4.22 所示,由 I/O 口的内部结构决定了,此时不会产生灌电流。当 I/O 口输出为高电平 1 时,发光二极管 LED 点亮;反之,发光二极管 LED 熄灭。

以下程序是将 I/O 口设置为开漏输出方式,控制发光二极管 LED 闪烁的范例。

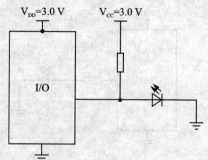

图 4.22 开漏输出功能

```
//功能：LED闪烁控制。对发光二极管LED进行控制,
//采用软件延时方法
//说明：将P0.6设置为开漏方式,作为输出
#include"reg932.h"
#define uchar unsigned char
sbit ledcon = P0^6;
void delay(void)                    //延时子程序
{
    uchar x,y,z;
    for(x = 0;x<5;x++)
    for(y = 0;y<255;y++)
    for(z = 0;z<255;z++);
}
void main(void)
{
    P0M1 = 0x40;                    //设置P0.6为开漏输出方式
    P0M2 = 0x40;
    while(1)
    {
        delay();                    //调用延时子程序
        ledcon = ~ledcon;           //控制LED闪烁
    }
}
```

使用 I/O 口的开漏方式时,若不接上拉电阻,则可以输出高阻或低电平 2 种状态。采用这种驱动方式可以达到降低功耗的目的。如图 4.23 所示,BEEP、OCA 接到 P89LPC932 的 I/O 口上,由于 P89LPC932 为 3 V 供电,若其口线不设置成开漏输出方式,将不能对 B1、D6 进行控制。

以下例程演示了将 I/O 口配置为开漏方式,对蜂鸣器 B1 进行控制。

//功能：对蜂鸣器 B1 控制。蜂鸣响一声

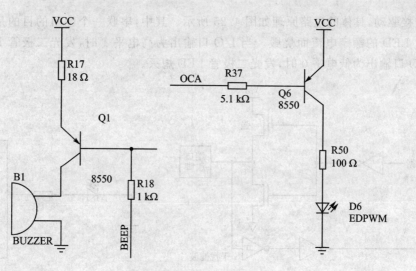

图 4.23 开漏驱动电路

```
#include"reg932.h"
#define uchar unsigned char
sbit b1 = P2^7;                //定义 LED 控制端口
void delay(void)               //延时子程序
{
    uchar x,y,z;
    for(x = 0;x<5;x + +)for(y = 0;y<255;y + +)for(z = 0;z<255;z + +);
}
void main(void)
{
    P2M1 = 0x80;               //设置 P2.7 为开漏输出方式
    P2M2 = 0x80;
    b1 = 0;
    delay();
    b1 = 1;                    //关闭蜂鸣器
    while(1);
}
```

3. 推挽输出配置

推挽输出配置的下拉结构和开漏输出以及准双向口相同,但当锁存器为 1 时提供持续的强上拉。推挽模式一般用于需要更大驱动电流的情况,推挽输出配置如图 4.24 所示,推挽引脚带有一个施密特触发输入以及一个干扰抑制电路。

因为 P89LPC932 口线支持强上拉输出,所以 LED 发光二极管可以用 I/O 口的强上拉输出功能直接驱动,具体的电路原理如图 4.25 所示。其中,串联一个电阻的目的是防止因工作电流超过 LED 的额定电流而烧毁。当 I/O 口输出为高电平 1 时,发光二极管 LED 点亮;反之,当 I/O 口输出为低电平 0 时,发光二极管 LED 熄灭。

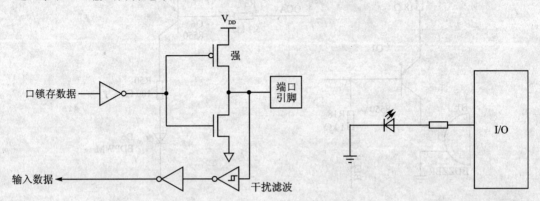

图 4.24　推挽输出　　　　　　　　图 4.25　推挽方式输出功能

以下程序是将 I/O 口设置为推挽方式,控制发光二极管 LED 闪烁的范例。

```
//功能:LED 闪烁控制。对发光二极管 LED 进行控制,采用软件延时方法
#include"reg932.h"
#define uchar unsigned char
sbit ledcon = P0^6;
void delay(void)                    //延时子程序
{
    uchar x,y,z;
    for(x = 0;x<5;x + +)for(y = 0;y<255;y + +)for(z = 0;z<255;z + +);
}
void main(void)
{
    P0M1 = 0x00;                    //设置 P0.6 为推挽输出方式
    P0M2 = 0x40;
    while(1){
        delay();                    //调用延时子程序
        ledcon = ~ledcon;           //控制 LED 闪烁
    }
}
```

4. 仅为输入配置

仅为输入配置如图 4.26 所示。它带有一个施密特触发输入口以及一个干扰抑制电路。

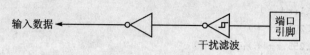

图 4.26 仅为输入配置

上电后所有的引脚都为高阻态(仅为输入模式),请注意这不同于 LPC76x 系列器件(LPC76x 系列器件复位后,各个 I/O 口引脚的值由 UCFG1 寄存器的 PRHI 位决定,由应用需要选择复位后为高或者为低。当复位后口线被设置为高时,这些口线为准双向口,不能输出大电流)。上电之后,除 P1.5 之外,所有口都可由软件配置。P1.5 只可用于输入功能。P1.2 和 P1.3 可配置为高阻输入或开漏。每个 P89LPC932 输出口都可提供 20 mA 的灌电流驱动 LED,但是所有口的输出电流总和不能超过规定的最大电流 80 mA。P89LPC932 所有端口的电平转换速度都可以控制,这就可避免因电平转换过快而导致的噪声,转换速度在出厂时设定为大约 10 ns 的上升时间和下降时间。

下面将单片机设置为内部复位,利用 P1.5 作为输入口,由按键输入;将 P0.6、P0.7 设置为推挽输出方式,直接驱动发光二极管 LED,对键盘输入状态进行指示,具体电路如图 4.27 所示。

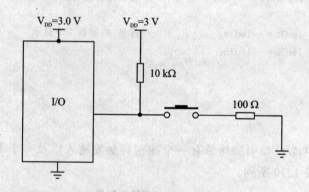

图 4.27 仅为输入配置电路

```
//功能:P89LPC932 口线测试,本程序设置 P1.5 为仅为输入方式,由按键输入
//设置 P0.6、P0.7 为推挽输出方式,直接驱动 LED
#include"reg932.h"
#define uchar unsigned char
sbit led3a = P0^6;          //LED3A 控制,为 1 时点亮
sbit led3b = P0^7;          //LED3B 控制,为 1 时点亮
sbit key = P1^5;            //按键定义
void delay(void)            //延时子程序
{
    uchar x,y,z;
```

```
    for(x = 0;x<1;x + +)
    for(y = 0;y<207;y + +)
    for(z = 0;z<255;z + +);
}
void main(void)
{
    P0M1 = 0x00;
    P0M2 = 0xc0;                    //设置 P0.6、P0.7 为推挽输出方式
    P1M1 = 0x20;
    P1M2 = 0x00;                    //设置 P1.5 为仅为输出方式
    led3a = 1;                      //输出高电平 1,点亮 LED3A
    led3b = 0;                      //输出低电平 0,熄灭 LED3B
    while(1)
    {
        while(! key)                //判断 KEY 键是否按下
        {
            delay();                //调用延时子程序
            while(! key)            //确认是否有键按下
            {
                led3a = ~led3a;     //若是,则刷新 LED 显示
                led3b = ~led3b;
            }
        }
    }
}
```

在这 4 种方式中,I/O 口引脚均带有一个施密特触发输入以及一个干扰抑制电路。所有端口的具体配置如表 4.10 所列。

表 4.10 端口输出配置

端口	配置位		可选功能	备 注
	PxM1.y	PxM2.y		
P0.0	P0M1.0	P0M2.0	KBI0,CMP2	详见"P0 口模拟功能"
P0.1	P0M1.1	P0M2.1	KBI1,CMP2B	
P0.2	P0M1.2	P0M2.2	KBI2,CMP2A	
P0.3	P0M1.3	P0M2.3	KBI3,CMP1B	
P0.4	P0M1.4	P0M2.4	KBI4,CMP1A	
P0.5	P0M1.5	P0M2.5	KBI5,CMPREF	

续表 4.10

端口	配置位		可选功能	备注
	PxM1.y	PxM2.y		
P0.6	P0M1.6	P0M2.6	KBI6,CMP1	
P0.7	P0M1.7	P0M2.7	KBI7,T1	
P1.0	P0M1.0	P1M2.0	TxD	
P1.1	P0M1.2	P1M2.2	RxD	
P1.2	P0M1.2	P1M2.2	T0,SCL	仅为输入或开漏
P1.3	P0M1.3	P1M2.3	INT0,SDA	仅为输入或开漏
P1.4	P0M1.4	P1M2.4	INT1	
P1.5	不可配置		RST	仅为输入。通过用户配置位 RPD(UCFG1.6)选择作为通用输入或复位输入口。上电时总是作为复位输入口
P1.6	P1M1.0	P1M2.6	OCB	
P1.7	P1M1.7	P1M2.7	OCC	
P2.0	P2M1.0	P2M2.0	ICB	
P2.1	P2M1.1	P2M2.1	OCD	
P2.2	P2M1.2	P2M2.2	MOSI	
P2.3	P2M1.3	P2M2.3	MISO	
P2.4	P2M1.4	P2M2.4	SS	
P2.5	P2M1.5	P2M2.5	SPICLK	
P2.6	P2M1.6	P2M2.6	OCA	
P2.7	P2M1.7	P2M2.7	ICA	
P3.0	P3M1.0	P3M2.0	XTAL2,CLKOUT	
P3.1	P3M1.1	P3M2.1	XTAL1	

4.5.2 干扰侵入单片机系统的途径

干扰侵入单片机系统的主要途径有电源系统、传导通路、对空间电磁波的感应三方面(包括内部空间的静电场、磁场的感应),如图4.28所示。

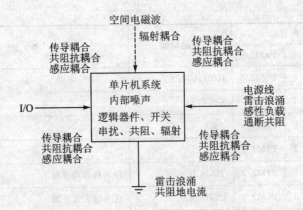

图 4.28 干扰侵入单片机系统的途径

4.5.3 LPC900 单片机抑制干扰侵入的对策

单片机系统对脉冲干扰较为敏感,特别是在做"快速瞬变脉冲群试验"时表现最为突出,如果单片机系统在此方面设计不周,很可能会引起单片机复位、程序"跑飞"、RAM 出错、功能部件死锁等现象,问题解决起来也比较费时、费力。

要彻底抑制脉冲干扰,就要找到干扰源。发现和寻找单片机系统干扰源的办法是寻找产生高频及电流电压发生瞬时变化的部位。在 LPC900 单片机中,外部时钟(或振荡器)是高频的噪声源,除了引起对本应用系统的干扰外,还可能产生对外界的干扰,其应对措施是降低外部时钟的频率或使用内部 RC 振荡器。

电流和电压发生瞬时变化是相关联的,大的电流瞬变,必然会引起电压的波动;大的电压瞬变,必然会引起相应的电流脉动。在数字电路中,如果是电源回路引起的电流和电压发生瞬时变化,可以用加大功率输入或增加滤波环节解决;如果是由于器件的开关翻转引起的,通过降低电压、电流的瞬变幅度,将干扰引起的翻转彻底消除。

就 LPC900 单片机而言,I/O 口配置为准双向口模式,在高电平时是极弱上拉,在干扰较强的情况下,就会发生错误的翻转。一个具体 I/O 口的电流瞬变如下:

$I_{OH}=20\ \mu A$——准双向口模式下,高电平输出电压电流;

$I_{TL}=450\ \mu A(max)$——逻辑 1 到 0 跳变最大电流;

$Dt=10\ ns$——端口的电平转换速度;

$Di=(I_{TL}-I_{OH})/Dt=43\ 000\ A/s(max)$——瞬变电流幅值。

这是一个非常大的瞬变值,它会产生一个很大的噪声,轻者引起功能部件的"死锁"等,重者导致单片机系统"死机"等。抑制措施是不使用准双向口模式,采用其他模式执行,具体规则如下:

① I/O 口为输入脚,则可配置为仅为输入模式。

② I/O 口为输出脚，可配置为推挽输出模式，但在 3～5 V 系统中，可配置为开漏模式，并加≤5 kΩ 的上拉电阻。

③ I/O 口为输入、输出脚，方法如为，可以动态配置 I/O 口的模式，具体参照上述两条执行，可配置为开漏模式，并加≤5 kΩ 的上拉电阻。

4.6　LPC900 Flash 单片机键盘

4.6.1　LPC900 Flash 单片机键盘中断

键盘是单片机系统中重要的人机交互工具之一。电梯、遥控器、电话、门禁系统都需要用到单片机所构成的键盘。当采用键盘扫描方式时，MCU 在效率上存在着一定的浪费，而且由于程序不停地循环扫描，另一方面也相对地增加了系统的功耗。LPC900 系列单片机提供了节电模式和键盘中断激活，有效地解决了以上问题。

一般的按键都存在着一定的抖动性，其抖动的时间取决于按键的机械特性。一般按键抖动时间为 5～10 ms。质量越好的按键，其抖动时间也越短，对输入的响应也愈灵敏，最大限度地避免了输入的错误。好的键盘处理程序，对按键的抖动都有相应的处理，对键盘矩阵的读取、判断都有良好的算法，能够准确地判断按键的操作，最大地发挥 MCU 的效率。一般当按键按下以后（不考虑人的操作因素），会有一个 5～10 ms 的抖动期，如图 4.29 所示。一般采用延时进行去抖动处理。如按键接 MCU 的某个 I/O 口，具体过程为：

① 等待 I/O 口为低电平。

② 延时 10 ms 左右。

③ 读取 I/O 口，若仍为低电平，表示有按键按下。

如图 4.30 所示，系统利用 8 个 I/O 口组成了一个 4×4 的键盘矩阵，采用 P0[4∶7] 作为输出端口。采用 P0[3∶0] 作为输入口。

图 4.29　按键抖动波形

键盘循环扫描方式原理如下：

① 首先判断键盘是否有键按下，如图 4.30 所示，设 P0.7～P0.4 为输出口，使其输出为 0，然后读 P0.3～P0.0 端口状态，判断是否有按键操作，当 P0.3～P0.0 皆为 1 时，表示无按键动作。

② 去抖动处理。延时 10 ms 左右，再读 P0.3～P0.0 端口状态，确认是否有按键操作。

③ 向 P0.7～P0.4 循环写入 1110、1101、1011、0111。并读出 P0.3～P0.0 的状态值，将读出的值存入 Res_R[i]（保存在其低四位），将写入时的值存入 Res_L[i]（保存其高四位）。

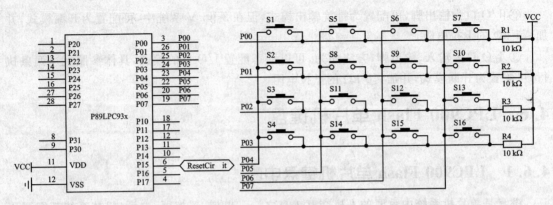

图 4.30　矩阵键盘电路

④ 根据 Res_L[i] 及 Res_R[i] 的内容确定按下的键,Result＝Res_L[i]＋Res_R[i],查下表可确定有无按键和按键号码,跳出循环并执行相应按键操作。若 Result 等于 10111101B,则表示 S10 被按下。值得补充的是:表 4.11 中列出的都是单键按下的键值。如果 P0.3～P0.0 读出的值为其他值,则表示,此轮扫描有可能有多键同时按下,扩展表 4.11 中的内容,就可作为多键组合的判断。本示例中对多键同时按下的情况不做处理。按键判断表如表 4.11 所列。

⑤ 等待下一次按键扫描。

表 4.11　按键判断表

P0.3～P0.0 读出的状态	xxxx1110B	xxxx1101B	xxxx1011B	xxxx0111B
P0.7～P0.4 第 1 轮 写入值 1110xxxx	11101110B S1	11101101B S2	11101011B S3	11100111B S4
P0.7～P0.4 第 2 轮 写入值 1101xxxx	11011110B S5	11011101B S6	11010111B S7	11010111B S8
P0.7～P0.4 第 3 轮 写入值 1011xxxx	10111110B S9	10111101B S10	10111011B S11	10110111B S12
P0.7～P0.4 第 4 轮 写入值 0111xxxx	01111110B S13	01111101B S14	01111011B S15	01110111B S16

应用中,如果直接采用循环扫描模式,则降低了 MCU 的使用效率,所以一般情况下,大都采用定时器键盘扫描方式,利用内部定时器,产生一定时间的定时器中断,并设置按键标志位。当按键标志位有效时才对键盘进行扫描。其他原理同上。

P89LPC932 有 8 个键盘中断引脚,可利用其键盘中断模式实现 MCU 的最大工作效率。与基本的键盘循环扫描所不同的是:

① 如图 4.30,要设置 P0.3～P0.0 作为中断源。当然这一步并不复杂,仅需要设置 KBCON、

KBMASK,IEN0,IEN1 等寄存器。其他原理同上,本文将提供这种模式的示例代码。

② 键盘中断可将 MCU 从完全掉电模式中唤醒,对微功耗系统设计非常有用。

③ 在本中断处理服务中,只作了唤醒系统和设置按键标志位的处理,在唤醒的过程中,应该对中断现场予以一定的保护,使程序正常运行。程序示例代码见程序如下:

```c
#include "reg932.h"
#define uchar unsigned char
bit Key_sign;                              //按键标志位
uchar Result = 0;                          //键处理值
uchar Res_R[4];                            //Result 的右四位暂存区
uchar Res_L[4];                            //Result 的左四位暂存区
uchar Matrix[16] = { 0xEE,0xED,0xEB,0xE7,  //11101110,11101101,11101011,11100111,
0xDE,0xDD,0xDB,0xD7,                       //11011110,11011101,11011011,11010111,
0xBE,0xBD,0xBB,0xB7,                       //10111110,10111101,10111011,10110111,
0x7E,0x7D,0x7B,0x77 };                     //01111110,01111101,01111011,01110111,
void KEY_INT(void);
void Power_Down(void);
void ReadKey(void);
void Delay(void);
void Delayus(void);
void Key_Process(void);
//功能:主函数
void main()
{
POM1 = 0x00;                               //设置 P0 口
POM2 = 0x00;
P2M1 = 0xC0;                               //设置 P2 口
P2M2 = 0xC0;
//键盘中断初始化
KBPATN = 0x0F;
KBMASK = 0x0F;                             //设置 P03~P00 为中断源
KBCON = 0x00;                              //清除键盘中断标志
EKBI = 1;
EA = 1;
while(1)
{
P0 = 0x0F;
Power_Down();
If(Key_sign = = 1)                         //判断是否有键按下
```

```c
    Key_sign = 0;                              //清除按键标志位
    ReadKey();
    Key_Process();
    }
  }
}
//功能：掉电
void Power_Down(void)
{
    PCONA = 0xFF;                              //外部功能模块掉电
    PCON = 0x03;                               //完全掉电
}
//功能：键盘中断处理程序
void KEY_INT(void) interrupt 7
{
    Key_sign = 1;                              //按键标志位置1
    PCONA = 0x00;                              //外部功能模块上电
    KBCON = 0x00;
}
//功能：键盘扫描程序
void ReadKey()
{
    uchar i;
    uchar j;
    uchar flag = 0;
    uchar dat = 0xEF;
    uchar Temp;
    Temp = P0&0x0F;                            //读取 P03～P00 到 Temp
    if(Temp！= 0x0F)                           //假如 Temp == 0x0f,则表示无键按下,则结束
    {
        Delay();                               //延时 10 ms 左右去抖动
        Temp = P0&0x0F;
        if(Temp！= 0x0F)                       //确认有无键按下
        {
            for(i = 0;i<4;i++)                 //输出口 P07～P04 轮流输出
            {//1110,1101,1011,0111
                Temp = dat|0x0F;
                P0 = Temp;
```

```
Res_L[i] = Temp&0xF0;
Delayus();
Res_R[i] = P0 &0x0F;                    //取 P03~P00 到 Res_R[i]
Result = Res_L[i] + Res_R[i];
for(j = 0;j<16;j++)                     //查表
{
if(Matrix[j] = = Result)
{flag = 1;                              //设置扫描结束标志位
break;
}
}
if(flag = = 1)                          //如果标志位被设置退出此层循环
{break;}
dat = dat<<1;                           //dat 左移一位
}
}
}
while((P0&0x0F)! = 0x0F);               //等待按键释放
}
//功能：延时 10 ms
void Delay(void)
{int i;for(i = 0;i<7000;i++);}
//功能：延时 3 μs
void Delayus(void)
{
uchar i;
for(i = 0;i<5;i++);
}
//功能：按键处理
void Key_Process(void)
{
switch(Result)                          //判断读取的值
{
case 0xEE:                              //如果读取的值为 0xEE,则表示 KEY1 键按下
{                                       //在此处添加相应的操作
}
break;
case 0xED:                              //如果读取的值为 0xED,则表示 KEY2 键按下
{                                       //在此处添加相应的操作
```

```
        }
        break;
    /* 在此处插入其他键值判断和处理 */
    default:
        break;
    }
    Result = 0;
}
```

4.6.2　LPC900 系列单片机键盘中断实现掉电唤醒

随着能源意识的增强，人们对系统功耗的要求也越来越高，系统的总功耗一降再降。现在流行的微控制器一般都会具有空闲模式或者掉电模式，当用户暂时不需要微控制器控制系统时，使其进入空闲或掉电模式可以使功耗大大降低。需要微控制器工作时，一般都会用一个外部的中断来唤醒 CPU，但是单一的引脚容易误操作，也容易受到干扰而使得系统从节能中被唤醒，从而使能量被无谓地消耗。如果使用的是一个由电池供电的系统，那么这一消耗将会使您无法忍受。但是，现在 LPC900 系列 Flash 单片机很好地解决了这个问题，不单因为它的大多数引脚带有干扰抑制电路（除了 P1.2，P1.3），而且它具有一个独特的键盘匹配中断功能，可以实现从一键到多键的匹配中断，既可以对功耗进行管理，同时又使用方便。

1. 功能概述

LPC900 系列 Flash 单片机的键盘中断使用起来非常简单，与之相关的寄存器只需要配置 3 个字节，键盘控制寄存器 KBCON、键盘中断屏蔽寄存器 KBMASK 和键盘模式寄存器 KBPATN。它主要用于当 P0 口等于或不等于特定的模式时产生一个中断。该功能可用于总线地址识别或对键盘的识别。可通过 SFR 将端口配置为不同的用途。

键盘中断控制寄存器(KBCON)的地址是 94H，它只有两个有效位，KBIF(KBCON.0)为键盘中断标志位，当 P0 口匹配中断条件时置位，需要通过软件向其写入"0"清零该位；PATN_SEL(KBCON.1)为模式匹配极性选择位，当该位置位时，P0 口必须匹配 KBPATN 中定义的模式才能产生中断，清零时，P0 口必须不等于 KBPATN 寄存器的值才能产生中断。键盘模式寄存器如图 4.31 所示。

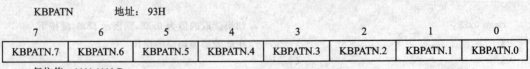

图 4.31　键盘模式寄存器

键盘中断屏蔽寄存器如图 4.32 所示。

KBMASK		地址：	86H					
7	6	5	4	3	2	1	0
KBPATN.7	KBPATN.6	KBPATN.5	KBPATN.4	KBPATN.3	KBPATN.2	KBPATN.1	KBPATN.0

复位值：0000 0000 B
功能：使能/禁止该位作为键盘中断源，置位时使能

图 4.32 键盘中断屏蔽寄存器

键盘模式寄存器(KBPATN)用于定义与 P0 口值相比较的模式,当键盘中断功能有效且条件匹配时,键盘中断控制寄存器(KBCON)中的键盘中断标志(KBIF)置位。如果中断使能,则会产生一个中断。中断向量是 003BH。键盘中断屏蔽寄存器(KBMASK)用于定义 P0 口输入引脚的中断使能。如果想要使每一个键按下时都产生中断,应当设置 KBPATN＝0FFH 和 PATN_SEL＝0(不相等),这样任何连接到 P0 口引脚(由 KBMASK 寄存器使能)的按键在按下时都将使硬件置位 KBIF 并产生中断(中断使能)。中断可用于将 CPU 从空闲模式或掉电模式中唤醒。

为了置位中断标志并导致中断产生,P0 口模式的保持时间必须大于 6 个 CCLK。**注意**: 这里所提到的匹配指的是整个 P0 口(KBMASK＝FFH 时)的匹配,而不是某一位的匹配,如果 KBMASK＝0FH,那么产生中断的条件就是 P0 口低四位状态与 KBPATN 低四位相等 (PATN_SEL＝1)或不相等(PATN_SEL＝0)时才产生中断。

2. 应用实例

下面通过一个例子来介绍如何用键盘中断唤醒 CPU。例子中,芯片上电复位开始控制 LED 闪烁,按下 KEY2 使系统进入掉电,LED 熄灭。当同时按下程序中设置好的按键 (KEY1、KEY3)时,产生中断唤醒 CPU,使 LED 继续闪烁。芯片型号：P89LPC932,电路原理如图 4.33 所示。

```
//文件名：KEY_TEST.C.功能：验证键盘匹配中断及其唤醒功能
# include"reg932.h"
sbit LEDCON = P2^6;
sbit KEY1 = P0^0;
sbit KEY2 = P0^1;
sbit KEY3 = P0^2;
sbit KEY4 = P0^3;                 //定义按键和 LED 的控制口线
void key_int(void);               //定义键盘中断程序
void main()
{
    int  i,j;
```

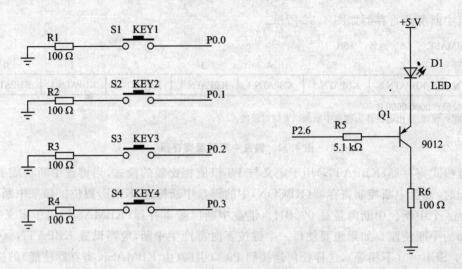

图 4.33 电路原理图

```
POM1 = 0x0;
POM2 = 0x0;
P2M1 = 0x40;
P2M2 = 0x40;              //设置 P0、P2 口的输出模式
KBPATN = 0x0a;            //设置匹配的条件
KBCON = 0x02;             //设置为相等时中断
KBMASK = 0x0f;            //使能低 4 位
EKBI = 1;                 //开键盘中断
EA = 1;                   //开总中断
LEDCON = 1;               //熄灭 LED
while(1){
for(i = 0;i<2000;i++)for(j = 0;j<50;j++)
if(KEY2 = = 0)            //检测按键 KEY2
{
LEDCON = 1;               //熄灭 LED
PCON = 0x02;              //进入掉电
}
LEDCON = ~LEDCON;         //取反 LED,控制 LED 闪烁
}                         //循环
}
//键盘中断程序,功能:软件清零键盘中断标志,点亮 LED,并设置相等时响应中断
void key_int()interrupt   7
{
LEDCON = 1;               //点亮 LED
```

```
    KBCON    = 0x02;              //清零中断标志
}
```

在唤醒时,KEY1～KEY4 的状态要为 0101,否则不能唤醒。当然键盘匹配还有很多用途,如单一按键使用查询方法,配合中断可以实现组合键功能,大大简化程序。读者可以充分发挥自己的想象力,挖掘 CPU 每一模块的功能,使系统更简单,功能更强大。

4.7 LPC900 系列单片机 IAP 功能应用设计

在 LPC900 系列单片机中,有一个引导 ROM,微处理器对内部 Flash 进行操作的时候,所有的操作细节由固化在这 256 B 的引导 ROM 中的代码来处理。这段代码可以看做一个子程序,其占用地址为 FF00H～FFFFH 的程序空间,它并不跟用户程序代码空间(0000～1FFFH)冲突。当用户需要使用 IAP 功能时,就使用这个子程序提供参数(包括操作类型,操作所需的其他参数),然后调用此程序的入口地址(FF00H)即可。例如,对 Flash 的扇区进行擦除操作,可参照下列程序。

```
ERASE_FLASH: MOV A,#04H
      MOV    R7,#01H
      MOV    R4,#HIGH(OPADR)
      MOV    R5,#LOW(OPADR)
      LCALL  IAPPROG
      JC     ERASE_FLASH
ERASE_END: SJMP   $
;擦除扇区/页命令
;擦除扇区为 01H,页为 00H
;取出 OPADR 的高 8 位
;取出 OPADR 的低 8 位
;若操作出错,则 F0 会置位
;如果 F0 为 1,则重新执行
;操作完成
```

代码中,在调用 IAPPROG(FF00H)前,需要准备好对应的参数:A 中内容代表操作类型(A=04H,告诉 IAP 代码要执行擦除操作);R7 中内容表示删除操作的方式(00H 代表删除页,01H 代表删除扇区);R4,R5 中的内容组合成操作的 Flash 地址。执行完 IAPPROG 擦除操作后,有两个返回参数:R7 中存放的是返回状态(如果编程失败,可以通过此状态查明失败的原因);F0(C)则表示操作是否成功(0 表示操作成功,1 表示有错误产生)。除了擦除操作外,还有编程用户代码,读用户代码,读、写配置字或保密字节等对 Flash 的多种操作,每种操作要求各自不同的输入参数和返回参数。

IAP 操作失败的可能原因是,不能使用 Flash 存储器存储的程序指令来编程或擦除同一块 Flash 存储器。如果在 IAP 过程中有中断产生,IAP 操作将终止。Flash 存储器的每个扇区都有其对应的保密字节,设定了对本扇区操作的相关保密限制,如果用户对此扇区的操作超过了其设定的限制,将导致 IAP 操作失败。如果电源控制寄存器中的掉电检测使能位(PCON.5)被置为 1,则所有的编程和擦除操作都不会执行。除了以上所说的原因以外,内部高压发生器发生错误的时候,也将导致 IAP 操作失败。

A51 IAP 功能演示如下:

```
;功能:调用 IAP 服务程序实现 Flash ROM 的读/写操作。
;说明:向 Flash ROM 地址 1000H 处写入 10 个数据,然后
;读出进行校验,若校验正确,亮绿灯,不相等
;则亮红灯。
    $ NOMOD51
    $ INCLUDE(REG932.INC)
IAPPROG    EQU  0FF00H         ;IAP 子程序入口地址
OPADR      EQU  1000H          ;待写入数据的 Flash 首地址
DATA_BUF   EQU  30H            ;数据缓冲区首地址
CFGDATA    EQU  11H            ;待写入的数据
CFGNUM     EQU  10             ;写入数据的个数
ERROR      BIT  P0.7           ;校验错误指示灯,"1"点亮
RIGHT      BIT  P0.6           ;校验正确指示灯,"1"点亮
PROERROR   BIT  P2.6           ;编程失败提示灯,"0"点亮
    ORG   0000H
    LJMP  MAIN
    ORG   0100H
MAIN: MOV  P0M1,#00000000B
    MOV   P0M2,#11000000B
    MOV   P2M1,#01000000B
    MOV   P2M2,#01000000B
    MOV   P2,#0FFH
    MOV   P0,#00H
;配置 P0.6、P0.7 为推挽输出
;配置 P2.6 为开漏输出
;关闭所有的提示灯
IAPWRITE: NOP
ERASE_FLASH: MOV A,#04H
    MOV   R7,#01H
    MOV   R4,#HIGH(OPADR)
    MOV   R5,#LOW(OPADR)
```

```
        LCALL    IAPPROG
        JNC      ERASE_END
        CLR      PROERROR
ERASE_END: NOP
        MOV      R6,#CFGNUM
        MOV      R0,#DATA_BUF
;写操作前先进行擦除操作
;擦除扇区/页命令
;擦除扇区为 01H,页为 00H
;取出 OPADR 的高 8 位
;取出 OPADR 的低 8 位
;若操作出错,则 F0 会置位
;如果擦除过程有错误,点亮
;错误提示灯
;将 CFGDATA 装载到缓冲
;DATA_BUF
        MOV      A,#CFGDATA
LOAD_DATA: MOV   @R0,A
        INC      R0
        DJNZ     R6,LOAD_DATA       ;一共装载 CFGNUM 个数据
WRITE_DATA: MOV  A,#00H             ;写 Flash 操作
        MOV      R3,#CFGNUM         ;写入字节个数
        MOV      R4,#HIGH(OPADR)    ;设置编程地址高 8 位
        MOV      R5,#LOW(OPADR)     ;设置编程地址低 8 位
        MOV      R7,#DATA_BUF       ;数据缓冲区
        LCALL    IAPPROG            ;写数据
        JNC      WRITE_END
        CLR      PROERROR           ;写入有错误点亮提示灯
WRITE_END: NOP
        MOV      R6,#CFGNUM         ;读入的字节个数
        MOV      DPTR,#OPADR        ;读取数据的首地址
IAPREAD: MOV     A,#07H             ;调用 IAP 的读代码功能
        MOV      R4,DPH
        MOV      R5,DPL
        LCALL    IAPPROG            ;读数据
        CJNE     R7,#CFGDATA,CMPERR ;读入的数据均与 CFGDATA 比较
        INC      DPTR
        DJNZ     R6,IAPREAD         ;连续读入 CFGNUM 个数据
        SETB     RIGHT              ;如果都与 CFGDATA 相等
```

```
        AJMP    MAINEND              ;则点亮绿灯
CMPERR: SETB    ERROR                ;只要有一个不相等就点亮红灯
MAINEND:SJMP    $
        END
```

注意：LPC900 系列芯片初始 IAP 入口地址为 FF00，但经过 CP900 系列编程器更新 IAP 代码后，有如下变化：

① 代码入口由原来的 FF00H 改为 FF03H，而在 FF00H、FF01H、FF02H 处加入了保护代码"LJMP"，当处理器错误执行到 FF00H 的时候，就会返回到程序起始地址。而通过 LCALL FF03H 才可以正确地使用 IAP 功能。

② 在调用 IAP 代码来完成擦除和编程操作的时，需要写入操作密码（向地址 0FFH 写入 96H），如下所示：

```
MOV     R0, #0FFH
MOV     @R0, #96H
LCALL   IAPPROG     ;IAPPR O G  = FF03H
```

经过这样处理后，无疑增强了 IAP 功能的可靠性，大大降低了芯片对内部 Flash 误操作的可能性。用户可以通过最新的 CP900 编程器软件来更新旧版芯片的 IAP 代码。**注意**：用 CP900 编程器更新 P89LPC932 的 IAP/ISP 代码区以后，引导向量由原来的 1E 变成了 1F，IAP 入口地址由 FF00H 变为 FF03H。用户配置芯片的时候，应当注意！如果用户需要在 C 语言环境下调用 IAP 代码，则需要使用 C 语言与汇编程序混合编程方法。

例程代码如下：

```c
#include<reg51.h>
#define uchar unsigned char
#define uint unsigned int
sfr FCF = 0xB1;
sbit LED1 = P1^0;
sbit LED2 = P1^1;
sbit LED3 = P1^2;
sbit KEY1 = P3^3;
sbit KEY2 = P3^4;
uchar P89V51RD2_Write_IAP(unsigned int Flash_Address,unsigned char Value);
//IAP 字节写函数
uchar P89V51RD2_Read_IAP(unsigned int Flash_Address);   //IAP 字节读函数
main()
{
uchar temp;
uint i;
do{
```

```c
if(KEY1 == 0){
    temp = P89V51RD2_Write_IAP(0x8000,0xaa);   //调用 IAP 写命令
    if(temp == 0)
    LED1 = 0;
    while(KEY1 == 0);
    LED1 = 1;                                   //写成功,点亮 LED1
}
if(KEY2 == 0){
    temp = P89V51RD2_Read_IAP(0x8000);          //调用 IAP 读命令
    if(temp == 0xAA)
    LED2 = 0;
    while(KEY2 == 0);
    LED2 = 1;                                   //读成功点亮 LED2
}
for(i = 0;i<4000;i++);
LED3 = ~LED3;
}while(1);
}
```

R_WIAP.ASM 文件

```
PUBLIC _P89V51RD2_Write_IAP              ;IAP 字节写子函数
_P89V51RD2_Write_IAPP SEGMENT CODE
RSEG _P89V51RD2_Write_IAPP
_P89V51RD2_Write_IAP: NOP
P89V51RD2_Write_IAP:
    PUSH ACC
    PUSH DPH
    PUSH DPL
    MOV R1,#02H                          ;调用字节写命令
    ANL 0B1H,#0FCH                       ;清零 BSEL 位
    MOV DPH,R6
    MOV DPL,R7
    MOV A,R5
    LCALL 1FF0H
    MOV R7,A                             ;由 R7 返回是否成功写入的消息
    ORL 0B1H,#01H                        ;返回用户程序
    POP DPL
    POP DPH
    POP ACC
    RET
PUBLIC _P89V51RD2_Read_IAP               ;IAP 字节读函数
_P89V51RD2_Read_IAPP SEGMENT CODE
RSEG _P89V51RD2_Read_IAPP
```

```
_P89V51RD2_Read_IAP: NOP
P89V51RD2_Read_IAP:
    PUSH ACC
    PUSH DPH
    PUSH DPL
    MOV R1,#03H              ;调用字节读命令
    ANL 0B1H,#0FCH           ;清零 BSEL 位
    MOV DPH,R6
    MOV DPL,R7
    LCALL 1FF0H
    MOV R7,A                 ;将读出的数据放到返回值 R7 中
    ORL 0B1H,#01H            ;返回用户程序
    POP DPL
    POP DPH
    POP ACC
    RET
    END
```

IAP 写操作前必须进行页擦除或者扇区擦除,所以尽管只写入 1 个字节,也至少需要删除一个页的内容,所以在某些场合,IAP-Litie 对 Flash 的字节编程功能显得更加合适。

4.8 LPC900 系列单片机 E^2PROM 的正确使用方法

以下将展示如何使用循环模式操作内部 E^2PROM,在程序中将用到 DEECON、DEEDAT、DEEADR 等寄存器。相关寄存器描述如表 4.12 所列。

表 4.12 相关寄存器描述

名 称	地 址	位功能 & 位地址						
DEECON	F1H	EEIF	HVERR	ECTL1	ECTL0	—	—	—	EADR8
DEEDAT	F2H							
DEEADR	F3H							

下面将介绍使用 LPC932 E^2PROM 保存掉电次数。E^2PROM 是非易失性存储单元,E^2PROM 相关的寄存器允许单字节写、64 字节行写、512 字节块写以及读操作。本例演示 E^2PROM 的使用,在每次上电的时候,将上电次数写入 E^2PROM,每上电 1 次,上电次数加 1。上电之后,指示灯闪烁次数等于上电次数。源代码如下:

```
#include<Reg932.h>          //Keil 头文件名
#include<stdio.h>
```

```c
#define ADDR 5
void msec(int x);
void init(void);
void brkrst_init(void);
void EEPROMwrite(unsigned int adr,unsigned char dat);
unsigned char EEPROMread(unsigned int adr);
unsigned char pus = 0;
void main(void)
{
    init();                          //配置端口
    brkrst_init();                   //使能断电检测
    pus = EEPROMread(ADDR);          //读上次掉电计数数值
    pus++;                           //增加 1
    EEPROMwrite(ADDR,pus);           //将新的数值写入到 E²PROM
    while(1)
    {
        P2 = pus;                    //当前上电闪烁次数
        msec(200);
        P2 = 0x00;
        msec(200);
    }
}
void init(void)
{
    P1M1 = 0x00;                     //除了 RX 端口,均上拉
    P1M2 = 0x00;
    P2M1 = 0x00;
    P2M2 = 0xFF;
    P0M1 = 0xFF;
    P0M1 = 0x00;
    ES = 1;
    EA = 1;
}
void brkrst_init(void)               //本函数允许 ISP 进入,通过 UART 检测
{
    AUXR1 |= 0x40;                   //使能复位
    SCON = 0x50;                     //设置 UART 波特率时钟源
    SSTAT = 0x00;
    BRGR0 = 0x70;                    //在 11.059 2 MHz 时钟频率下的波特率为 9 600
```

```c
        BRGR1 = 0x04;
        BRGCON = 0x03;                              //使能 BRG
    }
    void UART(void) interrupt 4
    {
        RI = 0;                                     //清除接收中断标志
    }
    void msec(int x)                                //LPC932 的主频为 11.059 2 MHz
    {
        int j = 0;
        while(x >= 0)
        {
            for(j = 0;j<1350;j++);
            x--;
        }
    }
    void EEPROMwrite(unsigned int adr,unsigned char dat)
    {
        EA = 0;                                     //在写的过程中,关闭中断
        DEECON = (unsigned char)((adr>>8)&0x01);    //模式:写字节,设置地址
        DEEDAT = dat;                               //设置写数据
        DEEADR = (unsigned char)adr;                //开始写过程
        EA = 1;
        while((DEECON&0x80) == 0);                  //等待直到写完成
    }
    unsigned char EEPROMread(unsigned int adr)
    {
        DEECON = (unsigned char)((adr>>8)&0x01);    //模式:读字节,设置地址
        DEEADR = (unsigned char)adr;                //开始读
        while((DEECON&0x80) == 0);                  //等待直到读完成
        return DEEDAT;                              //返回数据
    }
```

4.9 RTC 功能

4.9.1 LPC900 单片机低功耗下的实时时钟

P89LPC900 系列 Flash 单片机自带一个 23 位的实时时钟/系统定时器,可以用它来实现

一个精准的定时,因为它在系统其他部分掉电的情况下,仍然可以正常工作,所以很多用户把它用作一个掉电的定时唤醒源,使用掉电功能的用户对功耗的要求比较高,本书对 RTC 在掉电和完全掉电下使用 32.768 kHz 晶振作为时钟源的功耗进行了测试,并介绍了 RTC 的操作计算方法以及电源与晶振电路设计。

1. 功能介绍

P89LPC932A1 具有一个简单的 23 位的倒计时实时时钟 RTC,它允许器件的其他部分掉电的时候,仍然运行一个精确的计时。同时,它也可以作为一个中断或者一个唤醒源,它的时钟源可以是 CPU 时钟 CCLK 或者 XTAL12 振荡器,前提是 XTAL12 振荡器不作为 CPU 的时钟源。如果 XTAL12 振荡器作为 CPU 时钟源,那么不管 RTCCON 设置如何,实时时钟 RTC 都会用 CCLK 作为它的时钟源。RTCH 实时时钟计数器重装高字节位 22 位 15 地址 D2H,RTCL 实时时钟计数器重装低字节位 14 位 7 地址 D3H,RTCCON 实时时钟控制地址 D1H。图 4.34 是 RTCCON 寄存器的说明。

7	6	5	4	3	2	1	0
RTCF	RTCS1	RTCS0	—	—	—	ERTC	RTCEN

RTCF　　实时时钟标志。当23位实时时钟到达计数值0时,该位置位,软件清0;
RTCS1、0　实时时钟源选择;
—　　　　保留位,用户不要将其置1;
ERTC　　实时时钟中断使能位,实时时钟和看门狗定时器共用一个中断源;
RTCEN　　0为禁止实时时钟;1为使能实时时钟。

图 4.34　RTCCON 寄存器

实时时钟/系统定时器是一个 23 位的倒计时器,其中包括一个 7 位的预分频器和一个 16 位可重装的倒计时器。当实时时钟使能位 RTCEN 置 1 时,计数器先装入 RTCH 和 RTCL,然后向下计数,当计数值为 0 时,计数器会重装这 3 个数,同时置位标志位 RTCF(RTCCON.7),通过清零 RTCEN,然后再将其置位,可强制计数器立即重装。

注意事项:RTC 和看门狗定时器的中断向量同为 0053H,在不使用看门狗的时候,看门狗定时器可以产生一个中断,这时就要在中断服务程序中检测中断标志位,以便区分看门狗中断和 RTC 中断,看门狗定时器默认为打开。当 RTC 使能,RTCCON.0=1 时,时钟源是不能被改变的,置位 RTCEN 和更新 RTCS10 可以在同一条指令完成,但如果 RTCEN=1 在更改 RTCS10 之前,必须先清零 RTCEN。当使用外部晶振作为唤醒时钟源时,掉电前要确保分频寄存器 DIVM 为零,因为完全掉电的时候,分频寄存器也会随之掉电,这会导致不可知错误。

2. 定时值计算方法

RTC 定时器有 23 位,但是它的低 7 位是固定为 1 的,高 16 位是用户设置的定时值,它主要由系统的晶振决定。它的计算公式为 N=需要定时的时间/1/系统使用的振荡频率。如使用 6 MHz 的时钟频率希望定时 1 s,那么 1/1/6 000 000=1011 0111 0001 1011 0000 000B。

因为低 7 位固定为 111 1111，所以最接近值为 1000 0111 0001 1010 1111 111B，即 RTCH＝0B7HRTCL＝1AH；同样条件下定时 10 ms，定时值 RTCH＝01HRTCL＝0D4H。

3. 低功耗下 RTC 的功耗

芯片型号 P89LPC932A1，工作电压 3 V，LPC932A1 使用内部 RC 振荡器内部复位，看门狗禁止掉电检测，RTC 使用外部 32.768 kHz 作为时钟源，除了 P1.2、P1.3 默认输入外，P2.6 设为开漏驱动，LEDP0.0 设置成准双向接按键，其余 I/O 口设为准双向悬空，在掉电和完全掉电的情况下测得的功耗，如表 4.13 所列。

表 4.13 各状态下的功耗

正常运行/mA	掉电模式/μA	完全掉电模式/μA
5.216	58.32	6.85

不同批次芯片的功耗可能存在一定的差异性，芯片功耗以用户实测值为准，以上参数仅供参考，因为许多朋友在设计电源与晶振电路时不知道如何设计比较稳定可靠。下面给出几个电路图（见图 4.35 和 4.36）供读者参考。

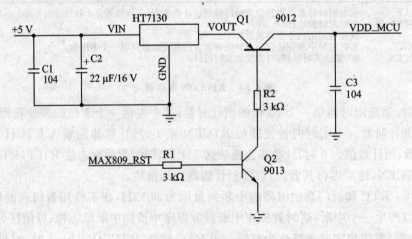

图 4.35 电源电路

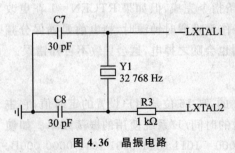

图 4.36 晶振电路

在系统上电过程中，当电源电压上升到 MAX809 的门槛电压时，MAX809 输出高电平。Q2 晶体管导通，Q1 晶体管导通，P89LPC932A1 获得电源（应用于有慢上电情况的系统）。在这个系统中，为使系统电压稳定，要保证 HT7130 的前端电压足够稳定，图 4.36 中 R3 是用来限制电平，其阻值可以根据系统板做相应的调整。其系统配置程序如下：

```c
#include"reg932.h"
#define RTCH_DATA 0x05
#define RTCL_DATA 0x90
sbit KEY1 = P0^0;
sbit LEDCON = P2^6;              //端口设置
void RTC_int();
main()
{
int i,j;
P0M1 = 0x00;
P0M2 = 0x00;
P0 = 0xFF;
P1M1 = 0x1C;
P1M2 = 0x0C;                     //准双向口
P1 = 0XEF;
P2M1 = 0x40;
P2M2 = 0x40;                     //P2.6 为开漏
P2 = 0xBF;
AUXR1 |= 0x80;
PCONA = 0x6F;
IEN0 = 0xC0;                     //开中断
WDCON = 0xE0;                    //关看门狗定时器
//WFEED1 = 0xA5;
//WFEED2 = 0x5A;                 //清零序列,如果使能看门狗就加上这两句
while(1)
{
LEDCON = ~LEDCON;                //取反闪烁
for(i = 0;i<0x20;i++)
{
if(KEY1 == 0)                    //检测按键
{
while(KEY1 == 0);                //等待按键松开
RTCH = RTCH_DATA;
RTCL = RTCL_DATA;                //设置初值
RTCCON = 0x43;                   //开 RTC 定时器
PCON = 0x03;                     //完全掉电可设置为掉电 02H
}
for(j = 0;j<0x1000;j++);         //延时
}
```

```
}
}
;实时时钟中断程序
;功能软件清零 RTC 中断标志重装计数值
void RTC_int()interrupt 10
{
RTCCON = 0x42;                           //清零中断标志
}
```

4.9.2 LPC900 单片机 RTC 模块应用示例

下面介绍一款利用 LPC900 Flash 单片机制作而成的单键可控定时器,该系统具有一个按键,可由该键选择定时。本系统选用了 P89LPC913 作为主控 MCU,74HC595 扩展 I/O 口,双位共阳数码管做显示,并可外接继电器,已应用于工业控制现场。其电路原理图如图 4.37 所示。

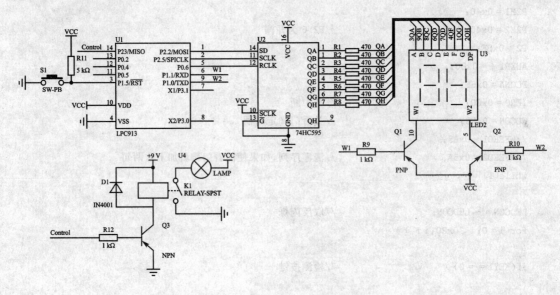

图 4.37 单键可控定时器原理图

本示例系统将主要用到 RTCCON、RTCL、RTCH、FMCON、FMDATA、FMADRH 及 FMADRL 等寄存器(参见表 4.14)。

表 4.14　RTC 主要寄存器

名称	地址	7	6	5	4	3	2	1	0
RTCCON	D1H	RTCF	R1CS1	RTCS2	—	—	—	ERIC	RTCEN
RTCH	D2H								
RTCL	D3H								
FMADRH	E7H								
FMADRL	E6H								
FMDATA	E5H								
FMCON	E4H				HVA	HVE	SV	OI	

当系统上电后，系统从 0 分 0 秒开始计时，每隔 1 s，系统计时加 1，并在双位共阳数码管上显示当前分钟数，位 1 显示分钟数的十位，位 2 显示分钟数的个位，位 2 的 DP 段逐秒闪烁。系统可通过一个按键选择定时长度，当按键不放 2 s 以上，系统进入选择模式（将显示 77），此时系统计时挂起，数码管不再显示分钟数。然后每按一次键（按键动作需在 1 s 以内完成），系统将显示一个定时值，按第一次显示 10 min，按第二次显示 20 min，按第三次显示 30 min，按第四次键轮空，按第五次键又重新显示 10，按第六次键重新显示 20，以后按键均按此规律变化。当选择了一个满意的定时长度以后，按键不放 2 s 以上后，系统将退出选择模式，并将刚才的选择值利用 IAP - Litie 功能保存在 Flash 区中，然后将显示 99，接着系统将继续开始计数。如果没有选择定时长度，系统将以 60 分钟为周期循环计时，如果选择了定时长度（周期值），到达定时长度后，系统将执行相关操作（取反 Control 引脚），并重新开始计时。

本例采用 LPC900 系列单片机内部 RC 振荡器（7.372 8 MHz）做 RTC 时钟源，其设定为每 1 s 中断 1 次，RTC 模块为 23 位倒计数器，其包括一个 7 位预分频器，及一个 16 位可重装的倒计数器。当 RTCEN 为 1 时，计数器首先装入（RTCH，RTCL，1111111）然后向下计数。当其全为 0 时，计数器将再次装入（RTCH，RTCL，1111111），而标志位 RTCF（RTCCON.7）将会重置。

定时值初始化计算公式为

$$N = 1/(1/7.372\,8 \times 10^6) = 7\,372\,800 = 11100001\,00000000\,000000\,B$$

由于 RTC 最低 7 位计数位装载值为固定的 1111111B，这种情况下，最接近 N 的值为 M，$M = 11100001\,00000000\,0000000 - 1 = N - 1 = 11100001\,11111111\,1111111$。前面 16 位为 0xE0，0xFF，后面 7 位为 7 位预分频器值。所以 7.372 8 MHz 下，定时 1 s 的初值为 RTCH=0xE0，RTCL=0xFF。由于 LPC900 单片机 RTC 模块与 WDT 使用了同一中断入口地址及中断允许控制，所以使用实时时钟，要关闭 WDT 定时器，或在中断处理中判断是 RTC 中断还是 WDT 中断（仅禁能芯片的 WDTE 位，WDSE 位无效，仍需添加 WDCON=0xE0 指令）。

LPC900 系列单片机,除了 P89LPC932 以外(P89LPC932 仅支持普通 IAP 功能),都支持 IAP－Litie 功能。本示例中,利用 IAP－Litie 功能保存设定的定时值。注:凡是将要进行 IAP－Litie 的扇区,不能被加密,否则将操作失败。

普通 51 单片机的 RST 引脚仅能作复位之用,LPC900 系列单片机可以通过配置为内部复位,使其 P1.5 脚作输入引脚(被设置为仅为输入状态,无法更改)。利用这一特性,系统采用 P1.5 判断按键状态。接线见图 4.37。关于单键控制的实现方法,本示例提供了一种单键控制机制:当长时间按键后,系统进入选择模式;选择模式中,用户可按键循环选择所需的定时;选择后,长时间按键以退出选择模式。

本示例采用了一片双位共阳数码管做显示,并采用一片 74HC595 扩展 MCU 的 I/O 口(参见图 4.37)。程序中,采用循环扫描方式控制数码管两个位的显示,先十位显示一段时间,再个位显示一段时间。

程序设计中应注意的问题:

① 显示时,先选通数码管的某位,然后控制每个段显示,在此过程后最好延时 3~5 ms,最后再关闭该位。重复以上流程,可达到比较好的显示效果。

② 程序中,RTC 中断服务程序中的指令执行时间应该控制在 1 s 以内。因为 RTC 模块每 1 s 中断 1 次,如果指令执行时间超过 1 s,将使得 RTC 模块定时器的计时出错。由于数码管显示的时间为中断中指令执行的主要时间,所以最好将数码管显示的时间控制在 800 ms 以内。

③ Unsigned Char 值分解成两个 BCD 值的算法(以共双位数码管显示)。

设 num 为要转换的值,代码如下:

```
uchar num1 = 0,num2 = num;
while(num2>9)
{ num2 = num2 - 10;num1 + + ;}
```

首先将要转换的值 num 赋给 num2;然后每次将 num2 值减 10,num1 递增 1,num1 得到的为十位上的数;最后 num2 剩下的值即为个位上的数。

④ 数码管个位 DP 段逐秒闪烁的实现:若数码管显示数值 88,显示时间为 800 ms,则在前 400 ms 时,显示 88;在后 400 ms 时,显示 88+DP。这样可在视觉上造成数码管个位的 DP 段逐秒闪烁的效果。

⑤ 按键时长的判定:每 20 ms 秒递增计数一次,然后通过计数值判定按键时长。

⑥ 进入选择模式的判定:可先设置一个标志位,初始化为 0;当按键时长超过 2 s 以后,对标志位进行判定,若标志位为 0,则表示可进入选择模式;然后进入选择模式,并将标志位设置为 1;当按键时长超过 2 s,对标志位进行判定,若标志位为 1,则表示可退出选择模式;然后退出选择模式,并将标志位清 0。

⑦ 定时时间段的选择:设定一个计数值,初始化为 0;每按一次键,计数值递增 1;然后根据当前计数值进入相应的选择状态,若计数值为 2,则进入 2 号选择状态,若计数值不为 1、2、

3,则将计数值清 0。

```c
//文件名：Timer.C,功能：LPC900 单片机单键可控定时器演示程序
#include "reg932.h"
#define uchar unsigned char
#define uint unsigned int
sfr FMADRH = 0xE7;                  //定义 IAP-Lite 相关寄存器地址
sfr FMADRL = 0xE6;
sfr FMDATA = 0xE5;
sfr FMCON = 0xE4;
sbit DAT = P2^2;                    //595 数据位
sbit CS = P0^6;                     //595 锁存位
sbit CLK = P2^5;                    //595 时钟位
sbit W2 = P1^0;                     //数码管位选 2
sbit W1 = P1^1;                     //数码管位选 1
sbit KEY = P1^5;
sbit CONTROL = P2^3;
uchar Time_M;                       //系统运行时的时间参数(分)
uchar Time_S;                       //系统运行时的时间参数(秒)
uchar Load_M;
uchar Load_S;
void SendData(uchar c);
void Save_time();
void Load_time(uint addr);
void Inc_time();
void Disp_time(uchar i,uchar j);
void Disp_DP(uchar i,uchar j);
void RTC_Init();
void HexToBCD(uchar num);
void Delayms(uchar n);
//功能：RTC 中断服务程序
void RTC_ISR() interrupt 10{
EA = 0;
RTCCON& = 0x63;                     //清除 RTC 中断标志位
Inc_time();
Load_time(0x03F0);
if(Load_M = = Time_M)               //发送显示信号,并控制外围器件
{
HexToBCD(Time_M);Time_M = 0;
CONTROL = ~CONTROL;                 //控制外部继电器开关
```

```c
}
else
{
HexToBCD(Time_M);                //显示当前分钟值
}
EA = 1;
}
void main()
{
uchar Flag1 = 0;
uchar Flag2 = 0;
uint Count = 0;
RTC_Init();                      //RTC 初始化
while(1)
{
EA = 0;
while(KEY = = 0)
{ Delayms(20);Count + + ;        //记录按键时长
}
if(Count>100)                    //按键未松要保持在 2 s 以上
{ if(Flag2 = = 0)
{ RTCCON = 0x00;                 //停止 RTC 模块
Flag2 = 1;                       //标志位置 1
HexToBCD(77);                    //显示 77,表示进入选择模式
}else if(Flag2 = = 1)
{
Flag2 = 0;                       //标志位清 0
Save_time();                     //利用 IAP - Lite 特性存储所选择的时间
HexToBCD(99);                    //显示 99,表示退出选择模式
RTCCON = 0x03;                   //重新启动 RTC 模块
}
Count = 0;                       //计数值清 0
}
else if((Count>0)&&(Count<40))   //按键有效,且按键时间在 800 ms 以内时
{
Flag1 + + ;                      //计数值递增
switch(Flag1)
{
case 1:
```

```c
    { Load_M = 10;                    //准备存入到 Flash 中的数
      HexToBCD(10);                   //显示记录的值
    }
    break;
    case 2:
    { Load_M = 20;                    //准备存入到 Flash 中的数
      HexToBCD(20);                   //显示记录的值
    }
    break;
    case 3:
    { Load_M = 30;                    //准备存入到 Flash 中的数
      HexToBCD(30);                   //显示记录的值
    }
    break;default: Flag1 = 0;break;
    }
    Count = 0;                        //计数值清 0
}
    EA = 1;
  }
}
//功能：发送数据到 74HC595，入口参数：uchar c
void SendData(uchar c)
{
  uchar i;
  CS = 0;                             //选择
  for(i = 0;i<8;i + +)
  {
    CLK = 0;                          //时钟拉低
    DAT = c&0x80;                     //送数据高位
    c = c<<1;
    CLK = 1;                          //时钟拉高
  }
  CS = 1;                             //关闭
}
//功能,保存数据到 Flash 代码区
void Save_time()
{
  do
  {
```

```
    FMCON = 0x00;                    //装载数据指令
    FMADRH = 0x03;
    FMADRL = 0xF0;                   //装载地址
    FMDATA = Load_M;                 //装载数据,地址自增 1
    FMDATA = Load_S;                 //装载数据,地址自增 1
    FMCON = 0x68;                    //擦除编程操作
    }while((FMCON&0x0F)! = 0);       //等待编程操作完成
}
//功能:读取存储在 FLash 空间的变量
void Load_time(uint addr)
{
    uchar code * readp;              //定义读数据指针
    readp = addr;                    //设置指针
    Load_M = * readp;                //将读取的值附给 Load_M 变量
    addr + + ;                       //地址加 1
    Load_S = * readp;                //将读取的值附给 Load_S 变量
}
//功能:模拟时钟变化,Time_S 为秒,Time_M 为分
void Inc_time()
{
    Time_S + + ;
    if(Time_S>59)
    {
    Time_S = 0;
    Time_M + + ;
    if(Time_M>59)
    { Time_M = 0;}
    }
}
//功能:正常显示位,入口参数:i 为数码管的位选,j 为欲显示的值
void Disp_time(uchar i,uchar j)
{
    if(i = = 1)                      //根据 i,决定开启的位
    { W1 = 0;}else if(i = = 2)
    { W2 = 0;}
    switch(j)                        //根据 j,显示相应的段值
    {
    case 0: {SendData(~0x3F);}break;
    case 1: {SendData(~0x06);}break;
```

```c
    case 2: {SendData(~0x5B);}break;
    case 3: {SendData(~0x4F);}break;
    case 4: {SendData(~0x66);}break;
    case 5: {SendData(~0x6D);}break;
    case 6: {SendData(~0x7D);}break;
    case 7: {SendData(~0x07);}break;
    case 8: {SendData(~0x7F);}break;
    case 9: {SendData(~0x6F);}break;
    default: break;
    }
    Delayms(4);                              //延迟 4 ms,以达到良好的显示效果
    if(i==1)                                 //关闭相应位
    { W1=1;}else if(i==2)
    { W2=1;}
}
//功能：数码管显示,十位正常,个位带 DP
//入口参数：i 为数码管的位选,j 为欲显示的值
void Disp_DP(uchar i,uchar j)
{
    if(i==1)                                 //根据 i,决定开启的位
    { W1=0;}else if(i==2)
    { W2=0;}
    switch(j)                                //根据 j,显示相应的段值
    {
    case 0: {SendData(~0xBF);}break;
    case 1: {SendData(~0x86);}break;
    case 2: {SendData(~0xDB);}break;
    case 3: {SendData(~0xCF);}break;
    case 4: {SendData(~0xE6);}break;
    case 5: {SendData(~0xED);}break;
    case 6: {SendData(~0xFD);}break;
    case 7: {SendData(~0x87);}break;
    case 8: {SendData(~0xFF);}break;
    case 9: {SendData(~0xEF);}break;
    default: break;
    }
    Delayms(4);                              //延迟 4 ms,以达到良好的显示效果
    if(i==1)                                 //关闭相应位
    { W1=1;}else if(i==2)
```

```
{ W2 = 1;}
}
//功能：RTC 初始化
void RTC_Init()
{
P0M1 = 0x00;
P0M2 = 0x00;
P1M1 = 0x00;
P1M2 = 0x00;
P2M1 = 0x00;
P2M2 = 0x00;                    //端口均初始化为准双向
Time_S = 0;
Time_M = 0;                     //Time_M,Time_S 初始化为 0
IEN0 = 0xC0;                    //使能 RTC 中断,使能 EA 中断
WDCON = 0xE0;                   //关闭看门狗中断
RTCH = 0xE0;
RTCL = 0xFF;                    //7.372 8 MHz 下,1 s 中断 1 次时,RTC 的定时值
RTCCON = 0x03;                  //开启 RTC 模块
}
//功能：将要显示的数转换为两个分离的 BCD 数,入口参数：uchar num
void HexToBCD(uchar num)
{
uint i;
uchar num1 = 0,num2 = num;      //将 num 存入 num2
while(num2>9)                   //当 num2 大于 9 时
{
num2 = num2 - 10;               //num2 自减 10
num1++;                         //num1 加 1
}
for(i = 0;i<50;i++)             //前 400 ms,正常显示
{
Disp_time(1,num1);Disp_time(2,num2);
}
for(i = 0;i<50;i++)             //后 400 ms,显示时个位带 DP 段
{ Disp_time(1,num1);Disp_DP(2,num2); //显示个位时,带 DP 段
}
}
//功能：ms 级别延时(7.373 MHz),入口参数：uchar n
void Delayms(uchar n)
```

```
{
    int j;
    while(n>0){ for(j=0;j<=669;j++);n--;}
}
```

4.10 比较器功能

利用LPC900系列单片机自带的比较器模块,可以实现电压监控、A/D转换等诸多功能,可以在一定程度上减少外围元器件,节省成本,增强系统稳定性,为了减少用户在使用比较器时遇见未知问题,本节介绍LPC900单片机比较器的使用。示例程序所运行的电路环境,如图4.38所示。

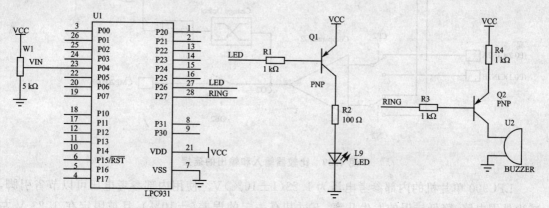

图4.38 示例运行电路原理图

电路板中采用常用的P89LPC931芯片作为主控芯片,选取P0.4(CIN1A)作为CMP1正向输入,选择内部比较器参考电压,通过P2.6,P2.7控制外部LED及蜂鸣器。首先,对比较器相关寄存器进行说明,见表4.15。

表4.15 CMPn对应的地址 CMP1:ACH 和 CMP2:ADH

7	6	5	4	3	2	1	0
—	—	CEn	CPn	CNn	OEn	COn	CMFn

CMPn.7,6保留将来使用。CEn 比较器使能位。当置位时,对应的比较器使能。CEn 置位10 μs后,比较器输出有效值。CPn 比较器正向输入选择,为0时选择CINnA作为正向输入,为1时选择CINnB作为正向输入。CNn 比较器反向输入选择,为0时选择CMPREF作为比较器反向输入,为1时选择内部比较器参考电压 Vref作为比较器反向输入。OEn 输出使能,为1时,比较器输出连接到CMPn引脚。此输出和CPU时钟不同步。COn 比较器输

出,和 CPU 同步以允许软件进行读取。CMFn 比较器中断标志。当比较器输出 COn 状态改变时由硬件置位。使能比较器中断时,该位置位可产生硬件中断。通过软件清 0。

图 4.39 为 LPC900 系列单片机比较器内部模块图。

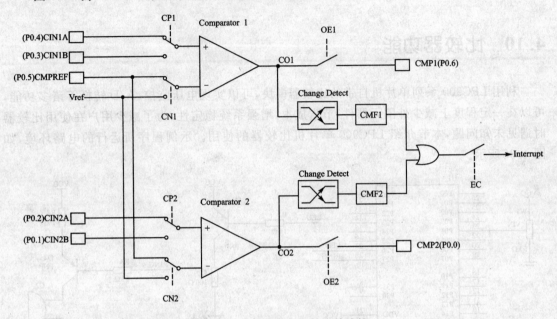

图 4.39　比较器输入和输出的连接

LPC900 单片机的内部参考电压为 1.23(1±10%)V。使用内部参考电压可以节省引脚,减少外围电路,降低错误的发生几率,不过其有一定的误差(±10%),且被限定在 1.23 V 左右。而采用外部参考电压,可以有效地解决这个问题。

要进入比较器中断,需要对比较器进行正确的设置。

```
PT0AD = 0x10;            //禁止 CIN1A 上的数字输入功能
P0M1 = 0x00;
P0M2 = 0x10;             //设置 P0.4 为仅为输入
P2M1 = 0xC0;
P2M2 = 0xC0;
CMP1 = 0x28;             //0010 1000,使能 CMP1,采用内部 Ref,CIN1A
Delay10us();             //比较器启动至少 10 μs 后,方可使用
CMP1& = 0xFE;            //清 0 比较器 1 的中断标志
EC = 1;                  //使能比较器中断
EA = 1;
```

当每个比较器输出发生改变时,产生中断,也就是说,如果使用 CMP1,初始化完成后 CO1 为 0,只有当 CO1 变为 1 时,程序才能进入中断。要想再次进入中断,必须要保证中断标志位

被清 0,且 CO1 位再次发生变化。LPC900 系列有的芯片具有两个比较器,因此在进入中断后,需对中断标志进行检测(如果需要的话),以判断是哪个比较器产生的中断。关于比较器稳定时间的解释如下:在芯片的数据手册中,有个参数"comparator enable to output valid",其字面意思为"比较器"。一般这个值为 10 μs。也就是说,使能 10 μs 后,比较器才能稳定工作。关于掉电唤醒后,比较器无法使用的问题的解释如下:当使用完全掉电功能时,将 PCONA 设置为 0xFF,停止了比较器的供电。但是在掉电唤醒以后,又没有将 PCONA.5 清 0(恢复对内部比较器模块的供电),最后导致了比较器模块没有运行。以下为比较器使用的一些示例程序。

```
//文件名:Comparator.C,功能:LPC900 比较器演示程序
#include "reg932.h"
#define uchar unsigned char
sbit LED = P2^6;
sbit RING = P2^7;
uchar temp;
void CMP_Init();
void Delay10us();
//功能:比较器中断服务程序
void CMP_ISR() interrupt 8{
    EA = 0;                    //关中断
    temp = CMP1&0x02;          //判断 CMP1.1
    if(temp = = 0x02)          //如果 CMP1.1 为 1(正向输入端大于反向输入端)
    {
        RING = ~RING;
    }else if(temp = = 0x00)    //如果 CMP1.1 为 0
    {
        LED = ~LED;
    }
    CMP1& = 0xFE;              //清 0 比较器中断标志位
    EA = 1;                    //开中断
}
//功能:主函数
void main()
{
    CMP_Init();                //比较器初始化
    while(1);
}
//功能:比较器初始化
void CMP_Init()
```

```
    {
        PT0AD = 0x10;          //禁止 CIN1A 上的数字输入功能
        P0M1 = 0x00;
        P0M2 = 0x10;           //设置 P0.4 为仅为输入
        P2M1 = 0xC0;
        P2M2 = 0xC0;           //设置 P2.6,P2.7 为开漏方式
        CMP1 = 0x28;           //0010 1000,CMP1 使能,内部 Ref,CIN1A
        Delay10us();           //延迟 10 μs,以等待比较器稳定
        CMP1& = 0xFE;          //清除比较器中断标志位
        EC = 1;                //比较器中断输出使能
        EA = 1;                //开中断
    }
    //功能:延迟 10 μs(7.373 MHz 下)
    void Delay10us()
    { uchar i;for(i = 0;i<10;i + +);}
```

4.11 CCU 功能

4.11.1 P89LPC932 Flash 单片机测脉冲宽度

NXP(原 Philips 半导体)公司的 51 增强型系列单片机增加了捕获/比较功能,比较模块的功能是给定时器一个定值,当定时器启动后,若定时器的定时值或计数值与某个比较寄存器预先存入的值相等,则启动相应比较模块的输出功能,并判断是否需要产生中断。捕获模块的功能是对某一输入信号与单片机某引脚对应进行监视,当该信号产生跳变上升沿或下降沿,则将该跳变产生的时间保存下来,将定时器的定时值或计数值捕获到相应寄存器中,并判断是否需要产生中断。

比较功能可用于产生高速输出定时方波、监视定时等。捕获功能可用于测量某个信号发生变化的时间间隔。由此,可构成脉冲宽度测量周期,测量脉冲频率,测量脉冲占空比,测量相位差,测量转速,测量距离等多种应用。

而捕捉与比较的结合在精密测量及自动控制中更显示出突出的优点,用好比较捕捉功能可使软硬件简化,测控精度更高,速度更快。以下将以 P89LPC932A1 为例介绍比较捕获逻辑的原理及应用捕获/比较单元 CCU 的结构。

1. CCU 模块的应用(脉冲宽度周期频率占空比的测量)

在测量脉冲方面 CCU 模块有着一定的优势,其可以同时测量多个不同脉冲的频率、周期宽度、占空比以及统计脉冲数目等。要完成上述测量,如图 4.40 所示,CCU 模块应对脉冲信

号进行3次捕捉,第一次是第一个上升沿的时间值,第二次是第一个下降沿的时间值,第三次是第二个上升沿的时间值。捕捉波形图如图4.40所示。

将3次捕捉的时间值送入RAM中暂存,第二次捕捉值与第一次捕捉值相减,结果便是以某时基为单位的脉宽值。第3次捕捉值与第1次捕捉值相减即得到脉冲周期T。根据公式$F=1/T$可以算出其频率,占空比=脉宽/周期。

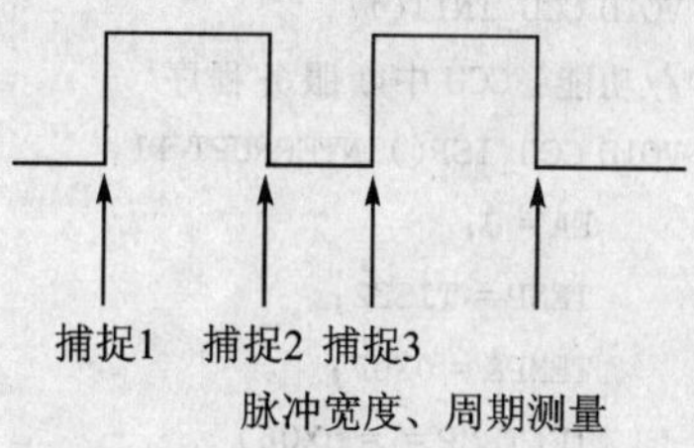

2. 硬件原理图

CCU硬件原理图如图4.41所示。

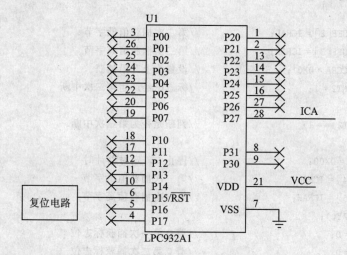

图4.40 捕捉波形图

图4.41 CCU硬件原理图

P89LPC932A1具有两个输入捕获通道ICAP2.7、ICBP2.0。本次只用到了ICA通道。由于CCU模块已经内嵌了噪声滤波器单元,所以一般情况下可以将需要测量的量直接接至MCU端口。

```
//CCU_CAPTURE.C
//程序功能对一方波的每一次电平跳变进行捕获并用捕获值计算方波
//脉冲宽度占空比周期或其他
#INCLUDE "REG932.H"
#DEFINE UCHAR UNSIGNED CHAR
SBIT KEY1 = P0^0;
UCHAR TEMP;
UCHAR INT1;                    //第一次捕获标志位
UCHAR INT2;                    //第二次捕获标志位
```

```
UCHAR BUFF[];
VOID DISPLAY();
VOID CCU_INIT();
//功能：CCU 中断服务程序
VOID CCU_ISR()INTERRUPT 11{
    EA = 0;
    TEMP = TISE2;
    TEMP& = 0X07;
    IF(TEMP = = 0X06)                  //判断是否为 ICA 捕获中断
    {
        IF(INT1 = = 1)                 //判断是否为第二次中断
        {
            BUFF[2] = ICRAL;           //第二次捕获值低字节
            BUFF[3] = ICRAH;           //第二次捕获值高字节
            CCCRA = 0X01;              //设置为上升沿捕获
            INT2 = 1;                  //标志已经产生第二次中断
        }
        IF(INT2 = = 1)                 //判断是否为第三次中断
    {
        TCR20 = 0X00;                  //停止 CCU 定时器计时
        BUFF[4] = ICRAL;               //第三次捕获值低字节
        BUFF[5] = ICRAH;               //第三次捕获值高字节
        DISPLAY();
        INT1 = 0;                      //清 0 第一次捕获标志位
        INT2 = 0;                      //清 0 第二次捕获标志位
    }
            BUFF[0] = ICRAL;           //第一次捕获值低字节
            BUFF[1] = ICRAH;           //第一次捕获值高字节
            CCCRA = 0X00;              //设置为下降沿捕获
            INT1 = 1;                  //标志已经产生第一次中断
    }
    TIFR2 = 0;
    EA = 1;
}
//功能：主函数
VOID MAIN()
{
    P2M1 = 0X00;
    P2M2 = 0X00;                       //端口初始化
```

```
WHILE(1)
{
    IF(KEY1 = = 0)                    //当 KEY1 按下中断使能系统开始执行
    {
        WHILE(! KEY1);                //等待按键松开
        CCU_INIT();                   //调用 CCU 初始化模块
    }
}
//功能：CCU 初始化程序
VOID CCU_INIT()
{
    TPCR2H = 0X00;
    TPCR2L = 0X05;                    //CCU 定时器 5 分频
    TOR2H = 0X00;
    TOR2L = 0X00;                     //设置定时器重装值
    CCCRA = 0X10;                     //设置捕获模式上升沿捕获捕获延迟 0.
    TICR2 = 0X01;                     //使能输入捕获通道 A.
    ECCU = 1;                         //CCU 中断使能
    EA = 1;
    TCR20 = 0X01;                     //设置 CCU 基本定时器功能递增计数
}
//功能：这里可构造您自己的数据处理函数
VOID DISPLAY()
{
//添加应用程序代码 如：高电平脉宽 =(BUFF_3,BUFF_2)-(BUFF_1,BUFF_0)
//对得到的数据进行处理获取所需的值并显示或者传送给上位机
}
```

3. 相位差的测量

可用 CCU 模块的捕获功能来实现相位差的测量，但需要 2 个捕获器。LPC932A1 具有 2 个捕获器，原理如下：将两个捕获模块均设置为只捕捉上升沿对应的时间值。如图 4.42 所示，显然两值之差即为两信号间的相位差。相位差测量波形图如图 4.42 所示。

CCU 模块除具有以上应用功能以外，还在其他方面有着出色的表现，如产生 PWM 控制转速及转速的测量，红外线数据收发等应用。

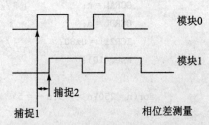

图 4.42 相位差测量波形图

4.11.2 Philips LPC9xx PWM 实例程序

LPC932 用于产生 PWM 信号,使用 PWM 信号和 RC 滤波电路产生一个模拟输出数值。当前的模拟电压数值正比于占空比。可以用 PWM 信号来控制 DC 电机的转速或者灯光的亮度。

LPC932 有许多方式产生 PWM 信号,本例利用 CCU 来产生 2 个独立的 PWM 信号,控制 P2.1 和 P2.6 引脚上的 LED 的亮度。程序设置了 2 个比较通道来产生异步的、可调的 PWM 信号。选择频率是高频,因此人眼看不清,但是根据不同的 PWM 占空比可以看到亮度的变化。为了显示两个独立的比较器通道,它们的占空比周期在相反的 2 个方向上是变化的。当其中一个 LED 灯变亮的时候,另一个变暗。

```
//CAPCOM_PWM.c
//本例使用(CCU)来产生 PWM 信号,驱动 P2.1 和 P2.6 引脚的 LED
//设置 PWM 信号为边沿触发,占空比可调
# include<Reg932.h>
# include<stdio.h>
void msec(int x);
void init(void);
void brkrst_init(void);
void CCU_init(void);
void main(void)
{
    unsigned char n = 5;
    init();                     //设置 UART
    brkrst_init();
    CCU_init();                 //配置 CCU
    while(1)
    {
        for(n = 5;n<= 250;n+ = 5)
        {
            OCRAL = n;          //改变占空比
            OCRDL = n;
            TCR21| = 0x80;      //刷新占空比
            msec(10);
        }
        for(n = 250;n>= 5;n- = 5)
        {
            OCRAL = n;          //改变占空比
```

```c
            OCRDL = n;
            TCR21| = 0x80;              //刷新占空比
            msec(10);
        }
    }
}

void CCU_init(void)
{
    OCA = 1;
    OCD = 1;                            //使能端口 P2.1 和 P2.6 作为 PWM 输出
    TPCR2H = 0x00;                      //设置 CCU 预分频器
    TPCR2L = 0x63;                      //100(99 + 1)分频
    TCR21 = 0x06;                       //预分频锁相环
                                        //输入频率范围是 0.5～1 MHz
                                        //InpFrq = PCLK/(PLLDIV + 1) = (CCLK/2)/(PLLDIV + 1)
                                        //使用内部 RC 振荡器：CCLK = 7.373 MHz
                                        //PLLDiv = 6,6 + 1 = 7 => 0.526 MHz
                                        //使用晶体 11.059 2 MHz 对应 0.789 MHz
    CCCRA = 0x01;                       //在通道 A 上不翻转 PWM 输出
    CCCRD = 0x02;                       //在通道 D 上翻转 PWM 输出
    TCR20 = 0x80;                       //启动 PLL,输出模式为停止状态
    OCA = 1;                            //等待一个机器周期
    while(PLEEN == 0);                  //等待直到 PLL 锁住
    TOR2H = 0x00;                       //重载数值 0x00FF = 255
    TOR2L = 0xFF;                       //表示 PWM 周期
    TCR21| = 0x80;                      //刷新重载数值
    OCRAH = 0x00;                       //初始化占空比通道 A 0x0100 对应 25%
    OCRAL = 0x0F;
    TCR21| = 0x80;                      //刷新占空比
    OCRDH = 0x00;                       //初始化占空比通道 D 0x0100 对应 25%
    OCRDL = 0x0F;
    TCR21| = 0x80;                      //刷新占空比
    TCR20 = 0x82;                       //设置输出模式：异步 PWM
}

void init(void)
{
    P2M1 = 0x00;                        //上拉输出
    P2M2 = 0xFF;
```

```c
        P2 = 0;
        ES = 1;                    //使能 UART 中断
        EA = 1;
}
void brkrst_init(void)
{
        AUXR1 |= 0x40;             //使能复位检测
        SCON = 0x50;               //选择 BRG 作为 UART 波特率时钟源
        SSTAT = 0x00;
        BRGR0 = 0x70;              //在 11.059 2 MHz 的波特率为 9 600
        BRGR1 = 0x04;              //11.059 2 MHz/(470h + 10h) = 9 600
        BRGCON = 0x03;             //使能 BRG
}

void UART(void) interrupt 4
{
        RI = 0;                    //清除接收中断标志
}

void msec(int x)                   //LPC932 工作在 11.059 2 MHz
{
        int j = 0;
        while(x >= 0)
        {
                for(j = 0; j < 1350; j++);
                x--;
        }
}
```

下面介绍使用定时器的模式 6 来产生 PWM 信号。LPC932 可以用来产生 PWM 信号。它是一个模拟信号,有 2 个差分电平,例如 0 V,5 V 或者一个固定的数值,这个数值正比于占空比,可以根据特定的周期来计算这个数值。比如通过低通滤波器使数字信号变为模拟信号。通过使能 LPC932 的 PWM 功能来控制 DC 电机的转速或者灯光的亮度等。通用定时器 T1 设置为 PWM 模式 6,在这个模式中,它是一个 8 位自加的计数器。每次溢出都有一个中断产生,T1 引脚的分配为 P0.7。本例演示 PWM 占空比从 0%～100%变化。

```c
//timermode6_pwm.c,在端口 P0.7 使用标准的定时器产生 PWM 信号
//配置定时器为模式 6(PWM 模式),同时改变占空比
#include<Reg932.h>
#include<stdio.h>
```

```c
void msec(int x);
void init(void);
void brkrst_init(void);
void Timer1_init(void);
unsigned char n = 0;
void main(void)
{
    init();                         //配置端口
    brkrst_init();                  //使能 UART 断点检测
    Timer1_init();                  //配置定时器 1 在模式 6(PWM)
    while(1)
    {
        for(n = 0;n<255;n++)        //改变占空比
        {   TH1 = n;
            msec(15);
        }
        msec(100);
        for(n = 255;n>0;n--)
        {   TH1 = n;
            msec(15);
        }
        msec(100);
    }
}
void init(void)
{
    P0M1 = 0x00;                    //上拉输出
    P0M2 = 0xFF;
    ES = 1;                         //使能 UART 中断
    EA = 1;
}
void brkrst_init(void)
{
    AUXR1 |= 0x40;
    SCON = 0x50;                    //选择 UART 时钟源
    SSTAT = 0x00;
    BRGR0 = 0x70;                   //在 11.059 2 MHz 下的波特率为 9 600
    BRGR1 = 0x04;
    BRGCON = 0x03;                  //使能 BRG
```

}

```c
void UART(void) interrupt 4
{
    RI = 0;                         //清除接收中断标志
}

void msec(int x)                    //工作主频为 11.059 2 MHz
{
    int j = 0;
    while(x>=0)
    {
        for(j=0;j<1350;j++);x--;
    }
}

void Timer1_init(void)
{
    TMOD| = 0x20;                   //定时器 1 模式,PWM
    TAMOD| = 0x10;
    TH1 = 200;                      //占空比 = 256 - TH1
    AUXR1| = 0x20;                  //使能引脚 P0.7,开始翻转
    TR1 = 1;                        //启动定时器 1
}
```

4.12 掉电检测功能

4.12.1 概　述

　　掉电检测功能用于检测电源电压是否降至某一特定值以下。一般的处理器检测到掉电状态采用复位系统的方式,可以防止系统在不正常的电压范围内进行误操作。LPC900 系列单片机掉电检测的默认操作也是使处理器复位,但也可配置为产生一个中断,利用其对应的中断服务程序,在 V_{DD} 降到正常工作电压范围以下的一小段时间内来完成某些特别的任务,比如保存某些重要的数据,在多机系统中分机向主机发送掉电信号以通知系统采取相应的补救措施等。这样的功能无疑可以增加系统的可靠性,能够使系统在某些不得已意外掉电的情况下,采取必要的措施,减轻这些意外可能带来的损失。

4.12.2 具体操作方法以及部分注意事项

使能和禁止掉电检测,通过 BOPD(PCON.5)位 PMOD10(PCON.1-0)和用户配置位 BOE(UCFG1.5)来实现。如果 BOE 处于未编程状态,那么不管 PMOD10 和 BOPD 的状态如何,掉电检测都被禁止。如果 BOE 为已编程状态,PMOD10 和 BOE 用于决定是否使能掉电检测,PMOD10 用于选择节电模式。如果 PMOD10 = 11 掉电检测被禁止以实现最低功耗, BOPD 默认为 0,表示如果 BOE 已编程。掉电检测将在上电时使能,若要正确检测到掉电 V_{DD} 上升和下降速度必须符合一定规格。掉电检测选项如图 4.43 所示。

BOE (UCFG1.5)	PMOD1-0 (PCON.1-0)	BOPD (PCON.5)	BOI (PCON.4)	EBO (IEN0.5)	EA (IEN0.7)	描述
未编程	XX	X	X	X	X	掉电检测禁止。V_{DD} 操作电压范围为 2.4~3.6 V
已编程	11(完全掉电)	X	X	X	X	掉电检测禁止。V_{DD} 操作电压范围为 2.4~3.6 V。但在上电时BOPD默认为0
已编程	≠11 (其他模式)	1(掉电检测关闭)	X	X	X	掉电检测禁止。V_{DD} 操作电压范围为 2.4~3.6 V。但在上电时BOPD默认为0
已编程	≠11 (其他模式)	0(掉电检测使能)	0(掉电产生复位)	1	1	掉电复位使能。V_{DD} 操作范围为 2.7~3.6 V。掉电检测复位时,BOF (RSTSRC.5)将置位用于指示复位源。BOF可通过写入"0"清零
已编程	≠11 (其他模式)	0(掉电检测使能)	1(掉电产生中断)	1(使能掉电中断)	1(使能全局中断)	掉电中断使能。V_{DD}操作范围为2.7~3.6 V 掉电检测中断时,BOF(RSTSRC.5)将置位。BOF可通过写入"0"清零
已编程	≠11 (其他模式)	0(掉电检测使能)	1(掉电产生中断)	0	X	掉电复位和中断都被禁止。V_{DD}操作范围为2.4~3.6 V。但BOF(RSTSRC.5)将在电源电压跌落到掉电检测点时置位。BOF可通过写入"0"清零
已编程	≠11 (其他模式)	0(掉电检测使能)	1(掉电产生中断)	X	0	掉电复位和中断都被禁止。V_{DD}操作范围为2.4~3.6 V。但BOF(RSTSRC.5)将在电源电压跌落到掉电检测点时置位。BOF可通过写入"0"清零

图 4.43 掉电检测选项

如果掉电检测使能,则操作电压的范围为 2.7~3.6 V,当 V_{DD} 低于掉电电压时,产生掉电条件,并在 V_{DD} 上升超过掉电电压时取消。如果掉电检测被禁止,则操作电压范围为 2.4~3.6 V。如果 LPC932A1 器件的电源电压可以低于 2.7 V,V_{BOE} 应当保持未编程状态,这样器件可在 2.4 V 时工作,否则持续的掉电复位将使器件无法工作。

LPC900 系列单片机可以正常工作的电压范围是 2.4~3.6 V,而掉电检测的门限电压是 2.7 V,也就是说当发生掉电中断的时候,程序员必须保证中断服务程序能够在 V_{DD} 从 2.7 V 降到 2.4 V 这段时间 t 内能够完成相应操作,但由于硬件系统的不同,这个时间 t 也有着相当大的浮动范围,所以在编写这类中断服务程序的时候,一定要结合具体的硬件环境做比较具体的测试。

下面简单介绍此类系统设计时的硬件、软件注意事项。

1. 硬件注意事项

① 各功能单元以及 MCU 附近加一些有一定容值的电容作为储能元件,在掉电的情况下,可以缓解电压的下降速度,以得到更充裕的时间来完成相应的任务。

② 在设计中外围单元电路的电源,尽量由 MCU 来控制,当检测到掉电后关闭某些外围模块的电源来获得必要的时间。

③ 采取某些措施,比如加一个二极管,使系统掉电后电流不会回流到电源等。

2. 软件注意事项

① 由于在上电的时候,复位寄存器 RSTSRC 中的掉电检测标志 BOF 会置位,从而会引起中断,所以在开中断的时候,必须先将 BOF 位清 0,防止开机就会进入掉电中断程序。

② 在进入中断的开始,最好将 MCU 内部外设以及外部可控的外设电源切掉。

③ 中断服务程序最好做到精简,需要经过多次测试预留足够的空余时间,以应付不同的掉电场合。

4.12.3 设计实例——利用掉电中断保护配置参数

下面介绍在 MCU 掉电的时候,利用掉电中断程序将数据保存到 LPC932A1 内部 E^2PROM 中的应用设计。

1. 硬件掉电特性测试

图 4.44 和 4.45 为电源部分的电路图,图 4.46 为 LPC932A1 电源掉电曲线。

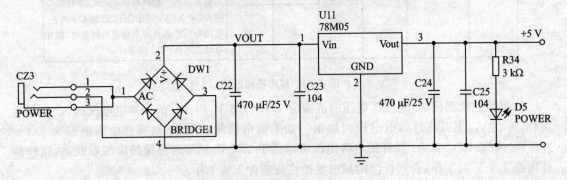

图 4.44 电源原理图 15 V 部分

图 4.46 所示是直接拔掉电源,用逻辑分析仪捕获的 LPC932A1 上的掉电曲线,在 $t1$ 时间段内,单片机仍在运行。虽然低于 2.4 V,单片机仍然在工作,但电源已经不在安全范围,所以最好不要把这段时间也算在中断服务的时间中去。从检测到掉电 $V_{DD} < 2.7$ V 到 V_{DD} 降到

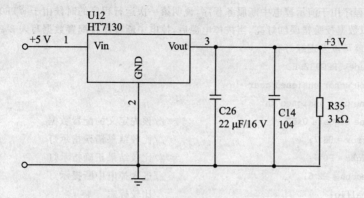

图 4.45 电源原理图 23 V 部分

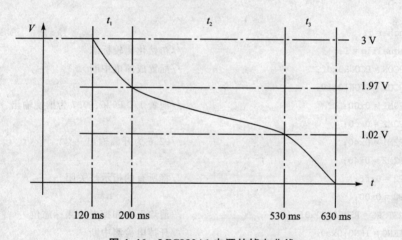

图 4.46 LPC932A1 电源的掉电曲线

2.4 V,经测试大约有 23 ms 的时间,这段时间就是可以用来做掉电中断服务的时间 t。可以根据这个时间 t 并综合电压电流等其他方面的因素来确定掉电中断服务程序的任务量。

2. 掉电中断的软件设计

软件设计思想是:首先,程序开始运行先到 E^2PROM 地址 0~9 读取配置数据,假如第一次运行程序没经过掉电过程,那么 E^2PROM 里的内容应该和预先假定的数据不同,所以校验的结果不相同,点亮红灯,然后拔掉电源。在掉电中断服务程序中将预先配置好的数据写入 E^2PROM,当第二次运行同样的程序的时候,再去读取 E^2PROM 里面的数据,这时候校验的结果是相同的,点亮绿灯。**注意**:经过测试,在掉电中断中写入 E^2PROM 的个数最多也只有十几个,运行此程序的时候如果写入的数据过多,由于时间限制可能会导致写入失败,从而导致第二次读取数据时校验失败。

//功能：本程序用于演示掉电中断服务程序，说明第一次运行程序的时候由于 E^2PROM 里没有被写入
//数据，所以数据校验错误红灯亮，当拔掉电源后，掉电中断程序将配置数据写入 E^2PROM 中，所以第
//二次上电就可以发现绿灯亮

```c
#include<REG932.H>
#define uchar unsigned char
#define uint unsigned int
#define cfgdata 0x55              //预先定义的配置数据
sbit error = P0^7;                //比较结果错误指示灯
sbit right = P0^6;                //比较结果正确指示灯
sbit ledcon = P2^6;               //进入掉电中断提示灯
bit equalflg;                     //比较标志
main()
{
    uchar i;
    equalflg = 1;                 //初始化比较标志
    PCON = PCON&0xdf;             //配置成掉电中断
    PCON = PCON|0x10;
    P0M1 = 0x00;                  //配置 I/O P0.6、P0.7 为推挽输出
    P0M2 = 0xc0;
    P2M1 = 0x40;                  //P2.6 为开漏输出
    P2M2 = 0x40;
    P2 = 0xff;                    //将所有的指示灯关闭
    P0 = 0x00;
    RSTSRC = RSTSRC&0x0f;         //清除上电和掉电检测标志位
    IEN0 = IEN0|0xa0;             //开掉电检测中断
    for(i = 0;i<10&&equalflg == 1;i++)  //从 $E^2$PROM 地址 0 开始连续读入 10 个数据
    {
        DEEADR = i;
        while(!(DEECON&0x80));
        DEECON = DEECON&0x7f;
        if(DEEDAT! = cfgdata)     //将读进来的数据跟写入的 cfgdata 比较
        equalflg = 0;             //只要出现不相等的数据就清零比较标志
    }
    if(equalflg)right = 1;        //所有的数据都相等亮绿灯
    else error = 1;               //只要有一个数据不相等就亮红灯
    while(1);
}
//中断服务子程序
void pdown()interrupt 5           //掉电中断服务子程序
```

```
    {
        uchar i;
        PCONA = 0xaf;                    //关闭除 E²PROM 外其他所有片内外设的电源
        error = 0;                       //关闭错误指示灯
        for(i = 0;i<10;i++)              //将 cfgdata 写入 E²PROM 的地址 0~9 的空间
        {
            DEECON = DEECON&0x7f;
            DEEDAT = cfgdata;
            DEEADR = i;
            while(!(DEECON&0x80));
        }
        ledcon = 0;                      //指示掉电操作完毕
        while(1);                        //中断不返回
    }
```

4.13 WDT(看门狗)功能

4.13.1 概 述

当系统处于比较恶劣的环境时,如果工控采集板卡系统的抗干扰没有做好,则容易出现死机现象,这时硬件电路并没有损坏,只是内部程序运行出现错误,必须复位才能恢复。如果是洗衣机或随身听中的单片机出现死机,那么重新开机一次就可以了,影响不大,但如果是复费率电度表或温控仪中的单片机出现死机,则会影响电度表的计量或造成温度失控的事故,因此了解死机产生的原因,并消除死机的影响,是单片机系统抗干扰设计中重要的一个环节。一般情况下,设计者会采用看门狗来解决死机问题。LPC900 系列单片机在芯片的配置字里专门开辟了两个位 WDTE、WDSE 来控制它,它的控制寄存器只有一个字节,简单好用。

4.13.2 看门狗功能介绍

看门狗定时器子系统可通过复位,使系统从错误的操作中恢复,当软件没能在定时器溢出之前将其清零,看门狗定时器就会导致系统产生一次复位。

1. 看门狗功能

LPC900 系列单片机有 4 个 SFR 用于看门狗功能,看门狗控制寄存器 WDCON 地址:A7H。看门狗控制寄存器如图 4.47 所示。

看门狗定时器在溢出前的时钟个数为

$$tclks=(2^{(5+PRE)})(WDL+1)+1$$

7	6	5	4	3	2	1	0
PRE2	PRE1	PRE0	—	—	WDRUN	WDTOF	WDCLK

PRE2、PRE1、PRE0：时钟预分频器节拍选择

— ：保留位，用户程序请勿将其置1；

WDRUN ：看门狗运行控制。为1时看门狗启动，为0时看门狗停止；

WDTOF ：看门狗溢出标志。该位在8位倒计数器溢出时置位。在看门狗模式中，一个清零序列将清零该位，也可软件清零；

WDCLK ：看门狗输入时钟选择。当该位为1时，选择看门狗振荡器作为时钟源；为0时，选择PCLK(如CPU处于掉电状态，当WDCLK=0时，看门狗被禁止)。

注：当WDTE和WDSE置位时，WDRUN和WDCLK被强制为1。

图4.47 看门狗控制寄存器

其中，PRE 为预分频值(PRE2～PRE0)，范围为 0～7，WDL 为看门狗装载寄存器的值，范围为 0～255。

因此，tclks 的最小个数为

$$tclks = (2^{(5+0)})(0+1)+1 = 33$$

tclks 的最大个数为

$$tclks = (2^{(5+7)})(255+1)+1 = 1\,048\,577$$

表 4.16 是 P89LPC932A1 看门狗溢出值的取样。

表 4.16 P89LPC932A1 看门狗溢出值的取样

PRE2～PRE0	WDL（十进制）	溢出周期（看门狗时钟）	看门狗时钟源	
			400 kHz 看门狗振荡器时钟（正常）	12 MHz CCLK(6 MHz CCLK/2 看门狗时钟)
000	0	33	8.25 μs	5.50 μs
	255	8 193	20.5 ms	1.37 ms
001	0	65	162.5 μs	10.8 μs
	255	16 385	11.0 ms	2.73 ms
010	0	129	322.5 μs	21.5 μs
	255	32 769	81.9 ms	5.46 ms
011	0	257	642.5 μs	42.8 μs
	255	65 537	163.8 ms	10.9 ms
100	0	513	1.28 ms	85.5 μs
	255	131 073	327.7 ms	21.8 ms

续表 4.16

PRE2~PRE0	WDL（十进制）	溢出周期（看门狗时钟）	看门狗时钟源	
			400 kHz 看门狗振荡器时钟（正常）	12 MHz CCLK(6 MHz CCLK/2 看门狗时钟)
101	0	1 025	2.56 ms	170.8 μs
	255	262 145	655.4 ms	43.7 ms
110	0	2 049	5.12 ms	341.5 μs
	255	524 289	1.31 s	87.4 ms
111	0	4 097	10.2 ms	682.8 μs
	255	1 048 577	2.62 s	174.8 ms

看门狗装载寄存器 WDL 地址 C1H，装载寄存器 WDL 中存放数值在每次看门狗溢出或执行清零序列时装入 8 位倒计数器。看门狗清零寄存器 WFEED1、WFEED2 地址：C2H、C3H，主要在清零序列上使用。另外，还有 Flash 配置字节 UCFG1 中的 2 个位与看门狗配置相关；看门狗定时器使能位（WDTE）和看门狗安全使能位（WDSE），如表 4.17 所列。

表 4.17　看门狗定时器配置

WDTE	WDSE	功　能
0	X	看门狗被禁止。定时器可作为一个内部定时器并可用于产生中断。WDSE 无效
1	0	看门狗使能。用户可对 WDCLK 进行设置以选择时钟源
1	1	看门狗使能。还具有以下的安全特性： ● WDCLK 被强制为 1（使用看门狗振荡器）； ● WDCON 和 WDL 寄存器只可写入一次； ● WDRUN 被强制为 1

看门狗被禁止时，它还可以作为一个间隔定时器并可产生中断。当看门狗使能且发生向下溢出时，看门狗将请求执行复位。当看门狗使能时，在写入 WDL 或 WDCON 后必须执行一个看门狗清零序列以使新的值生效。如果发生看门狗复位，内部复位至少保持一个看门狗时钟周期 PCLK 或看门狗振荡器时钟有效。如果 CCLK 仍然运行，代码将在复位周期之后立即开始执行。如果处理器处于掉电模式，看门狗复位将启动振荡器并在振荡器稳定之后恢复代码的执行。

2. 看门狗清零序列

看门狗定时器控制寄存器和 8 位倒计时器并不直接由用户装载。用户对 WDCON 和 WDL 进行写操作。在清零序列结束时，WDCON 和 WDL 寄存器的值装入控制寄存器和 8 位倒计数器。在清零序列之前，任何写入这2个寄存器的新值都将无效。为了避免看门狗复位，看门狗必须定时进行清零(通过一个叫做清零序列的特殊软件时序)。要将看门狗清零，必须按顺序执行2条指令。在这2条写指令之间允许读出SFR但不允许写操作。这2条指令就是将A5H送入WFEED1寄存器和将5AH送入WFEED2寄存器。不正确的清零序列会立即导致看门狗复位。下面是一个清零序列操作实例：

```
CLR EA                  ;禁止中断
MOV WFEED1,#0A5H        ;执行清零第一部分
MOV WFEED2,#05AH        ;执行清零第二部分
SETB EA                 ;使能中断
```

在看门狗模式中(WDTE＝1)，写入WDCON后必须立即执行一次清零序列以使WDL装入8位倒计数器，WDCON装入映像寄存器。如果不这样操作将立即导致看门狗复位。在定时器模式中(WDTE＝0)，WDCON每CCLK周期被装入控制寄存器一次(不要求清零序列)。但是溢出发生之前，将WDL寄存器值装入8位倒计数器时需要执行清零序列。

3. 看门狗时钟源

看门狗定时器系统带有一个片内400 kHz振荡器。当看门狗使能时，可以通过配置看门狗控制寄存器WDCON中的WDCLK位，选择看门狗振荡器或者PCLK作为时钟源。当看门狗特性使能时，定时器必须通过软件对其进行周期性的清零以防止其溢出复位。在改变WDCLKWDCON.0之后对时钟源的切换不会立即生效要在一个清零序列之后才能选择装入。此外，由于时钟同步逻辑的关系在放弃旧的时钟源之前还要经过2个旧的时钟周期，然后需要2个新的时钟周期以使新的时钟有效。

4. 掉电操作

在掉电模式下如果使用看门狗振荡器作为看门狗时钟源，WDT会继续运行，消耗约50 μA电流(选择外部复位)，在完全掉电模式下，功耗可以降到10 μA左右。如果选择PCLK作为时钟源，WDT振荡器将进入掉电状态，并使器件产生复位。如果CPU处于掉电模式中，则PCLK停止运行看门狗被禁止。

5. 无需外部振荡器实现从掉电状态周期性唤醒

在不使用外部振荡源的情况下，周期性的唤醒器件所需功耗由产生唤醒的内部振荡源的功耗决定。可使用内部RC振荡器来运行实时时钟。该振荡器的功耗大约为300 μA。但是如果使用WDT来产生中断，则功耗会降低到大约50 μA。只要WDT溢出，器件就被唤醒。

4.13.3 注意事项

虽然LPC900系列Flash单片机的看门狗功能强大且简单易用，但是在使用过程中还是

需要注意以下几方面的问题,避免不必要的情况发生。

1. 写清零序列

在清零序列中,允许读出 SFR 但不允许写操作。如果程序中允许中断响应并且该中断服务程序中包含对任意 SFR 的写操作,这种情况将会触发看门狗复位。如果在清零序列中不会发生中断,可以取消禁止和重新使能中断的指令。

2. 写 WDCON

在看门狗模式中,每次写入 WDCON 后必须紧跟着一个清零序列,否则,将导致看门狗复位。例如,设置 WDRUN=1。

```
MOV ACC,WDCON         ;取出 WDCON 的值
SETB ACC.2            ;设置 RUN=1
MOV WDL,#0FFH         ;装入 8 位倒计数器的新值
CLR EA                ;禁止中断
MOV WDCON,ACC         ;写回到 WDCON 在看门狗使能后必须立即执行清零序列
MOV WFEED1,#0A5H      ;执行清零第一部分
MOV WFEED2,#05AH      ;执行清零第二部分
SETB EA               ;使能中断
```

程序中"CLR EA"不可以放在"MOV WDCON,ACC"后面,否则会导致看门狗复位。也就是说在这个位置不能加任何操作,否则导致看门狗复位。

3. 时钟源的切换

当切换时钟时,很重要的一点就是,在完成清零序列后将旧的时钟再保持 2 个时钟周期。否则,当旧的时钟源禁止时看门狗也被禁止。例如,假设 PCLK(WCLK=0)为当前的时钟源,在将 WCLK 设置为 1 后,程序在清零序列完成后至少应当等待 2 个 PCLK(4 个 CCLK)才能进入掉电模式。否则,当 CCLK 关闭时,看门狗也会被禁止,看门狗振荡器永远也不可能成为时钟源,除非 CCLK 再次打开。

4. 复 位

看门狗定时器只能通过系统上电复位实现复位。

5. 注意复位值

看门狗还有一个需要特别注意的地方就是它的控制寄存器复位值,WDCON 的复位值是 111x x111B。也就是说看门狗定时器在上电复位的时候是打开的,当不使用看门狗功能(WDTE=0)时,看门狗定时器也是在工作的。如果这时又恰好使用 RTC(实时时钟),那么看门狗就会跑飞,因为它们是共用一个中断向量,同为 0053H。这时,可以在中断程序中判断看门狗溢出位 WDTOF(WDCON.1) 或者读取 RTCF(RTCCON.7) 位来确定中断由哪一个产

生。也可以在程序中关闭不使用的中断。如：MOV WDCON,#0E0H。

6. 掉电时的看门狗

当在系统中计划使用空闲模式或掉电模式,那么必须在进入空闲模式或掉电模式之前把看门狗计数器关闭(清零 WDRUN),注意加上清零序列。但是当配置字中的 WDTE 和 WDSE 都置位的时候,看门狗无法关闭。

4.13.4 例　程

下面以两个例子来演示一下看门狗的使用,芯片型号 P89LPC932A1,硬件环境:在 P89LPC932 的 P0.0 口接一个按键,在 P2.6 口接一个 LED,如图 4.48 所示。

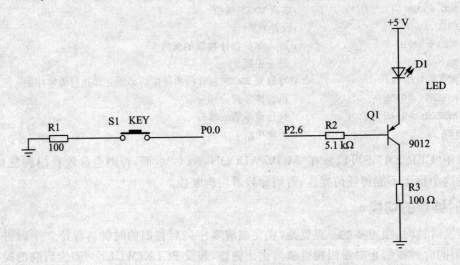

图 4.48　电路原理图

```
//文件名 WDT_TEST.C,功能 CPU 设置使用 WDT 使能,然后用 KEY 键让系统进入死循环等待 WDT 复位,说
//明 CPU 配置 WDTE = 1WDSE = 0
#include"reg932.h"
sbit KEY = P0^0;
sbit LEDCON = P2^6;           //定义 KEY 和 LED 控制端口
void init_wdt();
void clrwdt();                //函数说明
main()
{
    int i,j;
    P2M1 = 0xC0;
    P2M2 = 0xC0;
```

```c
P0M1 = 0x00;
P0M2 = 0x00;                    //设置端口输出模式
init_wdt();                     //调用看门狗初始化子程序
while(1)
{
i = 0x400;
while(i)
{
i--;
j = 0x50;
while(j)j--;
clrwdt();                       //周期性的调用清零序列喂狗
if(KEY == 0)
{
LEDCON = 1;                     //熄灭 LED
while(1);                       //等待看门狗复位
}
}
LEDCON = ~LEDCON;               //取反 LEDCON 控制 LED 闪烁
}
}
//看门狗初始化子程序,注意初始化后启动看门狗
void init_wdt()
{
ACC = WDCON;                    //读取 WDT 控制寄存器
ACC = ACC|0x04;                 //置位 ACC.2 准备启动 WDT
WDL = 0x80;                     //设置 8 位倒计时器初值
WDCON = ACC;                    //启动 WDT
WFEED1 = 0xA5;                  //清零第一部分
WFEED2 = 0x5A;                  //清零第二部分
}
//喂狗子程序,注意程序中开启中断
void clrwdt()
{
EA = 0;                         //关闭中断
WFEED1 = 0xA5;                  //执行清零第一部分
WFEED2 = 0x5A;                  //执行清零第二部分
EA = 1;                         //开中断
}
```

运行程序时可以看见 LED 不停闪烁，当按下 KEY 键的时候，LED 熄灭，等待看门狗复位。在看门狗复位器件时，使 LED 重新闪烁。在一些对程序进度要求比较严格的环境里，最好是在程序中对进度进行记录，当看门狗复位的时候对进度情况进行查询，可以使程序的进度不受到影响。

4.14 A/D 与 D/A 功能

4.14.1 P89LPC938 Flash 单片机 ADC 范例

P89LPC938 具备了一个 10 位精度 8 通道 A/D 转换器。LPC938 引脚图如图 4.49 所示。

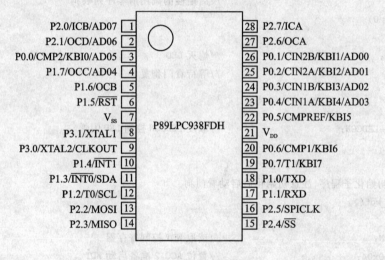

图 4.49 LPC938 引脚图

本节主要讨论 LPC938 与其他 LPC900 系列单片机在 A/D 转换使用上的不同之处，并给出了相应的测试例程。测试电路图如图 4.50 所示。

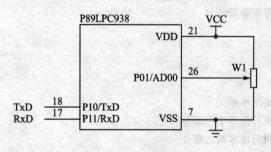

图 4.50 测试电路图

LPC938 的 A/D 转换器使用时要注意的事项：由于 LPC938 的 A/D 转换为 10 位，因而需要 2 个寄存器存放其结果，分别为 AD0DATxR 和 AD0DATxL，其中 x 为 0~7，表示 AD00~AD07 通道；此外其边界寄存器也为 2 个，分别为 ADC0HBND 和 ADC0LBND；LPC938 中有些 A/D 转换用到的寄存器需要用到外部寻址 MOVX，如 ADC0HBND、ADC0LBND、AD0DATxR、AD0DATxL、BNDSTA0。AD0DATxR 存放转换结果的 7：0 位，AD0DATxL 存放转换结果的 9：2 位。LPC938 中 ADCON0 的地址为 97h，与 LPC935 中 ADCON0 的地址是不同的，如果使用 LPC935 的头文件将会出错。

```
//文件：TEST938AD.C
//功能：对通道 AD0 进行 A/D 转换,结果通过 UART 发送到 PC,通信波特率为 9 600 bit/s
#include "reg932.h"                                //包含头文件
sfr ADCON0 = 0x97;                                 //定义 ADC 用到的寄存器
sfr ADMODA = 0xC0;
sfr ADMODB = 0xA1;
sfr ADINS = 0xA3;
unsigned char xdata AD0DATOR _at_ 0xfffe;          //定义 AD0DATOR 地址
unsigned char xdata AD0DATOL _at_ 0xffff;          //定义 AD0DATOL 地址
//msec：延时子程序
void msec(int msec)
{
    int delay = 0;
    while(msec)
    {
        for(delay = 0;delay<680;delay++);
        msec--;
    }
}
//io_init：初始化 I/O 子程序
void io_init(void)
{
    P0M1 = 0xFF;
    P0M2 = 0x00;
    P1M1 = 0x00;
    P1M2 = 0x00;
}
//ad_init：初始化 A/D 子程序
void ad_init(void)
{
    ADINS = 0x01;                                  //选择通道 AD0
    ADMODA |= 0x10;                                //单次转换
}
//ad_start：启动 A/D 转换子程序
```

```
void ad_start(void)
{
ADCON0 = 0X05;                          //固定通道、单次转换、立即启动
while(! ADCON0&0x08);                   //等待转换完毕
}
//UART_init：初始化 UART
void UART_init()
{
SCON = 0x50;                            //选择内部 BRG 为 UART 波特率发生器
SSTAT = 0x60;
BRGR0 = 0xF0;                           //设置波特率为 9 600 bit/s
BRGR1 = 0x02;
BRGCON = 0x03;                          //允许 BRG
}
//sendtoPC：通过 UART 发送转换结果到 PC
void sendtoPC(void)
{
TI = 0;
SBUF = AD0DAT0L;                        //发送结果高位,即 9∶2
while(! TI);
TI = 0;
SBUF = AD0DAT0R;                        //发送结果低位,即 7∶0
while(! TI);
}
//main：主函数
void main(void)
{                                       //初始化 I/O
io_init();
ad_init();                              //初始化 A/D
UART_init();                            //初始化 UART
while(1)
{
ad_start();                             //启动 A/D
msec(1000);                             //延时
sendtoPC();                             //发送结果到 PC
}
}
```

4.14.2　P89LPC935 D/A 的使用方法

LPC900 系列 Flash 单片机自其问世以来,一直以微功耗、高稳定性而受到许多用户的青

睬,在市场上得到广泛应用。LPC9xx 内嵌有高精度、高稳定性的模拟比较器、CCU 等模块,可以变相地实现 A/D 与 D/A 功能,在一定程度上满足用户的需要。虽然效果不错,可是需要占用相应端口,增加一定的外围器件,增加一定的程序代码。LPC935 将模拟比较器、CCU 彻底地从 A/D 与 D/A 的压迫之下解放出来。LPC935 包含 2 个 8 位、4 路逐步逼近式模/数转换模块,双 D/A 转换通道,其原理图如图 4.51 所示。

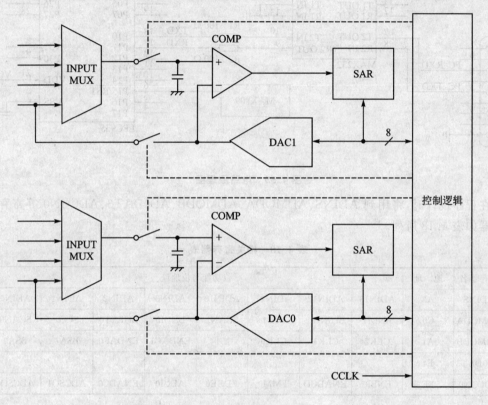

图 4.51 D/A 转换原理图

下面将介绍一款由 P89LPC935 内部 D/A 功能实现的简易 D/A 转换器。如图 4.52 所示。

当该系统上电后,可以通过串口调试助手向其发送数据,该数据将存入 AD0DAT3 寄存器,当启动 D/A 转换后,可以用万用表

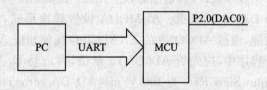

图 4.52 简易 D/A 转换器原理图

在 P2.0 口进行测量,所得电压即为 D/A 转换结果。在图 4.52 中,MCU 一直处于中断接收模式,其开启了 P2.0 的 DAC0 功能,当收到 PC 发出的数据时,便会将此数据值赋予 AD0DAT3,最后可以在 P2.0 口测得相应的电压值。电路原理图如图 4.53 所示。

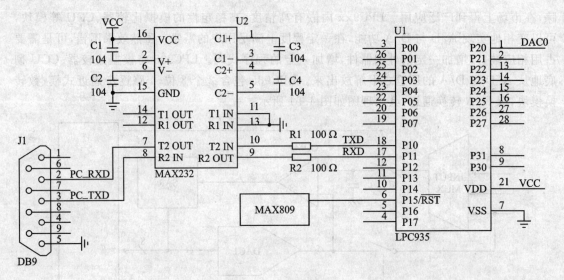

图 4.53 电路原理图

在程序设计时,将用到 ADINS、ADMODA、ADMODB、AD0DAT3、ADCON0 等寄存器。寄存器如表 4.18 所列。

表 4.18 相关寄存器表

寄存器名	地址	位功能与位地址							
ADINS	A3	ADIN13	ADIN12	ADIN11	ADIN10	ADIN3	ADIN2	ADIN1	ADIN0
ADMODA	C0	BNDI1	BURST1	SCC1	SCAN1	BNDI0	BURST0	SCC0	SCAN0
ADMODB	A1	CLK2	CLK1	CLK0	—	ENDAC1	ENDAC0	BSA1	BSA0
AD0DAT3	F4								
ADCON0	8E	ENBI0	ENADCD	TMM0	EDGE0	ADCI0	ENADC0	ADCSO1	ADCSO0

程序设计时,请注意以下几点:设置相应 A/D 与 D/A 端口为高阻状态。DINS 寄存器选择 DAC 转换通道。ADMODA 设置转换模式,ADMODB 设置 ADC CLK 及使能相应 DAC 功能,通过 ADCON0 的 ENADC0 位使能相应 AD/DA 通道,并设置启动方式。在串行中断服务程序中,应先给 AD0DAT3 赋值,再启动 D/A 转换。由于 P89LPC935 的 AD/DA 转换的 Input Slew Rate 为 100 V/ms,AD/DA conversion time 为 13 ADC CLK,所以在连续转换模式中,应在每次转换的间隔中给以一定的延时。表 4.19 中 N 代表将要输入 DAC 转换寄存器的值(VDD=3.014 V)。

表 4.19 DAC 转换寄存器的值

N	V	N	V	N	V	N	V	N	V	N	V	N	V	N	V
00	0.003	10	0.190	20	0.377	30	0.564	40	0.752	50	0.939	60	1.127	70	1.314
01	0.011	11	0.201	21	0.388	31	0.576	41	0.764	51	0.951	61	1.138	71	1.325
02	0.026	12	0.213	22	0.400	32	0.588	42	0.776	52	0.963	62	1.150	72	1.337
03	0.037	13	0.225	23	0.412	33	0.599	43	0.787	53	0.975	63	1.162	73	1.349
04	0.049	14	0.236	24	0.423	34	0.611	44	0.799	54	0.986	61	1.173	74	1.360
05	0.061	15	0.248	25	0.435	35	0.623	45	0.811	55	0.998	65	1.185	75	1.372
06	0.072	16	0.260	26	0.447	36	0.634	46	0.822	56	1.010	66	1.197	76	1.384
07	0.084	17	0.272	27	0.459	37	0.646	47	0.834	57	1.021	67	1.208	77	1.395
08	0.096	18	0.283	28	0.470	38	0.658	48	0.846	58	1.033	68	1.220	78	1.407
09	0.107	19	0.295	29	0.482	39	0.669	49	0.858	59	1.045	69	1.232	79	1.419
0a	0.119	1a	0.307	2a	0.494	3a	0.681	4a	0.869	5a	1.056	6a	1.243	7a	1.430
0b	0.131	1b	0.318	2b	0.506	3b	0.693	4b	0.881	5b	1.068	6b	1.255	7b	1.442
0C	0.143	1c	0.330	2c	0.517	3c	0.704	4c	0.893	5c	1.080	6c	1.267	7c	1.453
0D	0.155	1d	0.342	2d	0.529	3d	0.716	4d	0.904	5d	1.091	6d	1.279	7d	1.465
0E	0.166	1e	0.353	2e	0.541	3e	0.728	4e	0.916	5e	1.103	6e	1.290	7e	1.476
0F	0.178	1f	0.365	2f	0.553	3f	0.740	4f	0.928	5f	1.115	6f	1.302	7f	1.488
80	1.500	90	1.687	a0	1.874	b0	2.061	c0	2.249	d0	2.437	e0	2.624	f0	2.811
81	1.512	91	1.699	a1	1.885	b1	2.073	c1	2.261	d1	2.449	e1	2.636	f1	2.823
82	1.524	92	1.710	a2	1.897	b2	2.084	c2	2.273	d2	2.461	e2	2.647	f2	2.835
83	1.535	93	1.722	a3	1.909	b3	2.096	c3	2.284	d3	2.472	e3	2.659	f3	2.846
84	1.547	94	1.734	a4	1.920	b4	2.107	c4	2.296	d4	2.484	e4	2.671	f4	2.858
85	1.559	95	1.745	a5	1.932	b5	2.119	c5	2.308	d5	2.495	e5	2.683	f5	2.870
86	1.570	96	1.757	a6	1.944	b6	2.131	c6	2.320	d6	2.507	e6	2.694	f6	2.881
87	1.582	97	1.769	a7	1.956	b7	2.142	c7	2.331	d7	2.519	e7	2.706	f7	2.893
88	1.593	98	1.780	a8	1.967	b8	2.154	c8	2.343	d8	2.530	e8	2.718	f8	2.905
89	1.605	99	1.792	a9	1.979	b9	2.166	c9	2.355	d9	2.542	e9	2.730	f9	2.917
8a	1.617	9a	1.803	aa	1.991	ba	2.178	ca	2.367	da	2.554	ea	2.741	fa	2.929
8b	1.629	9b	1.815	ab	2.002	bb	2.189	cb	2.378	db	2.566	eb	2.753	fb	2.940
8c	1.640	9c	1.827	ac	2.014	bc	2.201	cc	2.390	dc	2.577	ec	2.765	fc	2.952
8d	1.652	9d	1.839	ad	2.026	bd	2.213	cd	2.402	dd	2.589	ed	2.776	fd	2.964
8e	1.664	9e	1.850	ae	2.038	be	2.225	ce	2.414	de	2.601	ee	2.788	fe	2.976
8f	1.675	9f	1.862	af	2.049	bf	2.237	cf	2.425	df	2.612	ef	2.799	ff	2.987

由于表 4.19 的测试工具为万用表,所以只能测量小数点后第 3 位,存在测量误差。换用高精度电压测量仪器后,取 AD0DAT3 的值为 0x80~0x8F,测得结果如表 4.20 所列(VDD=3.014 2 V)。

表 4.20 测量结果

N	V	N	V	N	V	N	V
80	1.500 9	84	1.547 7	88	1.593 9	8c	1.640 7
81	1.512 6	85	1.559 3	89	1.605 6	8d	1.652 4
82	1.524 3	86	1.570 9	8a	1.617 3	8e	1.664 1
83	1.535 9	87	1.582 6	8b	1.629 0	8f	1.675 8

从 P89LPC935 的芯片手册得其内嵌 8 位 AD/DA 转换模块,算得其 $LSB=3\ V/2^8=0.011\ 718\ 75\ V \approx 0.011\ 7\ V$。由表 4.20 可得:每个测量数据的间隔值基本上为 0.111 7 V,只有极小的测量误差,所测得电压值基本为线性递增。实验中,由示波器测得 D/A 转换建立时间如图 4.54 所示。

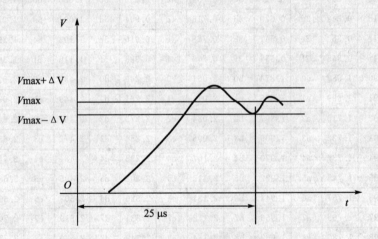

图 4.54 D/A 转换建立时间

```
//程序功能:测试 LPC935 的内部 D/A 功能
# include "Reg935.h"
# define uchar unsigned char
void UART_Init();
void DAC_Init();
void Delay();
uchar temp;
void UART_isr() interrupt 4{
```

```
    RI = 0;                         //清接收标志位为 0
    temp = SBUF;                    //将数据存入 temp
    ADCON0 &= 0x7F;                 //清 AD/DA 转换完成标志位
    AD0DAT3 = temp;                 //AD0DAT3 的值为 DAC0 输出的控制量
    Delay();
    ADCON0 |= 0x01;                 //启动 D/A 转换,立即启动方式
    TI = 0;                         //以下为将发送的数据反馈给串口调试器,以鉴别通信是否正确,
                                    //清发送标志位
    SBUF = temp;                    //发送
    while(TI == 0);                 //等待发送标志为 1
    TI = 0;                         //清发送标志
}
main()
{
    P1M1 = 0x00;                    //设置 P1 端口
    P1M2 = 0x00;
    P2M1 = 0x01;                    //设置 P2 端口
    P2M2 = 0x00;
    DAC_Init();                     //D/A 初始化
    UART_Init();                    //串口初始化
    while(1);
}
void UART_Init()
{
    SCON = 0x50;                    //选择 BRG 作为波特率发生器,8 位 UART 模式
    SSTAT = 0x60;                   //设置停止位结束产生中断,设置独立的 Rx/Tx 中断
    BRGR0 = 0xF0;                   //设置内部晶振时的波特率为 9 600
    BRGR1 = 0x02;
    BRGCON = 0x03;                  //使能波特率发生器
    ES = 1;                         //使能串行中断
    EA = 1;                         //使能中断
}
void DAC_Init()
{
    ADINS = 0x08;                   //开转换通道 3
    ADMODA = 0x01;                  //设置转换模式
    ADMODB = 0x44;                  //设置 ADC 模块,0.5 MHz<ADC CLK<3.3 MHz,使能 DAC0
    ADCON0 = 0x04;                  //开启 DAC0 模块
}
```

```
void Delay()
{
    int i;for(i=0;i<=1000;i++);
}
```

4.15 UART 通信功能

4.15.1 LPC900 单片机与串口通信例程

本小节演示 LPC900 单片机与串口的通信,为了保证串口的正常工作防止未知错误的发生请按照图 4.55 构建电路。

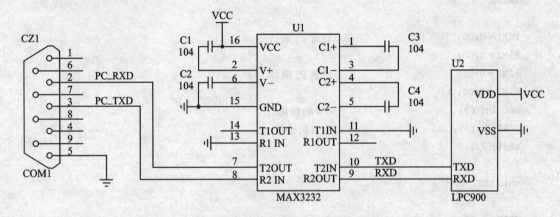

图 4.55 串口通信标准连线图

如果采用的是 MAX3232,则可将 MAX3232 的 TXD/RXD 与 LPC900 的 TXD/RXD 两根线之间各串接一支 100 Ω 左右的电阻,用于限流。

普通 51 单片机进行串口通信时,一般要消耗一个定时器 1 作为波特率发生器,而 LPC900 系列的串口模块自带一个波特率发生器,其不仅可以精确地产生串口通信所需的波特率,而且可以有效地节省系统资源。波特率计算公式为

$$Baudrate = CCLK[BRGR1BRGR0+16]$$

假如取 9 600 的波特率,取 7.372 8 MHz 的晶振,得 9 600=7 372 800[(BRGR1BRGR0)+16],计算出 (BRGR1 BRGR0)=7 372 800/9 600−16=752=0x02F0,最后得 BRGR1=0x02 BRGR1=0xF0。程序编写中应注意的问题如下:由于本程序接收端采用接收中断方式,当传输完一个字节时,RI 置 1 进入接收中断,因此可将 while(! RI) 这一句指令省去,参见示例程序。在一般的串口发送程序中经常可以看见以下这种方式。

```
TI = 0;
SBUF = xxx;
While(! TI);
```

当把这 3 句指令放在串口中断接收服务程序中后如下：

```
void Rcv_ISR()interrupt 4
{                        //当接收完一个字节 RI 置 1 进入 Recieve 中断
 EA = 0;
 //while(! RI)            //等待接收完时 RI 置位
 temp = SBUF;             //保存所读取的数据
 RI = 0;                  //RI 清 0 以等待下次发送
 TI = 0;                  //TI 清 0 准备发送
 SBUF = temp;             //发送数据
 while(! TI);             //当 TI 为 1 时发送完毕
 EA = 1;
}
```

有的时候会出现仅发送一次程序就卡死的现象，但是如果把程序中指令的流程稍微修改一下，把 TI＝0 移到 while(! TI)的后面，程序就可连续接收发送。

```
SBUF = temp;              //发送数据
while(! TI);              //当 TI 为 1 时发送完毕
TI = 0;                   //TI 清 0 准备下一次发送
```

最后，再将程序多次进行编译后得到下文中的示例代码。把程序烧入芯片以后，通过使用串口调试助手观看程序的运行效果。本程序运行时，当通过 PC 向 MCU 发送数据，MCU 接收到数据以后，会将数据发回并通过串口调试助手来显示，如图 4.56 显示。

```
//文件名：Uart_test.C,功能：LPC900 单片机与串口通信示例
#include<Reg932.h>
#define uchar unsigned char
uchar temp;
void UART_Init();
//功能接收中断
void Rcv_ISR()interrupt 4{        //当接收完一个字节 RI 置 1 进入 Recieve 中断
 EA = 0;
 //while(! RI)                    //等待接收完时 RI 置位
 temp = SBUF;                     //保存所读取的数据
 RI = 0;                          //RI 清 0 以等待下次发送
 SBUF = temp;                     //发送数据
 while(! TI);                     //当 TI 为 1 时发送完毕
```

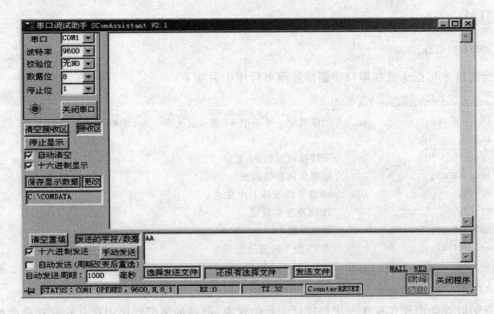

图 4.56　串口调试助手使用图

```
TI = 0;                              //TI清0准备下一次发送
EA = 1;
}
//功能发送中断
void Send_ISR()interrupt 13{
EA = 0;
//在这里添加应用程序代码
EA = 1;
}
//功能：主函数
void main()
{
UART_Init();
while(1);
}
//功能：串口初始化
void UART_Init()
{
P1M1 = 0x00;
P1M2 = 0x00;                         //端口初始化
SCON = 0x50;                         //使能接收选择串口模式1
```

```
    SSTAT = 0xE0;              //选择独立的 Tx/Rx 中断
    BRGR0 = 0xF0;              //9 600 baud @ 7.373 MHz
    BRGR1 = 0x02;
    //BRGR0 = 0x70;             //19 200 baud @ 7.373 MHz
    //BRGR1 = 0x01;
    //BRGR0 = 0x30;             //115 200 baud @ 7.373 MHz
    //BRGR1 = 0x00;
    BRGCON = 0x03;             //使能 BRG
    ESR = 1;                   //ESR = Enable Serial Recieve
    EST = 1;                   //EST = Enable Serial Transmit
    EA = 1;                    //使能中断
}
```

4.15.2 LPC900 单片机 UART 串口通信 FAQ

1. Q：串口通信时单片机引脚应该设置什么模式？

A：LPC900 单片机的 UART 发送脚(TXD)和接收脚(RXD)分别与 P1.0 和 P1.1 复用，只有在使能接收和使能发送的时候，它们才作为 UART 通信。

P1.0 和 P1.1 都有 4 种输入/输出模式：准双向、推挽、仅为输入和开漏。但是进行 UART 通信时，其模式是有一定限制的：TXD 脚可以设置为准双向、推挽和开漏；RXD 脚可以设置为准双向、开漏和仅为输入。一般在应用时 TXD 脚和 RXD 脚都设置为准双向(P1M1＝XXXXXX00B，P1M2＝XXXXXX00B)，原因有两个：一是设置为推挽时不便于进行多机通信；二是设置为开漏时需要接外部上拉电阻。

2. Q：LPC900 的 UART 通信模式有哪些？

A：LPC900 单片机的 UART 与标准 80C51 的 UART 兼容，具有 4 种通信模式，即

① 模式 0：同步移位扩展模式。

② 模式 1：8 位 UART，波特率可变。

③ 模式 2：9 位 UART，波特率为 CCLK/32 或 CCLK/16。

④ 模式 3：9 位 UART，波特率可变。

模式 2 和模式 3 的都是用于多机通信，其区别是波特率的产生方式不同。

3. Q：最常使用的通信模式是什么？

A：双机通信时，使用模式 1。多机通信时，通常使用模式 3，而不使用模式 2，因为模式 2 的波特率固定为 CCLK/32 或 CCLK/16，不便调节。

4. Q：PC900 单片机与标准 80C51 的 UART 有什么不同吗？

A：LPC900 单片机的 UART 与标准 80C51 的 UART 兼容，但是有一点除外，即定时器 2 的溢出不能用于产生波特率。LPC900 单片机带有一个独立的波特率发送器。波特率可以选

择由振荡器(由一个常数分频)、定时器1溢出或者独立的波特率发生器产生。此外,它还在标准80C51的基础上增加了帧错误检测、帧间隔检测、自动地址识别、可选的双缓冲以及几个中断选项。

5. Q:为什么串口在掉电唤醒之后就不能正常工作了?

A:这是由于在进入掉电模式时通过PCONA把UART掉电了。如果通过PCONA把UART掉电,则从掉电模式唤醒之后,UART仍然是处于掉电状态的。要想继续使用UART,就要让它退出掉电状态,这可通过以下指令实现:ANL PCONA,#0FDH(C语言代码为:PCONA&=0xfd)。

6. Q:为什么串口只能发送,而不能接收数据?

A:这是因为在串口初始化中没有使能接收,或者RS232转换电路有问题。可以通过置位SCON中的REN(SCON.3)位来使能串行接收。

7. Q:波特率如何设置?

A:波特率是衡量数据通信能力的一个重要指标,它表示每秒所传送的二进制的位数。LPC900单片机有3种波特率的产生方法:振荡器、定时器1溢出、独立的波特率发生器。

振荡器产生波特率的方式主要用于模式0,进行高速串行移位输入输出扩展。模式2也使用振荡器产生波特率,固定为CCLK/32或CCLK/16(由PCON中的SMOD1位决定)。通常在应用中,单片机工作的振荡器频率在4～12 MHz之间,那么可以看到,由振荡器产生的波特率在125 000 bit/s(4 000 000/32)至750 000 bit/s(12 000 000/16)之间,其波特率是相当高的,且不能产生标准的波特率。因此,模式2主要用于近距离的多单片机通信,每个单片机的波特率要设为一样的。模式2不适于单片机与PC通信。

最常用的波特率产生方式是用定时器溢出和独立的波特率发生器产生。在此模式下要特别注意定时器重载值或者独立波特率发生器分频值的设定。在实际应用中出现的不能正常收发数据的现象,大多是通信双方的波特率设置不正确所导致的。这里将各种波特率、振荡器所对应的定时器重载值和独立波特率发生器分频值汇总如表4.21所列。

表4.21 定时器初值、波特率和晶振的关系(SMOD1=0)

晶振频率	理想波特率 bit/s	300	1 200	2 400	4 800	9 600	19 200	28 800	38 400	57 600	115 200
4 MHz	TH1重装值	48	204	230	243	249	—	—	—	—	—
	实际波特率(bit/s)	301	1 202	2 404	4 808	8 929	—	—	—	—	—
	误差	0.2%	0.2%	0.2%	0.2%	−6.9%	—	—	—	—	—
6 MHz	TH1重装值	—	178	217	236	246	251	—	—	—	—
	实际波特率(bit/s)	—	1 202	2 404	4 688	9 375	18 750	—	—	—	—
	误差	—	0.2%	0.2%	−2.3%	−2.3%	−2.3%	—	—	—	—

续表 4.21

晶振频率	理想波特率 bit/s	300	1 200	2 400	4 800	9 600	19 200	28 800	38 400	57 600	115 200
7.373 MHz	TH1 重装值	—	160	208	232	244	250	252	253	254	255
	实际波特率(bit/s)	—	1 200	2 400	4 800	9 600	19 201	28 801	38 401	57 601	115 203
	误差	—	0%	0%	0%	0%	0%	0%	0%	0%	0%
11.059 2 MHz	TH1 重装值	—	112	184	220	238	247	250	—	253	—
	实际波特率(bit/s)	—	1 200	2 400	4 800	9 600	19 200	28 800	—	57 600	—
	误差	—	0%	0%	0%	0%	0%	0%	—	0%	—
12 MHz	TH1 重装值	—	100	178	217	236	246	—	251	—	—
	实际波特率(bit/s)	—	1 202	2 404	4 808	9 375	18 750	—	37 500	—	—
	误差	—	0.2%	0.2%	0.2%	−2.3%	−2.3%	—	−2.3%	—	—

注：1. 波特率计算公式：Fbaud＝Fosc×(SMOD1＋1)/(64×(256−TH1))。

2. 误差计算公式：(实际波特率−理想波特率)/理想波特率。

3. 表中"—"项表示此波特率误差太大，不适用于 UART 通信。

　　LPC900 系列单片机内建独立的波特率发生器，从而在进行串行通信时不会占用定时器资源。独立波特率发生器只能用于模式 1 和模式 3，波特率由 BRGR1 和 BRGR0 对 CCLK 进行分频来产生。波特率与 BRGR1 和 BRGR0 的对应关系见表 4.22。

表 4.22　波特率与 BRGR1、BRGR0 的关系

晶振频率	理想波特率(bit/s)	300	1 200	2 400	4 800	9 600	19 200	28 800	38 400	57 600	115 200
4 MHz	BRGR1：BRGR0	3405H	0CF5H	0673H	0331H	0191H	00C0H	007BH	0058H	0035H	0013H
	实际波特率(bit/s)	300	1 200	2 400	4 802	9 592	19 231	28 777	38 462	57 971	114 286
	误差	0%	0%	0%	0%	0%	0%	0%	0%	1%	−1%
6 MHz	BRGR1：BRGR0	4E10H	1378H	09B4H	04D2H	0261H	0129H	00C0H	008CH	0058H	0024H
	实际波特率(bit/s)	300	1 200	2 400	4 839	9 600	19 169	28 846	38 462	57 692	115 385
	误差	0%	0%	0%	1%	0%	0%	0%	0%	0%	0%

续表 4.22

晶振频率	理想波特率(bit/s)	300	1 200	2 400	4 800	9 600	19 200	28 800	38 400	57 600	115 200
7.373 MHz	BRGR1：BRGR0	5FF0H	17F0H	0BF0H	05F0H	02F0H	0170H	00F0H	00B0H	0070H	0030H
	实际波特率(bit/s)	300	1 200	2 400	4 800	9 600	19 201	28 801	38 401	57 602	115 203
	误差	0%	0%	0%	0%	0%	0%	0%	0%	0%	0%
11.059 2 MHz	BRGR1：BRGR0	8FF0H	23F0H	11F0H	08F0H	0470H	0230H	0170H	0110H	00B0H	0050H
	实际波特率(bit/s)	300	1 200	2 400	4 800	9 600	19 200	28 800	38 400	57 600	115 200
	误差	0%	0%	0%	0%	0%	0%	0%	0%	0%	0%
12 MHz	BRGR1：BRGR0	9C30H	2700H	1378H	09B4H	04D2H	0261H	0190H	0129H	00C0H	0058H
	实际波特率(bit/s)	300	1 200	2 400	4 800	9 600	19 200	28 846	38 339	57 692	115 385
	误差	0%	0%	0%	0%	0%	0%	0%	0%	0%	0%

注：1. 波特率计算公式：Fbaud＝Fosc/((BRGR1：BRGR0)+16)。

2. 误差计算公式：(实际波特率－理想波特率)/理想波特率。

通过表 4.21 与表 4.22 的比较可以看到，采用 LPC900 单片机内部的独立波特率发生器可以在各种振荡器频率下产生的全部标准波特率，而且误差很小或者没有误差，这也是 LPC900 系列 Flash 单片机的一大特点。

8. Q：串行通信时应该选择什么型号的晶振？

A：如果采用定时器 1 产生波特率，最适用的晶振是 7.373 MHz 和 11.059 2 MHz。如果采用 LPC900 单片机内置的独立波特率发生器产生波特率，则采用 4 MHz、6 MHz、7.373 MHz、11.059 2 MHz、12 MHz 的晶振，它们都可以产生非常准确的波特率。甚至在使用 1 200 bit/s 以下波特率的时候，还可以采用 32.768 kHz 的低频晶振，从而大大降低单片机的功耗。

9. Q：可以设置任意的波特率吗？

A：可以，只要是单片机能够产生的波特率，想设多少都可以（例如 1 300 bit/s）。需要注意的是，无论设定的波特率是多少，一定要保证通信双方的波特率一致。如果设定了非标准的波特率，那么系统将不能与使用标准波特率的设备（例如 PC）进行通信。

10. Q：允许的波特率误差最大是多少？

A：不同的通信模式下，波特率的最大允差不同。在异步串行通信模式1、模式2、模式3 中，MCU 以波特率的 16 倍的采样速率对接收数据（RXD）不断采样，来检测起始位。一旦检测到 1 到 0 的跳变，16 分频计数器立刻复位，使之满度翻转的时刻恰好与输入位的边沿对齐。16 分频计数器把每个接收位的时间分为 16 份，在中间 3 位即 7、8、9 状态时，位检测器对 RXD 端的值采样，并以 3 取 2 的多数表决方式，确定所接收到的数据位。当 3 次采样有两次为 1 时就认为接收到的是 1，否则认为接收到的是 0。由此可见，当波特率的误差使得在接收某位数据时，即采样点远离了该位的中点，与中点相差半位的间隔（即采样点已经达到该位的边沿）时，将会对该位采样两次，这样才可以采样到正确的数据。即欲使接收的第 N 位为正确位时，必须满足下式：

$$所允许的波特率误差 \times N < 50\%$$

由上式可以得知，模式 1 为 10 位传输，所允许的最大波特率误差为 5%。模式 2 和模式 3 为 11 位，为一帧进行传输，所允许的最大波特率误差为 4.5%。当通信双方的波特率误差超过上述最大允差的时候，数据的接收将可能出错。

11. Q：LPC900 单片机可以直接与 PC（个人计算机）通信吗？

A：不可以的。单片机的 UART 通信使用正逻辑，即用 +1.4～+5 V 表示逻辑 1，而用 0～+0.8 V 表示逻辑 0。但是 PC 的串口是标准的 RS232 通信端口，使用负逻辑，即用 -15～-3 V 表示逻辑 1，而用 +3～+15 V 表示逻辑 0。因此，单片机在与 PC 通信的时候要进行电平转换，通常采用专用转换芯片 MAX232 来完成转换功能。转换电路见图 4.57。

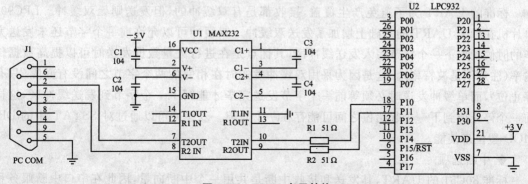

图 4.57　RS232 电平转换

12. Q：为什么在单字节通信时正常，而在连续收发的时候却经常出错？

A：有几个可能的原因：一是在发送时未等前一个字节发送完毕，就发送下一个字节，造成数据被覆盖，这可以通过指令"JNB TI,$"来等待前一个字节发送完毕；另一种可能是通信双方的波特率误差已经接近极限，这可以通过调整波特率来改善，或者采用两个停止位进行发送也有可能改善（注意只是可能，只有当接收的波特率比发送的波特率小时，采用两个停止位进行发送才会有改善）。

13. Q：如何使用 LPC900 单片机的增强模式 UART 通信？

A：LPC900 单片机的增强 UART 在标准 80C51 串口的基础上增加了帧错误检测、间隔检测、自动地址识别、可选的双缓冲以及几个中断选项。这些增强型的特性控制集中在特殊功能寄存器 SSTAT 中。

◆ 帧错误检测

当接收器在帧结束时没有收到有效的停止位时，SSTAT 中的 FE 位置位，如果使能状态中断，则会产生中断。

◆ 帧间隔检测

如果接收到一个字符的所有位（包括停止位）都为 0，SSTAT 中的间隔检测标志 BR 置位，如果使能状态中断，则会产生相应中断。如果帧间隔检测复位使能，则芯片将被复位并强制进入 ISP 模式。

◆ 自动地址识别

LPC900 单片机有个特别有用的功能就是自动地址识别功能。在进行多机通信时，可以为系统中的每个从机设定一个专有地址和多个广播地址。当主机寻址从机时，只有被寻址的从机会产生中断，而未被寻址的从机不会产生中断，从而避免了像普通 UART 那样，花费大量的软件资源去检查每一个从串口输入的串行地址。相关的特殊功能寄存器有 SADDR 和 SADEN。

◆ 双缓冲

标准的 UART 为了避免产生覆盖，接收都是有双缓冲的，但发送则无双缓冲。LPC900 单片机在标准 UART 的基础上增加了发送双缓冲。双缓冲可以允许前一个字节还未发送完毕的时候就把下一个字节写入发送缓冲区，其优点是在进行大量数据发送时可以提高数据传输率（注意不是波特率）。这是因为采用双缓冲发送时在相邻的两个字节之间没有间隔（只有停止位），而单缓冲发送时必须等前一个字节发送完毕才能写下一个字节到发送缓冲区，这样前一个停止位到下一个起始位之间可能存在一个间隙。双缓冲可以通过对 SSTAT 中的 DBMOD 置位来使能。

◆ 中断选项

标准 80C51 的 UART，其发送和接收中断是共用一个中断向量，因此在串口中断服务程序中必须根据 TI 和 RI 判断是接收中断还是发送中断。LPC900 单片机的 UART 可以产生组合的发送/接收中断,也可以产生各自独立的发送和接收中断。通过置位 SSTAT 中的 CI-DIS 以使能独立的发送和接收中断。另外当检测到帧错误、帧间隔,或者缓冲区溢出时都可以使能产生中断。

14. Q:如何实现多机通信?

A:1) 硬件连接

主从方式多机通信的电路见图 4.58。

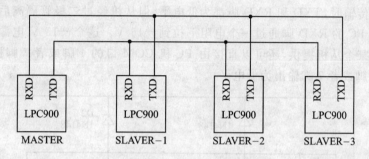

图 4.58 主从式多机通信

图 4.58 中的 MASTER 为主机,SLAVER-1、SLAVER-2 和 SLAVER-3 为 3 个从机,主机的 TXD 脚与所有的从机 RXD 脚相连,主机的 RXD 脚与所有从机的 TXD 脚相连。特别需要注意的是,所有主机和从机的 TXD 脚和 RXD 脚都要设置为准双向,从而实现"线与"的功能。如果设置为推挽输出,将会有损坏芯片的可能性。

2) 软件的编写

LPC900 单片机的 UART 有 4 种工作模式,其中模式 2 和模式 3 专门用于多机通信,两种模式唯一的不同点是波特率的产生方式不一样(模式的选择在 SCON 中)。在这两种模式下,发送和接收数据均为 9 位,发送时要先把第 9 位数据写入 TB8,接收时第 9 位数据自动存入 RB8。UART 可编程为:仅当 RB8=1 时串口中断才激活,可以通过置位 SCON 中的 SM2 位来使能这一特性。

当主机需要发送一数据块给某一台从机时,首先发送一个地址字节以识别从机。地址字节与数据字节的区别在与第 9 位数据,地址字节的第 9 位数据为 1,而数据字节的第 9 位为 0。SM2=1 时,数据字节不会使从机产生中断,而地址字节会使被寻址的从机产生中断(LPC900 单片机复位时 SADEN=00H,即所有的地址都是广播地址,所以地址字节会使所有的从机产生中断)。被寻址的从机将清零 SM2 位以准备接收随后的数据字节。未被寻址的从机 SM2 位仍为 1,从而忽略随后的数据继续各自的工作。

15. Q:如何实现 PC 与多个单片机进行多机通信?

A:1) 硬件连接

PC 作为主机,多个 LPC900 单片机作为从机的多机通信电路见图 4.59。由于 PC 的

COM 口采用 RS232 电平,而 LPC900 单片机的 UART 采用 CMOS 电平,故每个从机需要进行电平转换,完成这一功能的就是图 4.59 中的"RS232 CONVERTER"。RS232 电平转换电路可以采用图 4.57 所示的电路,那么从机的"RXD"就是 MAX232 的 R2IN,"TXD"就是 MAX232 的 T2OUT。

为了实现"线或",每个从机的 TXD 脚经过二极管 1N4148 隔离后再连接到 PC 的 RXD 脚。任意一个从机的 TXD 脚输出高电平,将使 PC 的 RXD 脚为高电平。另外根据 RS232 协议,当没有数据传输时,TXD 和 RXD 脚都为低电平,但从机经过二极管隔离后已经不能输出低电平,所以把 PC 的 RXD 脚通过一个电阻下拉到 -15 V。这个 -15 V 电源可以是单独的电源,也可以由某个从机提供,还可以直接由 PC 机 COM 口的 4 脚或者 7 脚提供(当然要在 PC 程序中使 4 脚或者 7 脚输出为低电平)。

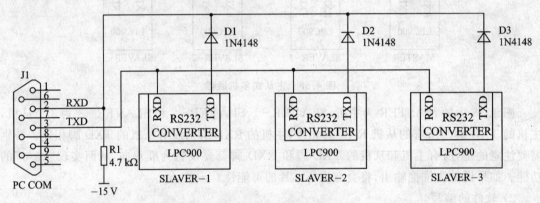

图 4.59 PC 与单片机的多机通信

2) 软件编写

每个从机通信前要进行初始化。初始化的内容主要包括波特率设置(所有从机与 PC 的波特率要一致)、从机地址设置等。从机的地址可以通过 SADDR 设定,广播地址通过 SADEN 设定。通信成功的关键在于 PC 端程序是否能正确寻址从机,这也是很多人困惑的地方。因为寻址的时候,必须将第 9 位置 1,而在发送数据的时候则要将第 9 位清零,然而 PC 程序通常是不能直接对第 9 位进行赋值的。不过,VB 和 VC 都提供了串口控件 MSCOMM。MSCOMM 控件中的 setting 属性中的校验位就有 MARK,SPACE 选项,可以用 MASK 和 SPACE 分别对第 9 位置 1 或 A 清 0,从而实现地址帧和数据帧的分离。

16. Q:没有 UART 的单片机可以进行串行通信吗?

A:LPC900 系列单片机中 P89LPC901/902/906/912 等几个型号没有 UART,如果要进行串行发送/接收怎么办?最好的办法当然是选择其他带 UART 的串口。如果有什么理由一定要使用这些型号而又要进行 UART 通信,也不是没有办法,可以进行模拟 UART 通信。

模拟 UART 通信只能简单地进行数据的发送和接收,而不具有增强型 UART 的许多功能,也没有中断,只能简单地进行数据的发送和接收。具体思路是这样的:以 9 600 bit/s 的波特率为例,当采用模式 1 进行通信时,每一帧为 10 位(1 个起始位,1 个停止位和 8 个数据位),每一位的宽度为 $1/9\ 600=104\ \mu s$。发送一个字节的时候先把 TXD(TXD 任意定义在哪个引脚)置低,延时 104 μs,这就完成了起始位的发送。接下来是 8 个数据位,高位在前,发送每一位时根据数据位的值,把 TXD 脚置 1 或清 0,然后延时 104 μs,如此一直到 8 个数据位发送完毕。最后把 TXD 脚置 1,延时 104 μs,完成停止位的发送。这时就可以进行下一个字节的发送了。模拟接收时同样使用延时的方法去接收每一位。

17. Q:为什么程序在别的单片机上可以运行,而在 LPC900 单片机上不能正常运行?

A:原因通常有三个:

1) 标准 80C51 的 RXD 脚和 TXD 脚都是准双向的,而 LPC900 单片机的 I/O 口有四种输出模式,复位时默认为仅为输入。所以当把在别的单片机上运行的串口通信程序移植到 LPC900 单片机上时,特别要注意把 TXD 和 RXD 设置为准双向。

2) LPC900 单片机的 T2 不能用于产生波特率。如果原来的程序使用了 T2 作为波特率发生器,当移植到 LPC900 单片机上来时,必须要改变波特率产生方式。在 LPC900 单片机中可以选择用 T1 或者内置独立的波特率发生器来产生波特率,通常都是选择独立波特率发生器,因为它不占用单片机的定时器资源。

3) LPC900 单片机采用了增强型内核,在同样的振荡器频率下,其运行速度是标准 80C51 的 6 倍。因此,LPC900 单片机的波特率计算与标准 80C51 是有所不同的。

18. Q:常用的串口调试工具有哪些?

A:一个好的调试工具,往往能使程序调试达到事半功倍的效果。常用的 PC 端调试工具软件有:串口调试助手 SComAssistant、ComMaster 等,可到网站搜索。

ScomAssistant 的下载链接:http://www.zlgmcu.com/download/downs.asp?ID=228。

在此以 ScomAssistant 为例,来谈谈利用 PC 进行调试的方法。调试时首先把目标系统连接到 PC 的串口(COM1 或 COM2),然后运行调试助手,程序界面如图 4.56 所示。在调试助手中选择相应的串口,设置好波特率、数据位数、校验位、停止位等,并选择十六进制显示和十六进制发送,再单击"打开串口"按钮用以打开串口。这时就可以进行串行发送、接收调试了。

1) 发送调试

在发送窗口中(右下方的文本框)填写要发送的数据(如:88),单击"发送"按钮,即可将发送窗口的内容发送出去,单片机应该能够接收到数据。**注意**:当选中十六进制发送时,发送窗口中的内容是按照十六进制发送的,否则按照 ASCII 码发送。例如发送窗口中的内容为 88,当十六进制发送时将会给单片机发送一个字节:88H;当进行 ASCII 码发送时,将会发送两个字节:38H、38H,即两个"8"的 ASCII 码。

2) 接收调试

单片机通过串口发送数据，该数据即可在调试助手的接收窗口显示出来。**注意**：当选中十六进制显示时，接收到的数据按照十六进制显示，否则按照 ASCII 码显示。例如单片机发送 41H，当十六进制显示时，接收窗口中显示"41"；当为 ASCII 码显示时，接收窗口中将显示字母"A"。由于有些 ASCII 码字符是非可见字符，如果选择了 ASCII 码显示方式，将有些字符在接收窗口中看不到。

19. Q：如何进行串口调试？

A：串口程序写好以后，就需要进行实际调试。通常有以下方法：

1) 自环测试

即自发自收测试，包括 PC 的自环测试和单片机的自环测试。

PC 的自环测试是用以检测 PC 的发送和接收是否正常。把 PC 的 COM 口的 2、3 脚连接起来，在串口调试助手的发送窗口中填写任意数据，单击"发送"按钮，在接收窗口中应该出现与发送窗口一样的数据，这就表明 PC 的串行发送和接收是正常的。

单片机的自环测试用以检测单片机的发送和接收是否正常。把单片机的 TXD 和 RXD 脚连接起来，然后在程序中通过串口发送一个数据，这时串口应该能够接收到刚发送的数据。可以用中断方式或者查询方式来接收数据，并通过一个 I/O 口指示出来，例如若接收到的数据与发送的数据相同，则在某 I/O 口输出高电平，否则输出低电平。

2) 联机测试

可以利用 PC 进行联机测试。经过单片机的自环测试，并不表明单片机的 UART 工作完全正常，因为程序中可能波特率设置不正确，这是自环测试反映不出来的，所以一定要进行联机测试。

3) 硬件测试

如果单片机的自环测试没有通过，有几种可能性，有可能是接收部分设置有误，或者 TXD 根本就没有发送数据出来。这时除了认真检查程序外，也可以用示波器进行检测。例如可以在程序中发送一个字节：AAH，则 TXD 脚上就应该有 4 个占空比为 50% 的方波输出，如果波特率是 9 600 bit/s，则方波的高电平和低电平时间均为 104 μs(1/9 600)。据此判断 UART 的波特率是否正常等。

20. Q：如何进行串口初始化？

A：LPC900 单片机的 UART 是增强型的，如何进行串口初始化是许多朋友初次使用 LPC900 单片机遇到的困惑。在这里给出一个串口初始化的源代码。

1) 汇编程序

```
//名：UART_INIT,功能：LPC900 单片机的 UART 初始化,波特率 9 600 bit/s
UART_INIT:
ANL P1M1,#0FCH            ;把 TXD 和 RXD 设置为准双向
```

```
ANL P1M2,#0FCH
MOV SSTAT,#00H          ;双缓冲禁止,中断禁止,采用查询方式发送和接收
MOV SCON,#50H           ;串口模式1,接收使能
MOV BRGCON,#00H
MOV BRGR1,#02H          ;波特率9 600 bit/s
MOV BRGR0,#61H
MOV BRGCON,#03H         ;启动UART的波特率发生器
RET
```

2) C语言程序

```
//名称:UART_Init(),功能:LPC900 单片机的 UART 初始化,波特率9 600 bit/s
//注意:单片机采用6 MHz晶振,波特率由独立波特率发生器产生
void UART_Init()
{
    P1M1& = 0xfc;           //把TXD和RXD设置为准双向
    P1M2& = 0xfc;
    SSTAT = 0;              //双缓冲禁止,中断禁止,采用查询方式发送和接收
    SCON = 0x50;            //串口模式1,接收使能
    BRGCON = 0;
    BRGR1 = 0x02;           //波特率9 600 bit/s
    BRGR0 = 0x61;
    BRGCON = 3;             //启动UART的波特率发生器
}
```

4.16 LPC900单片机SPI互为主从模式详解

LPC900 Flash 单片机,是 Philips 公司推出的一款高性能、微功耗 51 内核单片机,主要集成了字节方式的 I^2C 总线、SPI 总线、增强型 UART 接口、实时时钟、E^2PROM、A/D 转换器、ISP/IAP 在线编程和远程编程方式等一系列有特色的功能部件。LPC900 系列单片机提供从 8 脚 DIP 到 28 脚的 PLCC 等丰富的封装形式,可以满足各种对成本、线路板空间有限制而又要求高性能、高可靠性的应用。它具有高速率(6 倍于普通 51 单片机)、低功耗(完全掉电模式功耗仅为 1 μA)、高稳定性、小封装、多功能(内嵌众多流行的功能模块)、多选择等特点(该系列有多款不同封装、不同价位、不同功能的型号供用户选择)。

SPI(serial peripheral interface,串行外围设备接口)是一种全双工、高速、同步的通信总线,且简单易用。越来越多的应用芯片内部都集成有 SPI 总线,如 P89LPC900 系列单片机,其具有两种操作模式:主模式和从模式。在主模式和从模式中,均支持高达 3 Mbit/s 的速率,还具有传输完成标志和写冲突保护标志。LPC900 单片机的 SPI 接口主要由 4 个引脚构

成:SPICLK、MOSI、MISO 及/SS(可参见图 4.60)。

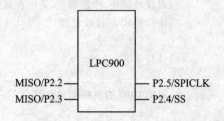

图 4.60　LPC900 系列单片机 SPI 接口引脚分布简图

LPC900 单片机的 SPI 接口使用简单,只需用到 3 个寄存器,见表 4.23。

表 4.23　寄存器表

名称	定义	地址	位功能 & 位地址						
SPCTL	SPI 控制寄存器	E2H	SSIG	SPEN	DORD	MSTR	CPOL	CPHA	SPR1	SPR0
SPSTAT	SPI 状态寄存器	E1H	SPIF	WCOL	—	—	—	—	—	—
SPDAT	SPI 数据寄存器	E3H							

LPC900 可以配置 3 种 SPI 通信方式:单主单从、单主多从、互为主从。本文将重点描述互为主从模式的实现。互为主从模式参见图 4.61。

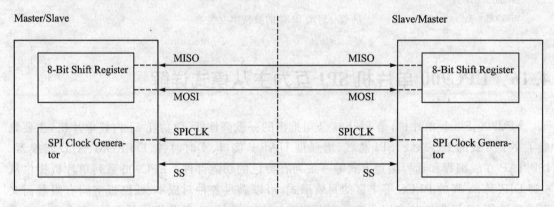

图 4.61　互为主从模式原理图

1. 操作步骤

根据图 4.61 及 Philips LPC900 系列用户手册上的说明,可以得知,要进行 SPI 互为主从操作,必须遵照以下步骤:

① 对 A、B 进行初始化,均设为主机(需要进行以下操作)。

● SPI 端口初始化为准双向。

- SPCTL 配置为 0x50,SSIG=0,SPEN=1,MSTR=1。
- 清除 SPSTAT 中的 SPIF 及 WCOL 标志位为 0。
- 如果需要使用 SPI 中断,可使能相应中断位。

② 将 A 上一个引脚连接到 B 的 $\overline{SS}$ 引脚上,然后拉低 $\overline{SS}$,可将 B 强行置为从机模式,同时 B 机会发生以下变化。
- B 机的 MSTR 位自动清 0。
- B 机的 MOSI 及 SPICLK 强行变为输入模式,MISO 则变为输出模式。
- B 机 SPIF 位置位。
- 如果 SPI 中断使能,B 机将执行 SPI 中断服务程序。

③ B 机可设置为查询接收或中断接收方式,以时刻准备接收由 A 机发送过来的数据,要使 B 机恢复为主机,必须完整执行步骤①。

本示例中,SPI 互为主从测试,系统连线方式可参照图 4.62。

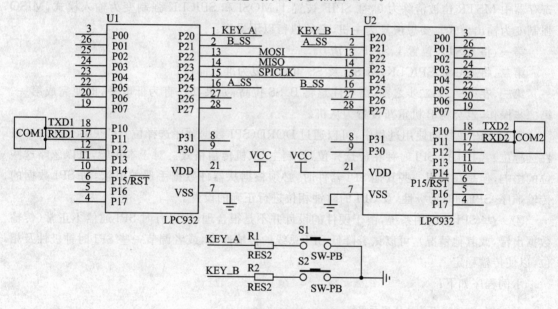

图 4.62 测试系统电路原理图

2. 实验操作过程

① 程序运行后,两机均处于等待状态。
② 当按下 S1 后,A 机将 B_SS 设置为低电平,将 B 设置为从机。
③ B 机被设置为从机后,处于接收状态。
④ 然后 A 向 B 发送数据。
⑤ B 接收到的数据后,将数据发向 PC,此时可以通过串口调试助手观察 B 发回的数据,

判断数据传输是否准确。

⑥ 然后按下 S2,使 B 成为主机,重复以上过程。

本示例中,A、B 两机采用同一程序,P2.1 接对方的 $\overline{SS}$ 引脚,通过 P2.1 将对方的 $\overline{SS}$ 脚拉低,使对方进入从机模式,在程序中 A_SS/B_SS 用 SLAVE 替代,KEY_A/KEY_B 均用 KEY 替代。

3. 程序中应注意的问题

① 程序中应注意对首次拉低 SS 引脚进行处理:当 A 机首次通过 B_SS 将 B 机设置为从机后,从机的 SBIF 位会置位(会被认为完成一次传输),如果这之前,使能了 SPI 中断,则从机则会执行相应的中断服务程序(本示例程序中,当 B 机的 SS 引脚被拉为低电平,B 机的 SBIF 首次置位进行处理)。

② 关于从机恢复为主机的问题:互为主从模式中,当 B 机被 A 机设置为从机后,CPCTL 寄存器中 MSTR 位被清除为 0,且 SPIF 被置 1,MOSI 和 SPICLK 强制变为输入模式,MISO 强制变为输出模式。要想恢复为主机,必须执行以下操作:

第一,将 MSTR 位置 1,SPIF 位清 0。

第二,将 MOSI,SPICLK,MISO 及 SS 重新恢复为准双向口。

第三,在第一、第二步之前,需要注意将 B_SS 拉高,如果其一直为低电平,即使完成第一、第二步操作,也会将 B 机重新设置为从机。

③ 在 SPI 总线的使用过程中,可以通过 DORD(SPI 数据顺序选择位),CPOL(SPI 时钟极性选择位),CPHA(SPI 时钟相位选择位)控制主/从机传输格式。对于本实验,可以忽略这些位的影响,但是在使用一些其他 SPI 器件时,必须根据从器件数据手册的要求,对 SPI 数据的传输顺序,SPI 的时钟极性,及 SPI 的时钟相位进行正确的设置。

④ 一些 SPI 的应用系统,由于硬件的设计并不是很合理,所以有时 SPI 通信不正常(传输数据出错,或其他情况),可以试着降低 SPI 总线的传输速率,或者调节一些 SPI 时钟极性及相位,以使传输稳定。

示例程序如下:

```
//功能:LPC900 互为主从演示程序
#include "reg932.h"
#define uchar unsigned char
sbit KEY = P2^0;
sbit SLAVE = P2^1;
void UART_Init();
void SPI_Init();
void Delayms(uchar n);
//功能:主函数
```

```c
main()
{
uchar temp;
UART_Init();SPI_Init();
while(1)
{
if(SS = = 0)                          //如果 SS 为 0,则
{
while((SPSTAT & 0x80) = = 0);         //等待 SPIF 位为 1
temp = SPDAT;                         //如果为 1,则读取 SPDAT 寄存器
SPSTAT = 0xC0;                        //清除 SPSTAT 中的标志位
TI = 0;
SBUF = temp;                          //将读取的数据,发送回串口调试助手
while(! TI);
}
if(KEY = = 0)                         //如果按下 KEY,则
{
SPI_Init();                           //SPI 重新初始化为主机模式
Delayms(10);
while(KEY = = 0);                     //等待 KEY 松开
SLAVE = 0;                            //拉低 SLAVE,使另外一系统 B 为从机
for(temp = 0;temp<5;temp + +);        //μs 级别延时(这一句可去掉)
SPDAT = 0xAA;                         //向从机发送数据
while((SPSTAT & 0x80) = = 0);         //等待 SPIF 为 1
SLAVE = 1;                            //拉高 SLAVE,使 B 可以成为主机
}
}
}
//功能:串口初始化
void UART_Init()
{
P1M1 = 0x00;P1M2 = 0x00;
SCON = 0x50;                          //选择 BRG 作为 UART 源
SSTAT = 0x60;                         //配置 Rx/Tx 中断
BRGR0 = 0xF0;                         //配置 BRG 为 9600 @ 7.373MHz 内部 RC 晶振
BRGR1 = 0x02;
BRGCON = 0x03;                        //使能 BRG
}
//功能:SPI 接口初始化(初始化为主机)
```

```
void SPI_Init()
{
P2M1 = 0x00;P2M2 = 0x00;SPCTL = 0x50;   //SSIG = 0,SPIEN = 1,MSTR = 1;
SPSTAT = 0xC0;                           //清除 SPSTAT 中的标志位
}
//功能：ms 级延时
void Delayms(uchar n)
{
int j;
while(n>0)
{ for(j = 0;j<= 669;j- -);n- -;}
}
```

4.17 LPC9xx 微控器的 I²C 应用

以下将展示如何使用循环模式操作内部 E²PROM，在程序中将用到 DEECON、DEEDAT、DEEADR 等寄存器。

I²C 总线是一种两线结构，用以实现挂接到总线上的器件间的数据传输，每个器件对应一个地址，在数据传输过程中可用作主机或从机，由主机来起动数据传输过程和产生时钟信号，一旦指定了主机，其他被寻址的器件就被看作从机，I²C 总线是一个多主总线，这就意味着允许多个具有总线控制能力的器件连接到总线上，但是，在书中所给出的软件例程只支持单主机传输模式。除位速率之外，LPC9xx 的 I²C 接口与诸如 8xC552 系列器件上的标准字节型 I²C 接口完全相同，LPC9xx 的 I²C 接口遵循 I²C 规范中 400 kHz 的约定。

I²C 总线传输过程是由一个启始条件来启动的。起始条件产生后，总线进入忙状态，开始传输一条包含一个地址和许多数据字节的信息，I²C 的信息是通过终止条件或一个重复起始条件来连续传输的，终止条件将释放主机的总线控制权限，而重复起始条件是用来实现多个同种或不同器件的信息传输，但不改变主机权限。终止和重复起始条件只在主机模式下产生，数据和地址传输时，8 位为一字节。高位在前，紧跟数据字节的第 9 个时钟脉冲内，接收器必须向发送器发送一位应答位，从机可以延长时钟脉冲的时间，出于时序的原因，起始条件后跟随一个 7 位的地址和一位 R/W 方向位。I²C 传输的格式说明如表 4.24 所列。

表 4.24 I²C 传输的格式

S	SLV_W	A	SUB	A	S	SLV_R	A	D1	A	D2	A	……	A	Dn	N	P

S 表示重复，起始条件；SLV_W 表示从机地址和写方向位；A 表示最后一个字节的应答；SLV_R 表示从机地址和读方向位；N 表示最后一个字节无应答位；SUB 表示子地址，P 表示

终止条件；D1……Dn 表示数据字节块。

软件在应用中，I²C 总线应用的主机视图非常简单，向一个 I²C 器件从机发送一条信息，而且在不丢失主机权限的前提下，通过选择性地对不同器件进行寻址，就可实现信息组的交换，这也被称为一次传输。因此，一次数据传输包括一条或更多信息，开始于起始条件，结束于终止条件。如果一次数据传输包含多条信息，每条信息以一个重复起始条件隔开，仅在最后一条信息后面添加终止条件。图 4.63 所示为软件结构和模块。

输入应用视图到 I²C 驱动器的信息要交换传输的信息量。每条信息包含的 I²C 器件的从机地址，每条信息包含的字节数，写数据时，要写入从机的数据字节。实际传输的信息数目不是由于出错而被请求传输的信息数目。对于每条读取信息，读取的数据字节均来自从机。I²C 驱动器模块 I2CDRIVR.C，包括两个可随时调的接口函数。

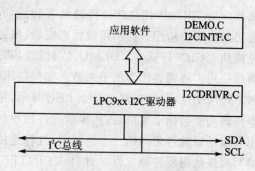

图 4.63 软件结构和模块

I2C_Init 函数直接对 I²C 接口硬件编程，在复位后只能被调用一次，必须在执行传输函数之前运行，此时 LPC9xx 的硬件 I²C 寄存器被编程，端口引脚 P1.2 和 P1.3 分别对应于 I²C 的 SCL 和 SDA，并设置成开漏模式。本例中，在 7.373 MHz 的内部振荡器工作下，通过改变 I2SCLH/L 的值来实现 100 kbit/s 的速率。

I2C_Transfer 函数的功能是执行一次数据传输，只要传输过程启动，函数立刻返回完全由中断驱动，在一次 I²C 主机传输中受影响的所有参数都包含在 2 个数据结构中，用户只需对这 2 个结构进行填充，再调用函数就可执行一次数据传输。这两种数据结构已在下面列出。

```
typedef struct {
    BYTE        nrMessages;
    I2C_MESSAGE * * p_message;
} I2C_TRANSFER;
```

第一种结构包括一次 I²C 传输的 2 个基本参数，信息数目和一个指向一个指针数组的指针，该数组指向信息模块。第二种结构驱动器保留有这些参数的备份，使这些参数值不发生改变，信息模块在第二种数据结构中予以定义：

```
typedef struct{
    BYTE address;        /* I²C 从控器地址 */
    BYTE nrBytes;        /* 读/写的 nr 个字节 */
    BYTE * buf;          /* 指向数据数组 */
} I2C_MESSAGE;
```

从机地址参数的 LSB 位决定了信息传输的方向写 0 读 1。buf 数组必须包括写信息时应用系统提供的所有数据,用户在使用时要进行检查,确保 buf 指向的缓冲区长度至少为 nrBytes,这项工作不能由驱动器来完成,当读取信息时,驱动器对该数组进行填充,同样,用户必须确保 buf 指向的缓冲区长度大于接收到的 nrBytes 的字节数。每个字节地址或数据的发送或接收完成后,I2CON 寄存器的 SI 标志建立,产生中断,调用 I^{2}C 驱动器的中断服务程序。这时 I2STAT 保存着状态代码。

当一次完整的数据传输结束并产生了终止条件后,I^{2}C 驱动器将调用应用程序中的一个函数。I2C_Ready 用来传递传输状态和成功传输的信息数目。这个 call back 函数的名称保留必须由用户应用。提供传输状态成功、出错、超时等,由应用程序进行检查,整个过程的处理见模块 I2CIINTFC.C。DEMO.C 和 I2CITFC.C 一样,都是利用 I^{2}C 驱动器模块来实现一个简单应用。将两者作为例子来演示如何使用驱动器程序,下面做一个演示板驱动一个连接到 PCF8574A I/O 口扩展器的 8 个 LED 显示,见图 4.64。I2CINTFC.C 模块就如何实现一些基本传输功能给出了实例,这些函数允许用户与大部分 I^{2}C 器件之间的通信,它们可作为系统应用和驱动器软件之间的一个连接层,这种连接层的方法,还可支持微控器直接工作,无需重新编写高级代码器件独立性。此外 I2CINTFC.C 还包括 StartTransfer 函数,在该函数中调用驱动器程序和 I2C_Ready 函数,在一次传输结束后被驱动器调用,drvStatus 标志用来测试/检查传输状态,在 StartTransfer 函数中有一个时间溢出循环,一旦传输失败,出错或超时,StartTransfer 函数打印一个错误信息,利用 LPC9xx 的 UART 再重新进行一次传输。

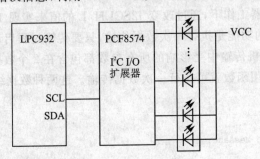

图 4.64　显示应用

详细的 I^{2}C 应用代码例程请读者参见 5.4 节。

第 5 章

LPC900 单片机设计技巧与开发调试器制作

5.1 采用 LPC900Δ-ΣADC 外设实现高精度测量

具有模拟信号处理能力的单片机——采用 LPC900Δ-ΣADC 外设实现高精度测量

为了使用数字计算机处理连续变化的数据,必须将模拟值转换成数字量。采用不同原理实现的 A/D 转换器,ADC 在特性效果和成本方面都有很大差别。有些微控制器集成的 ADC 提供 10 位或更高的分辨率,但是由于需要增加芯片面积以及全面的测试,以保证其精度。因此,增加了器件的成本。Philips 的 LPC 微控制器系列 P89LPC900 具有包括 ADC 在内的各种不同的外围功能。下面讲述在没有集成 ADC 的情况下使用两种方法来实现极低成本的 ADC 功能。

SIGMA-DELTA 原理对于高分辨率的 ADC 变得越来越重要,这一点已经在许多应用上得到了证实。它的主要优势是采用了主流的数字信号处理技术,这也使其可以集成到数字 IC 当中。根据 Nyquist 定律,一个被转换的数据必须以其最高频率至少两倍的速率进行采样。转换器以极高的频率进行采样以降低量化噪声,这种过采样降低了对采样保持电路以及模拟滤波电路的要求,滤波电路在许多情况下只需要 RC 元件。

图 5.1 所示为基本形式的一阶 Delta 调制器方框图。它包括一个积分器、一个比较器和一个 1 位的 DAC。模拟输入信号 Ain 和 DAC 反馈环的输出叠加,叠加的信号进行积分并由比较器进行量化。比较器的功能就是 1 位的量化器。比较器输出的数字信号再通过 1 位的 DAC 转换回模拟信号,并反馈到输入节点,调制器的输出 Dout 处的数值与模拟输入值成比例,该位流进行数字滤波后抽取十分之一以二进制格式保存为结果。另一种实现低成本 ADC 的方法是,将对电压的测量转换为对时间的测量,微控制器通常与振荡器的稳定时钟同步,这样通过软件或片内定时器/计数器就可实现对时间的精确测量。

图 5.2 所示为单斜率转换器的方框图,积分器的输入从 0 切换到模拟输入电压 Ain,积分器的输出值和一个已知的参考电压 Vref 进行比较,积分器达到比较器翻转点所需的时间与模

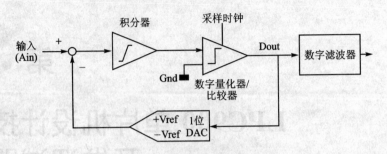

图 5.1 一阶 Delta 调制器方框图

拟输入电压成比例。在使用单斜率原理进行实际应用时,转换的精度受到积分器元件性能,例如 RC 误差漏电流和比较器偏移电压的限制。双斜率转换器通过对再次到达 0 电平的时间进行计数,从而补偿了单斜率由于元件所造成的影响,第二个斜坡在到达比较器的翻转点时开始,这时输入从 Ain 切换到地。

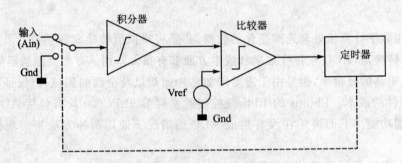

图 5.2 单斜率转换器的方框图

  LPC 微控制器系列所具有的下列特性,特别适合于实现低成本的 ADC,LPC 系列所有微控制器都具有如下特性:1 或 2 个片内模拟比较器可使用不同的配置选择输入和输出选项;2 个 16 位计数器/定时器;可编程端口设置为准双向、开漏、推挽、高阻输入;Sigma - Delta ADC。使用 LPC 的比较器和推挽输出特性,可实现一个最少外部元件的简单 Sigma - Delta ADC。这些模块用于平衡开关的电流脉冲,脉冲对电容进行充电或放电使其电压等于输入电压 Vin。LPC 在整个测量周期中记录充电脉冲的个数,该方法相对较慢但非常精确。由于输入电压在整个测量周期被平均,因此,要达到较高的精度,输入电压必须在整个测量周期中保持恒定。

  过采样原理适合于高分辨率,但变化缓慢的值的测量。这些应用包括电池充电控制,温度传感器,电表等。LPC 系列的低功耗特性使这种方法也适合于电池供电的应用。图 5.3 所示为使用 LPC 实现的 4 通道 ADC 外部元件,仅使用了一个电容 C 和一个电阻 R。它们用来决定充电电流,必须保证稳定的电源电压,以使电流不受电源变化的影响。在转换开始时,C 通过 P0.0 充电,一直到等于输入电压 C 连接到内部比较器的公共反相输入端,而需要测量的电压连接到正向输入端,LPC 系列最多有两个比较器,每个比较器有两个可选择的输入端,不需要使用任何外部的模拟开关,就可实现最多 4 个通道的测量。在预充电阶段之后,开始测量(见图 5.4)。软件根据比较器的状态使 I/O 口在高电平和低电平之间切换,从而使电容的电压一直和输入电压保持相等。

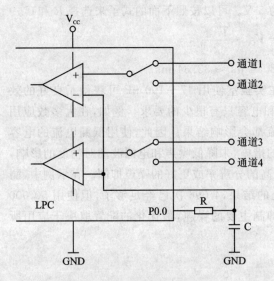

图 5.3 LPC 实现的 4 通道 ADC

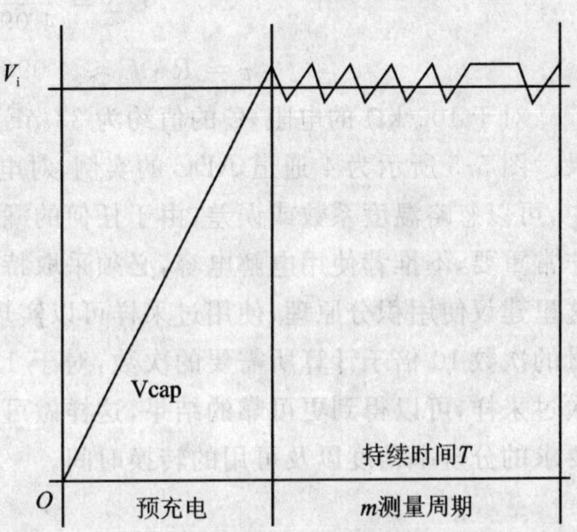

图 5.4 开始测量图

由于电压在测量开始和结束时都相等,电容 C 在开始 Q_0 和结束 Q_T 的电荷也相同,当输出为高电平时充电电流为

$$I^+ = \frac{V_{CC} - V_i}{R}$$

当输出为低电平时放电负电流为

$$I^- = \frac{V_i}{R}$$

由于小电压变化是电容充电的指数函数,因此 Q_T 大约为

$$Q_T = Q_0 - n \cdot I^+ \cdot T_{Cycle} - (m-n) \cdot I^- \cdot T_{Cycle}$$

此处 m 是整个测量的充电次数,n 为高电平的次数,T_{Cycle} 为单次测量周期,T 为整个测量周期 $T = m \cdot T_{Cycle}$。由于 Q_T 等于 Q_0,因此有

$$(m-n) \cdot \frac{V_i}{R} = n \cdot \frac{V_{CC} - V_i}{R} \quad \text{and} \quad V_i = \frac{n}{m} \cdot V_{CC}$$

结果和高电平脉冲个数以及电源电压成正比,为了简化计算测量周期的个数,最好取 10 乘以电源电压的整数倍。例如,对于 5 V 电源电压测量,周期取 5 000 次,这样高电平脉冲个

数 n 就以 mV 为单位。对 R 和 C 没有严格的要求,可以按照每个周期电压变化约为 1 LSB 的原则来选取 RC 的值,充电函数近似为

$$U\Delta = V_{CC} \cdot \frac{T_{Cycle}}{\tau}$$

下面的例子中,Philips LPC76x 使用 18.43 MHz 振荡频率,一个测量周期包含 25 个机器周期,$T_{cycle}=8.14 \ \mu s$,目标分辨率为 12 位,V_{CC} 为 5 V。可以按照下面的式子来选择 R 和 C。

$$U\Delta = \frac{V_{CC}}{4\ 096} = V_{CC} \cdot \frac{T_{Cycle}}{\tau}$$

$$\tau = R \cdot C \approx 4\ 096 \times 8.14\ \mu s \approx 33.34 \text{ ms}$$

对于 100 kΩ 的电阻,C 的值约为 33 nF。在实验室使用 47～100 nF 可获得了良好的效果。图 5.5 所示为 4 通道 ADC 的实例,对电阻和电容只有很少的要求。例如,在大多数应用中,可以忽略温度系数或误差,由于任何的漏电流都会影响结果。因此,使用低漏电流的电容非常重要,不推荐使用电解电容,必须采取特别的措施,来降低噪声和电源波动对精度的影响,这里建议使用积分原理,使用过采样可以实现更高的分辨率或更好的噪声抑制。在示例中,测量的次数 10 倍于计算所需要的次数,对于 12 位的结果,4 096 次已经足够了,但使用 50 000 次过采样,可以得到更可靠的结果,这样做可以抑制主要的噪声,最优化的配置取决于应用所要求的分辨率精度以及可用的转换时间。

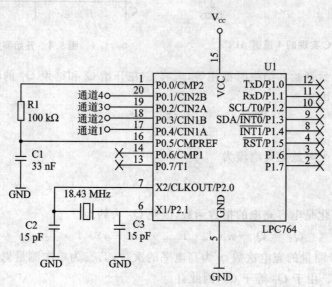

图 5.5 硬件原理图

软件分成两个部分,C 代码部分包含初始化和对汇编转换程序 Get_ADC 的调用。所需要的输入通道 4,循环作为一个参数,传递结果保存在两个字节 HighByte 和 LowByte 中,并随

后发送到串口。串口配置为 19 200 波特率,对时间有严格要求的转换程序,用汇编语言编写测量周期时间,电容的充电和放电时间在整个测量中都必须保持不变。

```c
#include<relpc932.h>
#include<stdio.h>
at 0xfd00 char code UCFG1 = 0x78;           //设置 UCFG1
data char LowByte,HighByte,CMPx,CMPModex;
data char CMPbufaddr,CMPbuf[2];
void Get_ADC(char channel)
{
if(channel & 1)
CMPModex = 0x030;//CinB
Else
CMPModex = 0x020;//CinA
if(channel & 2)
CMPbufaddr = &CMPbuf[1];
Else
CMPbufaddr = &CMPbuf[0];
Get_SD_ADC();
}
void main(void)
{
unsigned int Result,i;
PT0AD = 0xFE;                               //关闭数字输入 P0
P0 = 0xFF;
P0M2 = 0x001;
P0M1 = 0x0FE;
P1 = 0x0FF;
P1M2 = 0x0DD;
P1M1 = 0x022;
SCON = 0x50;                                //串行口波特率为 19 200
TMOD | = 0x20;
TH1 = 0xFB;
TR1 = 1;
TI = 1;
printf("LPC SD ADC\r\n");
while(1)
{
for(i = 0;i<4;i++)
{
```

```
Get_ADC(i);
Result = LowByte + 256 * HighByte;
Result = Result/10;
printf("%u;",Result);
}
printf("\r\n");
}
}
```

基于双斜率原理的 A/D 转换,可以通过 LPC 系列使用非常少的外部元件来实现。使用方法取决于所要求的分辨率和精度。对于较低的分辨率使用简单的 RC 元件就已经足够了,而要实现较高的分辨率则需要考虑使用额外的有源元件,例如 OPAMP(运算放大器),图 5.6 所示为利用 LPC900 微控制器的内部比较器加上 RC 元件所实现的低成本 ADC,该方案适合于测量缓慢变化的模拟信号,例如温度。

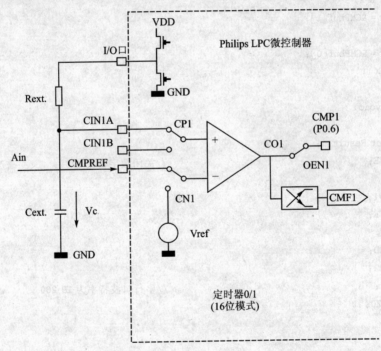

图 5.6 LPC900 微控制器的内部比较器加上 RC 元件所实现的低成本 ADC

执行下面的步骤,以确定输入电压 Ain 模拟值的数字表示。使用内部参考电压校准流程如下:

① 比较器的输入为可编程 I/O 口,为了使电容 Cext 快速放电,该端口暂时配置为输出逻

辑 0。

② 比较器的反相输入端 CN1 切换到 LPC 的内部参考电压。

③ 驱动 Rext 的 I/O 口切换到输出逻辑 1，开始通过 Rext 对 Cext 充电，同时 LPC 定时器 0 或 1 开始 16 位模式计数，它对时间进行计数直到 Cext 上的电压达到参考电压为止，该事件触发比较器，并可通过软件查询或产生中断请求。

④ Cext 进行放电，定时器复位为初始值。

⑤ 测量输入电压时，其流程类似于校准过程。只不过将未知的模拟输入电压 Ain 连接到比较器的 AN1 输入端。

⑥ 为了启动测量，输出口再次切换到逻辑 1，通过 Rext 充电，当电容上的电压等于输入电压时，停止定时器。

计算结果得到的定时器值对应于模拟输入电压 $V_{Ain}=V_{Cext}=V_{DD}(1-e^{-t/RC})$。

建议使用查表取代对 e 函数的计算方法，将 16 位定时器值转换为电压。可以根据下面的公式取值：$t=RC\ln(1\,V_{Ain}/V_{DD})$。当然，电压包含有限的数值，建议将电压平均分配，对于更高的分辨率可以使用两个表进行线性插值。校准周期的结果用于补偿元件的误差和元件的温度漂移。例如 R,C,V_{DD}。该原理的优点是当电容充电和放电时，不需要 CPU 的参与，只有在到达比较器的触发电压时才中断主程序，使用查表计算结果需要占用一些 CPU 时间。为了提高结果的精度，不仅可以使用上升沿对充满的电容进行放电，还可以对其到达参考电压和输入电压的时间分别进行计数。这种情况下 Cext 的电压为 $V_{Cext}=V_{DD}\,e^{-t/RC}$。包括平均分配的电压和两个单独的定时器值，一个定时器值为上升沿的值，另一个为下降沿的值。这样就可替代计算 $t_{rise}=RC\ln(V_{Ain}/V_{DD}),t_{fall}=RC\ln(V_{Ain}/V_{DD})$。

最终的值为两个斜率的平均，这样就消除了比较器的偏移电压，增加的测量周期可以帮助降低噪声。通过增加一个外部电流源 FET 电路 OPAMP 可以避免对 e 函数进行计算或查表。这种情况下，C_{ext} 上的电压上升与时间呈线性关系。选择外部 RC 元件值的时候，必须将微控制器内核的时钟频率考虑进去，充放电周期的最大时间必须在 16 位定时器的范围之内，换句话说尽量增加定时器的计数值以提高分辨率。

假设定时器的分辨率为 1 个 μs 定时器的溢出时间，约为 65.5 ms。可以选用的 R、C 值分别为 R_{ext}(270 kΩ) 和 C_{ext}(47 nF)。时间常数约为 12.7 ms，最大充电时间约为 64 ms。对于接近 V_{SS} 或 V_{CC} 的输入电压，必须采取特殊的措施，如果达到比较器触发电压所需的时间大于 t，那么必须将定时器的溢出考虑在内。

5.2 P89LPC900 在高精度模/数转换场合的应用

1. 概 述

Philips 公司的 P89LPC900 系列 Flash 单片机对部分型号提供了 8 位精度的 A/D 转换

器,为许多控制系统带来方便,诸如温度控制、运动控制等,在 MCU 发出控制指令后,常常需要将执行机构的情况反馈给 MCU,从而构成一个闭环系统,达到精细控制的目的。这一检测过程一般由各种传感器完成,在某些对成本有高要求的场合,为了控制成本,也常使用一些简单的分立元件替代数字传感器。通常送到 MCU 接口的都是一些经过处理的电压信号,内带 ADC 的芯片能够简化设计,并使成本进一步降低。一般来说,8 位的 A/D 精度已足够,但是在一些对精度要求比较高的场合,可能会需要 10 位或者更高精度,细心的用户通过仔细研究 P89LPC900 单片机的特点可发现,P89LPC900 系列单片机 ADC 的特点非常适合进行 ADC 过采样。本文正是结合 P89LPC900 的特点,介绍该单片机在高精度模/数转换场合的应用,以及使用过采样技术须满足的条件和须注意事项。使这种低成本高精度的 A/D 技术得以应用。

2. ADC 过采样简介

(1) 过采样过程

使用特殊的信号处理技术可以用来提高测量的精度,在模/数转换过程常用一种"过采样和抽取"的方式来得到较高的精度,"过采样和抽取"的理论推导过程相当复杂,但是应用却非常简单,这个过程如下:高速(相对于输入信号)采样模拟信号;数字低通滤波(为了降低每次采样值的波动,并不增加精度,只有过采样和抽取才能相应的提高精度);抽取数字序列。

采样要满足奈奎斯特定理,过采样技术需要大量的采样,每增加一位精度就要过采样 4 倍。过采样频率与采样频率的关系为

$$f_{过采样} = 4^n \times f_{采样} \tag{1}$$

为了尽可能真实地重现输入信号,这么多次的采样必须要有保证。下面简单地描述一下过采样如何提高精度(见图 5.7)。

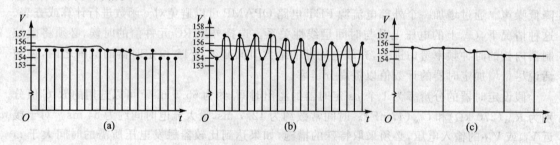

图 5.7 过采样过程图解

从图 5.7(a)中可以看出 8 位精度的测量值可能存在 0.5 的误差,而进行过采样、抽取之后如图 5.7(c)所示,得到的值准确地重现了输入信号。这就是过采样的过程,要注意普通平均不会增加转换的精度,抽样或插值方法和过采样一起使用,才能增加精度。数字信号处理过采样和信号低通滤波经常看成是插值。这时,插值用来产生在大量采样后的新采样结果。越多的平均采样数,越容易选择低通滤波,插值结果越好。额外的 M 次采样,像普通平均那样累

加起来,但是结果不像普通平均那样除以 M,而是右移 N(N 是希望增加的额外精度),从而计算成正确的结果。右移一个二进制数一次,等于除以 2。如式(1),精度从 8 位增加到 10 位需要总共 16 次 8 位的采样。这 16 次 8 位结果产生一个 12 位计算结果,其中最后两位是无用的,右移后成为 10 位结果。

(2) 过采样条件

在正常情况下信号都有一定的噪声,就是常说的白噪声或热噪声,如果这个噪声能够引起 ADC 最小计量单位的变化,那么过采样技术就可以使用。如果噪声不足以引起 ADC 变化,对于结果是没有任何影响的,这个时候就需要人为地引入噪声,引入的噪声一般叫"抖动信号",它的振幅要足以引起 ADC 的变化,一般需要在 0.5 个 LSB 以上,在采样过程,它的成分应该保持一定,另外噪声的周期不能超过采样周期。

总的来说,对于有噪声的信号过采样实现过程如下:对信号进行 $4n$ 次的过采样(n 为额外精度位数);对各个值进行累加;右移 n 位,得到过采样值。在过采样过程,在两个地方可能用到数字滤波,一个是过采样中每一个采样值由若干个 8 位 A/D 值平均得到;另一个是取若干个最终的过采样值进行处理得到。对于 P89LPC900,个人比较偏向于第二种方法,这与 P89LPC900 的特点有关。

3. P89LPC900 适合进行 ADC 过采样的几个特点

(1) 低功耗,对电源的影响非常小,得到的 A/D 值稳定

要得到一个准确的 A/D 值,一般需要有一个稳定的基准源,但是 LPC900 本身功耗很低,每个功能模块所消耗的电流很稳定,只要在转换过程不进行大功耗模块的切换,并不进行大电流的输入、输出,就能够得到一个非常稳定的 A/D 值,而不需要额外的基准源。这个特点在需要测量高精度的电压变化的时候非常有用。

(2) A/D 转换速度快

LPC900 的 ADC 采用逐次逼近原理,在 3.3 MHz 的 A/D 时钟下,进行一次 ADC 最少仅需要 3.9 μs,在同样的时间损耗里能够获得更多次的 A/D 值,提高精度。

(3) A/D 模块自带特殊转换方式

LPC900 具有 6 种 A/D 操作模式,每个 A/D 转换器有 4 个结果寄存器。

① 固定通道,单次转换。
② 固定通道,连续转换。
③ 自动扫描,单次转换。
④ 自动扫描,连续转换。
⑤ 双通道,连续转换。
⑥ 单步模式。

其中固定通道,连续转换可以在程序运行的同时对某个通道的模拟电压值进行转换,转换结果存放在 4 个结果寄存器中,第 5 次以后转换结果分别覆盖前面 4 次结果,在内部本身就构成一个窗口移位寄存器。任何时候读取结果寄存器都能得到连续的 4 个 A/D 值,对后期处理提供了保证。

4. 过采样条件及注意事项

(1) 使用 P89LPC900 进行 ADC 过采样需要满足以下条件

被测信号变化不能太快,根据奈奎斯特定律,要真实采样一个信号,采样频率至少要在被测信号频率的两倍以上。进行过采样也同样对采样周期有要求,以 P89LPC935 为例,在 3.3 MHz 的 A/D 时钟下,一次 8 bit 采样时间为 3.9 μs,要进行一次 10 bit 精度的过采样需要采样 16 次,那么 TAD = T8bit × 16 = 62.4 μs,也就是说被测信号的变化周期应该在 2 TAD 以上。

被测信号在采样过程必须有噪声叠加,一个恒定不变的信号是不能满足过采样理论的,比如一个 8 bit 采样结果为 8FH 的信号,进行 10 bit 过采样,16 * (8FH) = 8F0H,进行 2 位的左移得到 23CH,那么电压值为 23CH/400H = 0.558 593 75 = 8FH/100,精度并没有得到提高。这种情况需要人为产生噪声进行叠加。

(2) 注意事项

建议采样时进行一位冗余过采样,如需要 10 bit 时进行 11 bit 过采样。过采样结合平均值滤波使用,增加结果的稳定度。使用过采样一般对成本有较高要求,那么电源本身可能有一定误差,建议在采样过程中不要切换大功率模块,以保证电源稳定。如果想获得准确的 A/D 值,那么要使用精度足够高的电源作为基准源,但是如果需要的是各个测量值之间的关系,则对电源没有过高的要求。一个没有经过特殊处理的系统一般是带有足够的噪声的。

LPC900 系列单片机的 ADC 过采样技术已经在健身器材、温度控制系统、超声清洗仪器以及电池充电器等多个领域得到广泛应用。

5.3 Flash Magic 串行烧写器

下面讲述使用 FlashMagic 编程工具对 LPC900 系列 ARM Flash 存储器系统进行编程。Flash 存储器系统包含 128 KB Flash 器件的 16 个扇区和 256 KB Flash 器件的 17 个扇区。Flash 存储器从地址 0 开始并向上增加。

Flash boot 装载程序代码在器件上电或复位时执行。装载程序可执行 ISP 命令处理器或用户应用代码。复位后 P0.14 的低电平被认为是启动 ISP 命令处理器的外部硬件请求。该引脚由 Flash boot 装载程序软件采样。假定在 RST 脚产生上升沿时 X1 引脚上有正确的信号,那么在 P0.14 被采样和决定执行用户代码还是 ISP 处理程序之前需要 3 ms 的时间。如果 P0.14 采样为低电平并且看门狗溢出标志置位,那么启动 ISP 命令处理器的外部硬件请求将被忽略。如果没有外部请求(P0.14复位后采样为高电平),那么将搜索有效的用户程序。如果找到有效的用户程序,则执行的控制就转移给用户程序。如果没有找到有效的用户程序,那么就调用自适应波特率程序。

5.3.1 FlashMagic 软件调试步骤

1. 软件的安装

关于 FlashMagic 的安装软件,可以到 www.Flashmagictool.com 网站下载 FlashMagic.exe 软件。FlashMagic 是一个软件工具,可以使用串口对 NXP 目标芯片进行 Flash 闪存编程和烧写。

安装完成后,运行显示的主窗口如图 5.8 所示。

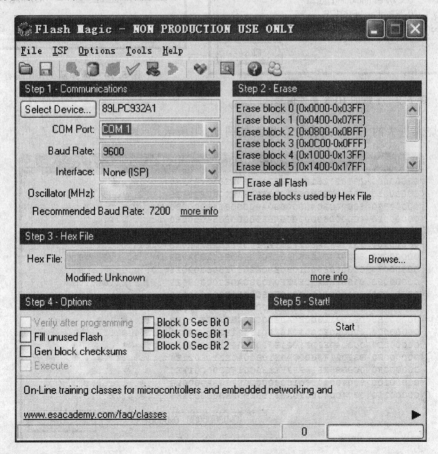

图 5.8　FlashMagic 运行显示的主窗口

本书选择下载的 HEX 文件信息如图 5.9 所示。

选择从 Flash 或者 RAM 中执行的界面如图 5.10 所示。

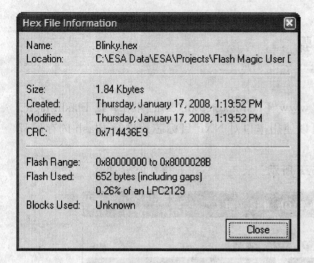

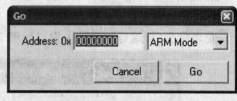

图 5.9　下载的 HEX 文件信息

图 5.10　选择从 Flash 或者 RAM 中执行的界面

显示烧入进去的 Flash 闪存信息界面如图 5.11 所示。

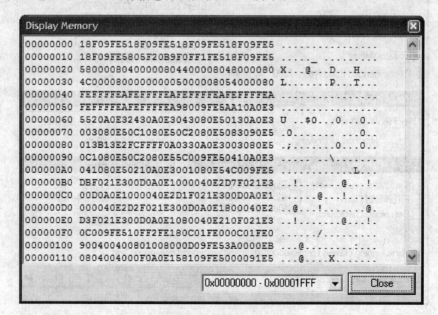

图 5.11　显示烧入进去的 Flash 闪存信息

显示芯片的 ID 信息界面如图 5.12 所示。

开始下载 Bootloader(引导程序)界面如图 5.13 所示。

空检查界面如图 5.14 所示。

高级选项信息(与目标板连接超时时间设置)如图 5.15 所示。

硬件连接设置如图 5.16 所示。

执行的脚本代码参数过程如图 5.17 所示。

软件特性如下：
- 可以直接访问用户接口。
- 只需要 5 个简单的步骤就可以实现对选定的芯片进行擦除和编程。

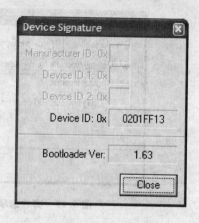

图 5.12 显示芯片的 ID 信息界面

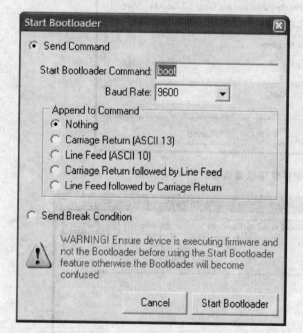

图 5.13 开始下载 Bootloader(引导程序)界面

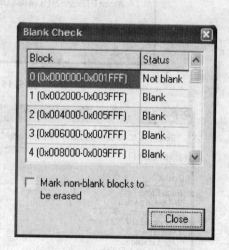

图 5.14 空检查界面

- 支持 Intel HEX 格式文件的烧录。
- 对芯片进行编程后,能自动进行代码校验。
- 自动用空指令填充未用的固件代码的 Flash 区域,提高代码的安全性。
- 能够自动编程校验,使用代码校验算法对代码中的错误和 Flash 的完整性进行测试。

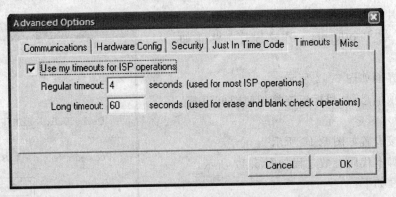

图 5.15 高级选项信息(与目标板连接超时时间设置)

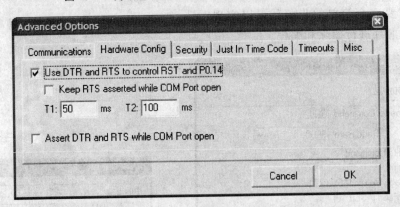

图 5.16 硬件连接设置信息

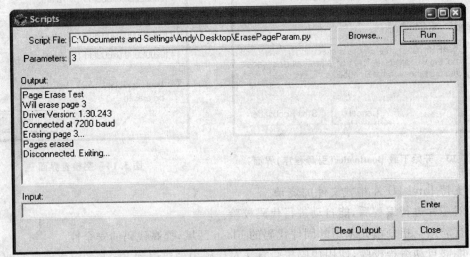

图 5.17 执行的脚本代码参数过程

- 可以对保密位进行编程，从而对芯片加密。
- 支持半双工的通信方式。
- 能够控制 RS232 串口的 DTR 和 RTS 线，可以通过这两根线来复位芯片的 RTS 和 $\overline{PSEN}$ 数据线进入 Boot 模式或者自动执行应用程序。
- 内建版本自动检测功能，可以帮助用户一直使用最新的版本。
- 对产品的代码特性具备失效性设定功能，比如设定产品序列号，代码保护和授权，存储代码的生产日期等。
- 该软件得到 NXP 半导体的授权。
- 显示信息包括 HEX 文件信息，代码创建日期和修改日期，以及 Flash 存储器使用量。
- 该软件完全免费。
- 该软件可以工作在任何 Windows 平台。

2. 软件的运行

在 Keil 环境下设置使用 Flash ISP 软件，只需要选择如图 5.18 中的 Use External Tool for Flash Programming 选项，然后在 Command 文本框中输入 Flash ISP 软件的安装目录下的执行文件，即可以在 Keil 环境下使用 FlashMagic 软件对系统进行编程调试了。默认的 Arguments 的参数采用计算机串口 1，波特率为 9 600，1 位停止位。

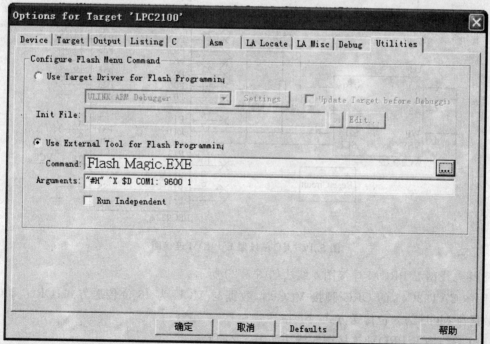

图 5.18 Keil 环境下设置 Flash ISP 软件

5.3.2 常见问题及解决办法

引脚 P0.14 作为 ISP 硬件请求时要特别注意。由于 P0.14 在复位后处于高阻模式,用户需要提供外部硬件(上拉电阻或其他器件)使引脚处于一个确定的状态;否则可能导致非预期地进入 ISP 模式。

5.4 LPC900 系列工程项目设计中的问题以及解决办法

5.4.1 E²PROM 的正确使用方法

市场上经常有 E²PROM 数据丢失或写错的问题,为此本书专门进行了总结。下面将从两个方面介绍 E²PROM 的应用:第一,如何正确地使用 LPC9xx 系列操作外部串行 E²PROM;第二,如何正确地使用内嵌 E²PROM 的 P89LPC932A1。

1. LPC9xx 系列与外部串行 E²PROM 的连接图

I²C 总线型 E²PROM 连接图如图 5.19 所示。

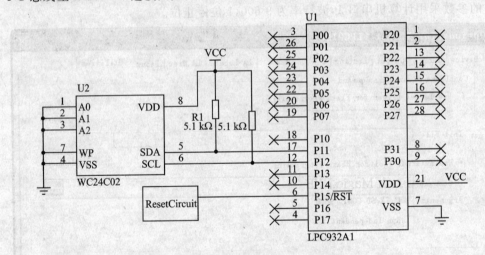

图 5.19 I²C 总线型 E²PROM 连接图

SPI 总线型 E²PROM 连接图 4 线法如图 5.20 所示。

图中 CAT93C46 的 ORG 脚接 VCC 时,数据与 MCU 为 16 位传送方式;ORG 接 GND 时,数据与 MCU 为 8 位传送方式。

SPI 总线型 E²PROM 连接图 3 线法如图 5.21 所示。

图中 CAT93C46 的 ORG 脚接 VCC 时,数据与 MCU 为 16 位传送方式;ORG 接 GND 时

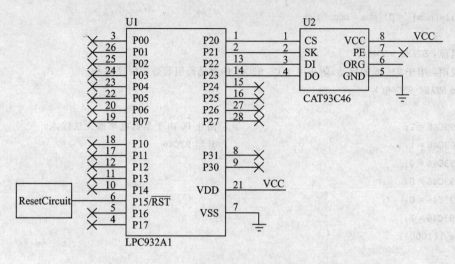

图 5.20 SPI 总线型 E^2PROM 连接图(4 线法)

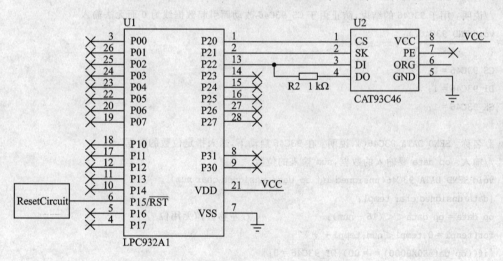

图 5.21 SPI 总线型 E^2PROM 连接图(3 线法)

数据与 MCU 为 8 位传送方式。

```
//CSI93C46 操作子程序,注意:这里使用的 CSI93C46 为 16 位结构的 E²PROM
# include<Reg764.h>
sbit CS_93C46 = P1^6;
sbit SK_93C46 = P1^4;
sbit DI_93C46 = P1^2;
sbit DO_93C46 = P1^3;
void delay1(unsigned int num)
```

```c
{while(num! = 0){num = num - 1;}
}
//名称: START_93C46()
//说明: 用于 93C46 的启动,防止由于 CS_93C46 的改动而引起数据时序混乱
void START_93C46()
{
DO_93C46 = 1;                          //防止 DO 由于是低电平而无法输入
CS_93C46 = 1;                          //开启 93C46
CS_93C46 = 0;
DI_93C46 = 0;
SK_93C46 = 0;
CS_93C46 = 1;
delay1(1000);
}
//名称: END_93C46()
//说明: 用于 93C46 的结束,防止由于 CS_93C46 改动而引起数据线为 0 而无法输入
void END_93C46()
{
CS_93C46 = 0;
DI_93C46 = 1;
SK_93C46 = 1;
}
//名称: SEND_DATA_93C46(),说明: 在 93C46 启动下,送入指定位数的数据
//输入: op_data 要输入的数据,num 输入的位数
void SEND_DATA_93C46(unsigned int op_data,unsigned char num)
{data unsigned char temp1;
op_data = op_data<<(16 - num);         //左移去掉无用位
for(temp1 = 0;temp1<num;temp1 + + )
{if((op_data&0X8000) = = 00){DI_93C46 = 0;}
else{DI_93C46 = 1;}
SK_93C46 = 1;SK_93C46 = 1;SK_93C46 = 1;SK_93C46 = 1;
SK_93C46 = 0;
op_data = op_data<<1;
}
}
//名称: EWEN_93C46(),说明: 93C46 的编程启动,操作码(100 11XXXX)
void EWEN_93C46()
{
START_93C46();
```

```c
SEND_DATA_93C46(0X04,0X03);           //送入3位操作码
SEND_DATA_93C46(0X30,0X06);           //送入6位地址
END_93C46();
}
//名称：EWDS_93C46(),说明：93C46的编程关闭,操作码(100 00XXXX)
void EWDS_93C46()
{
START_93C46();
SEND_DATA_93C46(0X04,0X03);
SEND_DATA_93C46(0X00,0X06);
END_93C46();
}
//名称：READ(),说明：93C46的字读取程序,输入：要读取的字地址(6位)
//输出：读取的字数值
unsigned int READ(unsigned char address)
{data unsigned char temp1;
data unsigned int temp2;
START_93C46();
SEND_DATA_93C46(0X06,0X03);
SEND_DATA_93C46(address,0X06);
temp2 = 0;                            //存放返回数据的缓冲先清零
for(temp1 = 0;temp1<16;temp1++)       //循环读出16个数据
{temp2 = temp2<<1;
SK_93C46 = 1;SK_93C46 = 0;
if(DO_93C46 = = 1){temp2 = temp2|0X01;}
}
END_93C46();
return temp2;
}
//名称：WRITE(),说明：93C46的字写入程序,输入：address要写入的字地址(6位)
//op_data要写入的数据(16位),输出：读取的字数值
unsigned char WRITE(unsigned char address,unsigned int op_data)
{data unsigned char temp1;
data unsigned int temp2;
EWEN_93C46();
START_93C46();
SEND_DATA_93C46(0X05,0X03);
SEND_DATA_93C46(address,0X06);
SEND_DATA_93C46(op_data,0X10);
```

```c
    CS_93C46 = 0;
    CS_93C46 = 1;
    temp1 = 1;
    temp2 = 50000;                  //设置一个最大延时等待数值,注意在不同的晶振
                                    //下延时是不同的
    while(! DO_93C46)
    {temp2 = temp2 - 1;
    if(temp2 = = 0)
    {temp1 = 0;
    break;                          //最大等待延时后说明擦除失败
    }
    }
    END_93C46();
    EWDS_93C46();
    return temp1;
}
//名称:ERASE(),说明:93C46 的字擦除程序,输入:address 要擦除的字地址(6 位)
unsigned char ERASE(unsigned char address)
{data unsigned char temp1;
data unsigned int temp2;
    EWEN_93C46();
    START_93C46();
    SEND_DATA_93C46(0X07,0X03);
    SEND_DATA_93C46(address,0X06);
    CS_93C46 = 0;
    CS_93C46 = 1;
    temp1 = 1;
    temp2 = 50000;
    while(! DO_93C46)
    {temp2 = temp2 - 1;
    if(temp2 = = 0)
    {temp1 = 0;
    break;
    }
    }
    END_93C46();
    EWDS_93C46();                   //返回表示擦除状态的特征
    return temp1;
}
```

```c
//名称：ERAL(),说明：93C46 的全部擦除程序
unsigned char ERAL()
{data unsigned char temp1;
data unsigned int temp2;
EWEN_93C46();
START_93C46();
SEND_DATA_93C46(0X04,0X03);
SEND_DATA_93C46(0X20,0X06);
CS_93C46 = 0;
CS_93C46 = 1;
temp1 = 1;
temp2 = 50000;
while(! DO_93C46)
{temp2 = temp2 - 1;
if(temp2 = = 0)
{temp1 = 0;
break;
}
}
END_93C46();
EWDS_93C46();                        //返回表示擦除状态的特征
return temp1;
}
//名称：WRAL(),说明：93C46 的写全部程序,输入：op_data 要写入的数据(16 位)
//输出：读取的字数值
unsigned char WRAL(unsigned int op_data)
{data unsigned char temp1;
data unsigned int temp2;
EWEN_93C46();
START_93C46();
SEND_DATA_93C46(0X04,0X03);
SEND_DATA_93C46(0X10,0X06);
SEND_DATA_93C46(op_data,0X10);
CS_93C46 = 0;
CS_93C46 = 1;
temp1 = 1;
temp2 = 50000;          //设置一个最大延时等待数值,注意在不同的晶振
                        //下延时是不同的
while(! DO_93C46)
```

```c
{temp2 = temp2 - 1;
if(temp2 = = 0)
{temp1 = 0;
break;
}
}
END_93C46();
EWDS_93C46();
return op_data;
}
```

软件包为 C51 嵌入汇编的一个子程序,主要包括以下几个函数:读函数 unsigned int read (unsigned char address);写函数 void write(unsigned char address,unsigned int dat);写全部函数 void wral(unsigned int dat);擦除函数 void erase(unsigned char address);擦全部函数 void eral();其中写允许和写禁止指令都已经包括在需要写入的函数里面了。下面是用 C51 编写的 CAT93C46 的各个函数操作的程序。

```c
#include<reg932.h>
#define uchar unsigned char
#define uint unsigned int
uint read(uchar a);                 //定义读操作函数
void write(uchar b,uint c);         //定义写操作函数
void eral();                        //定义擦全部操作函数
void wral(uint d);                  //定义写全部操作函数
void erase(uchar e);                //定义擦除操作函数
main()
{
uchar address;
uint dat;
eral();                             //擦除芯片全部内容
address = 2;dat = 0;
dat = read(address);                //把地址为 address 的内容读出并存放在 dat 中
address = 2;
dat = 0X1234;
write(address,dat);                 //把 dat 写到地址为 address 的单元上
address = 2;
dat = 0;
dat = read(address);                //把地址为 address 的内容读出并存放在 dat 中
address = 2;
erase(address);                     //擦除地址为 address 的内容
```

```
address = 2;
dat = 0;
dat = read(address);            //把地址为 address 的内容读出并存放在 dat 中
dat = 0x5678;
wral(dat);                      //把 dat 的内容写满 E²PROM
address = 8;
dat = 0;
dat = read(address);            //把地址为 address 的内容读出进行比较
address = 0;
}
```

上面的 C51 程序可把变量 dat 插入到观察窗口中,在适当的地方设置断点来观察。操作举例:把 1234H 写到 CAT93C46 的所有存储器当中。dat=0x1234;wral(dat);把 CAT93C46 的 10H 单元的内容擦除。address=0x10;erase(address)。

2. 程序设计得不合理

硬件电路设计得不合理特指电源部分及晶振部分,其他暂不考虑。LPC932A1 属于低功耗 MCU 其工作电压为 2.4~3.6 V。有的用户由于经验不足所设计出的系统电压值存在一定的抖动,造成的结果就是影响对内部 E²PROM 模块的供电,导致不能对其进行正常操作。当在电路中对电压进行了处理以后,毛病就消失了。当选用外部晶振时,请选择易启振、频率稳定的晶振,频率不稳定也会影响 E²PROM 的操作,最好选择用户手册推荐的外接电路及器件。

在设计对 E²PROM 进行操作的程序时,如果是写操作,则应按照用户手册先操作 DEECON,然后操作 DEEDAT,最后操作 DEEADR。当地址被赋值以后,内部 E²PROM 模块启动写操作,而有的用户则是先赋值 DEEADR,再赋值 DEEDAT,虽然只是一个顺序的问题,实际中却变成先启动 E²PROM 写操作,再赋值。这样被写入的值有可能为不确认值。

Philips 公司为了能够最大限度地降低 LPC932A1 功耗,默认情况下将 LPC932A1 的各个功能部件关闭,因此在使用内部 E²PROM 时,也有一个上电到稳定电压的过程。在有些需要考虑严重干扰的系统中,有的工程师为了能够使 E²PROM 能在稳定的电压下工作,先对 E²PROM 进行一次预操作,即读/写一个字节。在这个过程中,内部 E²PROM 模块被打开并被供电,然后趋于稳定,这样虽然损失了一个字节,但是操作稳定度加强。

内部 E²PROM 测试原理图如图 5.22 所示。

```
#include "reg932.h"
#define uchar unsigned char
sbit LED = P2^6;                //定义运行指示灯
sbit BEEP = P2^7;               //定义蜂鸣器
sbit KEY1 = P0^0;               //定义按键
```

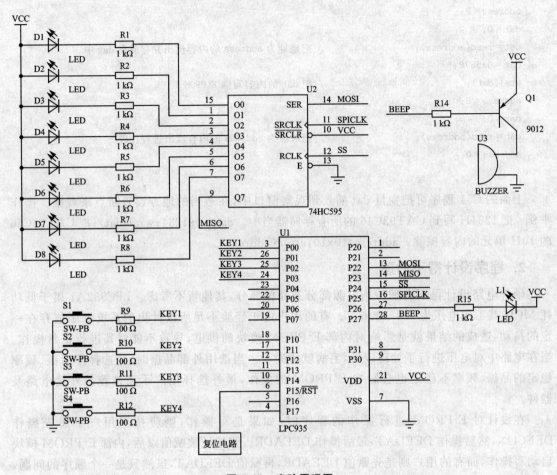

图 5.22　实验原理图

```
sbit KEY2 = P0^1;
sbit KEY3 = P0^2;
sbit KEY4 = P0^3;
//74HC595 控制引脚定义
sbit HC595_CS = P2^4;         //片选线
sbit HC595_CLK = P2^5;        //时钟线
sbit HC595_DAT = P2^2;        //数据线
void SendHC595(uchar dat);
main()
{
uchar Temp;
uchar Count;
```

```c
uchar Data;
uchar Addr;
P0M1 = 0x00;                          //定义 I/O 口工作模式
P0M2 = 0x00;
P2M1 = 0xC0;
P2M2 = 0xC0;
while(1)
{
    if(KEY1 = = 0)                    //当 KEY1 按下,向地址为 0→0xff 的区域写入数据 0→0xff.
    {
        LED = 0;                      //点亮运行指示灯
        Addr = 0x00;                  //地址初始值
        Data = 0x00;                  //待写入数据初始值
        Count = 0xFF;                 //循环次数
        EA = 0;                       //写操作前关闭中断功能避免干扰
        while(Count>0)
        {
            DEECON = 0x00;            //初始化 DEECON
            DEEDAT = Data;            //赋值 DEEDAT
            DEEADR = Addr;            //赋值 DEEADR
            while((DEECON&0x80) = = 0);  //等待写完成
            DEECON = DEECON&0x7F;     //清 0 写完成标志位
            Data + + ;                //待写入数据递增
            Addr + + ;                //地址递增
            Count - - ;               //循环次数递减
            if(Count = = 0)
            { LED = 1;                //最后一次循环熄灭运行指示灯
            }
        }
        EA = 1;                       //开中断
    }
    //读取
    if(KEY2 = = 0)                    //当 KEY2 按下时校验地址 0→0xff 区域间的数据不对则 BEEP
    {
        LED = 0;
        Addr = 0x00;                  //首地址
        Data = 0x00;                  //首数据
        Count = 0xFF;                 //循环次数
        while(Count>0)
```

```
{
    DEECON = 0x00;                      //初始化 DEECON
    DEEADR = Addr;                      //赋值 DEEADR
    while((DEECON&0x80) = = 0);         //等待
    Temp = DEEDAT;                      //将读出的值赋给 Temp
    if(Temp! = Data)                    //判断
    {
        BEEP = 0;                       //BEEP 鸣叫
        SendHC595(~Temp);               //显示时的数据(可以判断出操作第几位 E²PROM 出错)
        break;
    }
    Data + + ;                          //待校验数据递增
    Addr + + ;                          //地址递增
    Count - - ;                         //循环次数递减
}
SendHC595(~Data);                       //若循环结束,显示最后一次操作的数据
}
//100~~~~1FFH
if(KEY3 = = 0)                          //KEY3 按下对地址为 100→1FF 的区域进行写操作
{
    LED = 0;                            //点亮运行指示灯
    Addr = 0x00;                        //地址低 8 位初值
    Data = 0x00;
    Count = 0xFF;                       //循环次数
    EA = 0;                             //关中断避免干扰
    while(Count>0)
    {
        DEECON = 0x01;                  //初始化 DEECON,并置地址最高位为 1
        DEEDAT = Data;                  //赋值 DEEDAT
        DEEADR = Addr;                  //赋值 DEEADR
        while((DEECON&0x80) = = 0);     //等待写完成
        DEECON = DEECON&0x7F;           //清 0 写完成标志位
        Data + + ;                      //待写入数据递增
        Addr + + ;                      //待写入地址递增
        Count - - ;                     //循环次数递减
        if(Count = = 0)
        {
            LED = 1;                    //循环结束关闭运行指示灯
        }
```

```c
    }
    EA = 1;                          //恢复中断
}
//读取
if(KEY4 = = 0)                       //KEY4 按下对地址 100→1FF 进行校验
{
    LED = 0;                         //点亮运行指示灯
    Addr = 0x00;                     //初始化地址低 8 位: x 0000 0000
    Data = 0x00;                     //循环次数
    Count = 0xFF;
    while(Count>0)
    {
        DEECON = 0x01;               //初始化 DEECON,并置位地址最高位
        DEEADR = Addr;               //赋值 DEEADR
        while((DEECON&0x80) = = 0);  //等待读完成
        Temp = DEEDAT;               //将读出的值赋给 DEEDAT
        if(Temp! = Data)
        {
            BEEP = 0;                //如果读出不正确则 BEEP
            SendHC595(~Temp);        //并显示出错数据(可以判断出错地址)
            break;
        }
        Data + + ;                   //数据递增
        Addr + + ;                   //地址递增
        Count - - ;                  //循环递减
    }
    SendHC595(~Data);                //循环结束显示最后一次的数据
}
}
}
//名称 SendHC595(),功能向 74HC595 发送数据以驱动 LED 显示
//入口参数 data 要发送的数据,出口参数无
void SendHC595(uchar dat)
{ uchar i;
    HC595_CS = 0;                    //片选
    for(i = 0;i<8;i + + )
    { HC595_CLK = 0;                 //CLK 置低
        if((dat&0x80)! = 0)HC595_DAT = 1;  //赋值
        else HC595_DAT = 0;
```

```
    HC595_CLK = 1;                      //CLK 置高
    dat = dat<<1;                       //循环移位
}
    HC595_CS = 1;                       //关闭
}
```

5.4.2 LPC932 系列代码在 LPC901 单片机上的移植

LPC932 系列代码移植到 LPC901 单片机后,程序不能运行,程序还在启动代码那里打转,根本执行不到 main 程序,所有的 I/O 都处于高阻模式,此问题一般有两种解决办法:

第一种,去掉工程中的 Start900.a51 文件(LPC922 不使用这个文件);第二种,修改 Start900.a51(LPC901 中的启动文件)文件,修改方法为 Start900.a51 中有几处需要修改,修改后就可以了。IDATALEN EQU 80H;IDATA 长度,901 要设置成 80H;此外在 Start900.a51 里可以预先设置配置位,编程时就不需要再单击"配置"按钮了,比较方便且不容易出错。

```
FOSC EQU 3;3 表示内部 RC 振荡器
WDSE EQU 0;0 表示 WDS 禁止
BOE EQU 1;1 表示掉电检测允许
RPE EQU 0;0 表示内部复位
WDTE EQU 0;0 表示 WDT 禁止
BOOTVEC EQU 0x1f;引导向量
BOOTSTAT EQU 0x00;引导状态字
CSEG AT 0FFF0H;修改为 0FF00H
```

5.4.3 LPC932 单片机可靠性设计方案以及解决办法

1. 使用单片机内部复位电路的可靠性设计

LPC932 单片机只能工作在 3 V 供电电压下,其外围器件既可以选用 3 V 接口器件,也可以选用 5 V 接口器件。当用户决定使用内部复位时,为了保证单片机上电复位可靠,必须在复位引脚接一上拉电阻如 5~10 kΩ。如果单片机使用 3 V 电源电压,外围器件使用 5 V 电源电压,则准确的复位电路设计方法如图 5.23 所示。如果单片机使用 3 V 电源电压,外围器件使用 3 V 电源电压,则准确的复位电路设计方法如图 5.24 所示。

2. 使用单片机外部复位电路的可靠性设计

LPC932 单片机只能工作在 3 V 供电电压下,其外围器件既可以选用 3 V 接口器件,也可以选用 5 V 接口器件,当用户决定使用外部复位电源监控器件时,为了保证单片机上电复位可靠,一定要注意根据外围器件的供电电源方式来选择复位电源监控器件。如果单片机使用 3 V 电源电压,外围器件使用电源电压 5 V,则准确的复位电路设计方法如图 5.25 所示,请选

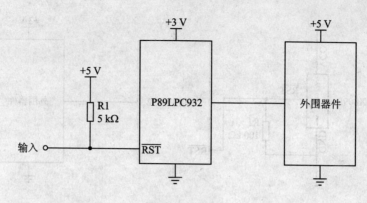

图 5.23　方案一

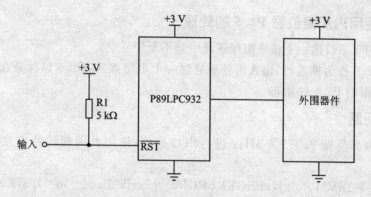

图 5.24　方案二

择 Philips 半导体公司生产的 MAX809L 等合适的电源监控器件。如果单片机使用 3 V 电源电压外围器件，使用 3 V 电源电压，准确的复位电路设计方法如图 5.26 所示，请选择 Philips 半导体公司生产的 MAX809R 等合适的电源监控器件。

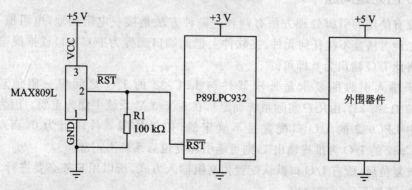

图 5.25　方案三

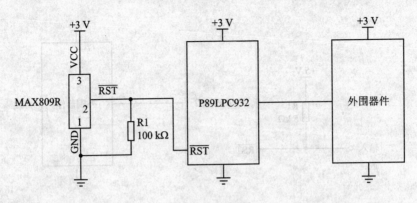

图 5.26　方案四

3. 选择使用内部复位后 P1.5 的处理

- 不使用 P1.5 口接一上接电阻保证此引脚不至于悬空。
- 使用 P1.5 作为输入时,输入信号要通过一个电阻接入,P1.5 口保证在上电期间输入信号不影响 P1.5 的状态。

4. 晶振问题

建议使用内部晶振 7.372 8 MHz 进行串口通信,使用其内部波特率发生器计算方法如下:

9 600 波特率 DIVM 不分频(BRGR1 BRGR0)=Fcclk/Baud−16=7.372 8×10^6/9 600−16=752=02F0(H)

19 200 波特率 DIVM 不分频(BRGR1 BRGR0)=Fcclk/Baud−16=7.372 8×10^6/19 200−16=368=0170(H)

5. I/O 口处理问题

- 对没有使用的引脚处理方法有两种。一种方法是接一电阻到地,电阻值 1~10 kΩ。第二种方法是不接任何元件,在软件上把此端口配置为准双向口或推挽输出方式,然后将此 I/O 输出为 0 即可。
- 对于输入引脚的要求是外围器件与 LPC932 的 I/O 之间串一阻值较小的电阻 (100 Ω~3 kΩ,由用户实际系统确定),在 5 V/3 V 系统中优为重要。因为,在复位过程中 LPC932 的 I/O 口配置是不确定的,如果外围器件输出为 0,而与其连接的 LPC932 的 I/O 为推挽输出 1,则可能引起复位后系统不正常。
- 系统复位后,所有 I/O 口默认配置为高阻输入方式,所以用户务必要进行 I/O 口配置操作,否则无法正确输出。

第 6 章

高级应用实例

6.1 锂离子电池充电器设计

6.1.1 系统概述

现在很多便携式电子系统和产品都使用可充电电池提供电源,客户也可以选择很多不同的充电器实现方案,比如特殊的电源管理 IC、微控制器控制,甚至简单到使用逻辑器件实现。综合考虑充电安全性、时效以及低成本等因素,基于微控制器的充电方案在很多应用领域中被广泛采用。

对大多数充电设备来说,充电过程可以分为如下三个主要阶段:预充阶段、恒流充阶段、恒压充阶段。在预充阶段,使用小充电电流来保护电池。但是在大多数的充电场合,待充电电池通常仍留有一定的电压,所以并不需要进行这一阶段而是直接跳到下一阶段。恒流和恒压充阶段是电池充电的两个主要阶段,在这两个阶段里面大多数的电能被存储到电池里面。电池的最大充电电流依赖于它的标称容量,例如,一个标称值为 700 mAh 的电池通常用 350~400 mA 的电流充电以实现快速充电。

当被充电的电池是锂离子电池时,在最后的一个充电步骤中,微控制器会维持一个恒定的充电电压,同时监视充电电流来决定什么时候结束充电。当电池被充满后,电能就开始转化为无用的热能,它会导致电池温度升高,针对这种情况可以在方案里加入温度检测功能。但是,市面上的大多数锂离子电池也有过充保护功能,所以温度检测功能很少被使用。

实现一个充电器的最经济的办法是采用一个降压变换器。降压变换器是一个用电感作为储能设备的开关调节器。降压变换器的开关由脉宽调制器(PWM)控制。当开关闭合的时候,电流的流向如图 6.1 所示,充电电压 Vin 通过电感给电容充电。因为通过电感的电流不能突变,电感会感应出一个电压来维持它的电流。此时,电流流过二极管,电感给电容充电。之后重复这个循环。当缩短开关闭合的时间(也就是减少 PWM 的占空比),平均电压就会降低,反之亦然。因此,通过控制占空比,可以调节充电电压或者电流,来达到需要设定的值。

变换器电感选择可以依照下面公式计算:

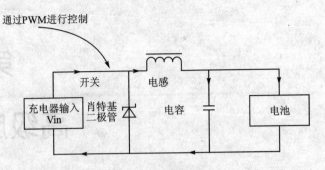

图 6.1 降压变换器开关控制

$$L = (V_i - V_{sat} - V_o) \times (T \times DutyCycle)/2I_o \tag{1}$$

V_i：加到开关的充电电压 Vin；V_{sat}：开关管正向导通压降；V_o：输出电压；T：PWM 的周期；DutyCycle：PWM 的占空比；I_o：输出电流(恒流充电时的电流)。

如式(1)所示，PWM 的频率越高(周期 T 越短)，电感越小，所以成本也就越低。**注意**：这个电路中的电容只是一个简单的纹波减少器，它的值越大越好，因为纹波大小与电容值成反比。使用恩智浦 P89LPC935(对于低成本和小封装的应用可使用 LPC916)作为锂离子电池座式充电器的控制器，它控制恒流和恒压充电的切换以实现快速充电，同时依靠 LED 灯指示不同的工作状态，使用了 3 个数字发光二极管(LED)来显示该充电状态下的电压或电流。

因为 LPC935 的 VDD 被用作 A/D - D/A 转换器的参考电平，因此它的精确度对 A/D、D/A 变换非常重要。采用 3 端的低压降稳压器 LM1117 可以产生精确的 3.31 V 电压，提供给 LPC935 的 VDD。高频率的脉冲可使电压调节更加有效率。作为 LPC935 特性的捕获/比较单元(CCU)可以提供更高频率的 PWM 输出，为充电电压的控制带来更多优势。考虑到与小封装的 LPC9xx 系列芯片兼容，只使用了一般的 PWM 功能。LPC935 集成了 8 位的模/数(A/D)转换器，可以在电压监测中提供很高的精度，这对于锂离子电池应用是至关重要的。它带来了最大化的效率和更长的电池寿命。

降压变换器电感选择可以根据公式：$L = (V_i - V_{sat} - V_o) \times (T \times DutyCycle)/2I_o$ 计算出电感值。假设 V_i 是 5.25 V，V_{sat}(I_o=350 mA 时)是 0.5 V，需要的输出电压 V_o 是 4.25 V，需要的输出电流 I_o 是 350 mA，$1/T$ 是 14.7 kHz，DutyCycle 是 50%，需要至少 10 μH 的电感。注意如果需要使用更高的输入电压，必须使用更高频率的 PWM，否则必须使用更大的电感，这将会使成本上升。所以选择合适的输入电压也是一个必须考虑的问题。

设计要求包括输入设计要求和输出设计要求，分别如下。

输入设计要求：输入电压直流 5.2(1±2%)V，输入电压范围最小 5.1 V，最大 5.3 V；输入电流 500 mA，输入电流范围最小 400 mA，最大 600 mA；输入纹波最大为 V_{pp}=50 mV。

输出设计要求：输出电压(结束充电时)直流 4.25(1±1%)V，输出电压范围最小 2.5 V，最大 4.27 V；输出电流(恒流充电)350(1±10%)mA，输出电流范围最小 0 mA，最大 400 mA；

输出纹波最大为 $V_{pp}=50\text{ mV}$。

主要功能包括充电模式、充电电流以及充电阶段控制。锂离子电池充电阶段示意图如图 6.2 所示。充电模式有以下 3 种：准备以小电流(30 mA)充电，同时监测充电电压；使用恒流(350 mA)进行快充，调节控制脉冲来保持稳定电流；使用恒压(4.2 V)进行快充，同时监控充电电流。

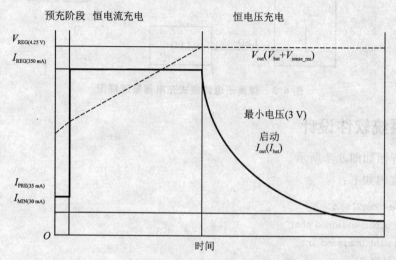

图 6.2 锂离子电池充电阶段示意图

充电电流有预充电流 35 mA，快充电流 350 mA，结束充电电流小于 20 mA。3 个充电阶段有预充阶段(待充电电池电压小于 3 V)，快充阶段(恒流充电和恒压充电)，定时控制的充电阶段(延续 20 min)。结束充电通过检测充电电流和定时控制来实现。LED 指示包括红灯慢闪指示(表示在工作模式，正在对电池充电)，稳定红灯指示(表示充电结束)，红灯快闪指示(表示电池短路和不在槽指示)。如果输出被短路，控制器会自动监测到这一状态，并切断输出电压，LED 快闪报警。当开始充电时，如果电池不在充电槽内，充电器的 LED 会快闪指示。在充电过程中，如果电池被拔出充电槽，充电器的 LED 会快闪指示，直到电池被插回槽内。15 s 后，充电过程会继续进行。

3 个充电阶段的转换原则：预充阶段(如果 $V_{bat}<3.0(1\pm 1\%)$ V，设置 $I_{out}=10\%$，$I_{reg}=35$ mA)；快充阶段(恒流充)。$V_{bat}\leqslant 4.00(1\pm 1\%)$ V，设置 $I_{out}=I_{reg}=350$ mA；快充阶段(恒压充)。$V_{bat}>4.00(1\pm 1\%)$ V，并且 $I_{bat}\geqslant 30$ mA，设置 $V_{out}=V_{reg}=4.25$ V；定时器控制的充电阶段(恒压充)。当 $I_{bat}<30$ mA，设置 $V_{out}=V_{reg}=4.25$ V 并且延续 20 min，然后结束充电过程，保持监测 V_{bat}。

6.1.2 系统硬件设计

功能模块框图如图 6.3 所示。

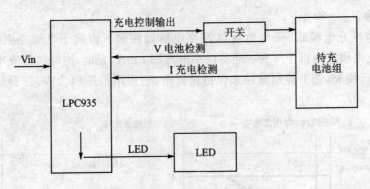

图6.3 锂离子电池座式充电器原理框图

6.1.3 系统软件设计

软件流程图如图6.4所示。

软件源代码如下:

```c
#include<reg916.h>
#define uchar unsigned char
#define uint unsigned int
//全局变量定义
uchar data RTC_Counter_LED,LED_Flash_Speed;
uint data RTC_Counter_AD;              //RTC 计数用于 A/D 转换
uint data AD_Convert_Speed;            //A/D 转换间隔
uint data RTC_Counter;                 //RTC 延时
uchar data RTC_Counter_Minute;
bit data LED_Flag,AD1_Flag,AD_Flag,Battery_On_Socket;
bit data Pre_Charge_Status,Constant_Current_Charge,Constant_Voltage_Charge;
uint data AD1_1,AD1_2,AD1_3;           //AD1.1 - Battery V + ,AD1.2 - temp. ,AD1.3 - I detect
uchar data average;                    //A/D 平均数值
//常量定义
#define LED_FLASH_FAST 10
#define LED_FLASH_SLOW 200
#define STOP_CHARGE_DELAY 50
void main(void);                       //主循环
void init(void);                       //初始化
void ad_convert(void);
void main()
{
EA = 0;
```

高级应用实例 6

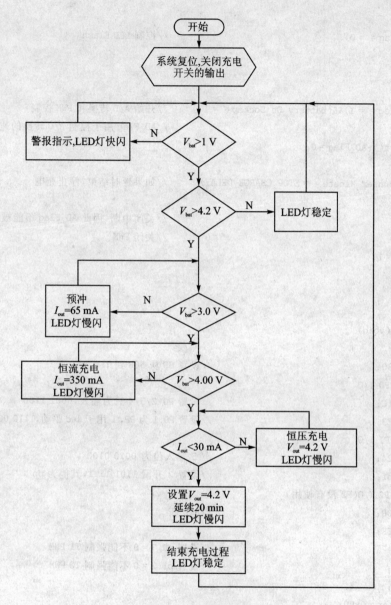

图 6.4 软件流程图

```
init();
EA = 1;
for(RTC_Counter = 1;RTC_Counter<1700;);
RTC_Counter = 0;
for(;;)
```

```c
{
    if(LED_Flag == 0)                                   //控制 LED Flash
    {KB1 = 0;}
    else
    {KB1 = 1;}
    if((AD_Flag == 1)&&(Battery_On_Socket == 1))        //开始 A/D 转换和 PWM 控制
    {                                                   //AD_Flag 用于控制 A/D 转换的速度
        ad_convert();AD_Flag = 0;
    }
    if(RTC_Counter_Minute == STOP_CHARGE_DELAY)         //如果延时结束,停止充电
    {
        EA = 0;                                         //关闭中断,因此 AD_Flag 不能被置位
        P1 = 0;                                         //关闭 PWM
        LED_Flag = 1;
    }
}
}
void init(void)
{
    //SP = 0x30;                                        //设置 SP 从 50H 到 7FH
    //Config P0 I/O
    P0M1 = 0x1C;                                        //设置 P0.2/3/4 只为输入,0001 1100
    P0M2 = 0xE3;                                        //设置 P0.1 为 PP,~1 用于 led 驱动,1110 0011,其他为 pp
    //Config P1 I/O
    P1M1 = 0x24;                                        //^5 输入位为 0010 0100
    P1M2 = 0xdf;                                        //设置~2 开漏 1101 1111,其他为 pp
    //Config P2 I/O(P2 没有使用)
    P2M1 = 0x00;                                        //All PP
    P2M2 = 0xFF;
    KB5 = 0;                                            //设置 p0.7 = 0 不能强制 T1 PWM
    P1 = 0x00;                                          //设置 p1.2 = 0 不能强制 T0 PWM
    P2 = 0x00;
    RTC_Counter = 0x00;
    RTC_Counter_LED = 0x00;
    LED_Flag = 0;
    LED_Flash_Speed = LED_FLASH_SLOW;
    AD1_1 = 0;
    AD1_2 = 0;
    AD1_3 = 0;
```

```c
AD1_Flag = 0;
RTC_Counter_LED = 0;
AD_Flag = 0;
average = 10;
Pre_Charge_Status = 0;
Constant_Current_Charge = 0;
Constant_Voltage_Charge = 0;
RTC_Counter_Minute = 0;
Battery_On_Socket = 1;
AD_Convert_Speed = 10;
//初始化 RTC 用于延时
WDCON &= 0xE0;                  //关闭 WDT
RTCH = 0x01;                    //设置 16 位计数器用于 RTC,大约 8.9 ms
RTCL = 0xFF;
RTCCON = 0x63;                  //RTC 使能,CCLK 用于内部 RC 振荡器
EWDRT = 1;                      //使能 RTC/WD 中断
//初始化 T0 作为 PWM
TMOD |= 0x02;                   //设置 T0 模式为 6
TAMOD |= 0x01;                  //用于 PWM,0x01
TH0 = 255;                      //占空比 = 256 - TH0,用于 5 V 输入,设置初始充电电流
AUXR1 |= 0x10;                  //P1.2 翻转
TR0 = 1;                        //使能 T0
//使能 A/D 转换,使用 CPU 时钟作为 A/D 时钟
ADMODA = 0x10;
ADMODB = 0x40; //AD "40" for CCLK/3,7.3728/3 = 2.4576M. "60" for CLK = CCLK/4,1.8432M,ADC MODE
ADINS = 0xE0;                   //使能 AD11,AD12,AD13
ADCON1 = 0x04;                  //使能 AD1 定时器
//ad_convert(),描述 A/D 转换
void ad_convert()
{
uchar temp = 0;
ADCON1 |= 0x01;                 //使能 A/D 转换
while(!(ADCON1 & 0x08));        //等待 A/D 直到结束
ADCON1 &= ~0x08;
if(average - - = = 0)           //每 x(10)次,A/D 输出一次结果
{
AD1_1 = AD1_1/10;
AD1_2 = AD1_2/10;
AD1_3 = AD1_3/10;
```

```
average = 10;
//AD11 用于电池电压检测
if(AD1_1 > 176)                              //If Vout > 4.6v
{                                            //在充电过程中,防止电池拔出
    SCL = 0;
    Battery_On_Socket = 0;                   //强制 A/D 转换
    RTC_Counter = 5000;                      //延时 15 s,然后在 RTC_Interrupt()中使能 A/D 转换
    LED_Flash_Speed = LED_FLASH_FAST;        //标志电池没有放入座中
}
else if(AD1_1 <= 38)                         //如果 Vout <= 1 V, <= (1/3.31×2) × 256 = 256/6.66
{
    SCL = 0;
    LED_Flash_Speed = LED_FLASH_FAST;        //设置 p1.2 = 0,强制 PWM,关闭输出
    AD1_1 = 0;                               //标志错误状态
}                                            //数字 LED 显示"000"
                                             //电池短路或者没有装好
else if(AD1_1 <= 115)                        //If Vout <= 3V,3 × 256/6.66
{
    SCL = 1;                                 //使能 P1.2 PWN
    TH0 = 250;                               //在 5 V 输入下,大约充电电流是 30~65 mA
    LED_Flash_Speed = LED_FLASH_SLOW;        //标志充电状态
    if(Constant_Current_Charge == 0)Pre_Charge_Status = 1;    //设置预充电状态
}
else if(AD1_1 < 162)                         //检测 Vout = 电池电压 + 0.35 × 0.75
//对于满充电的电池,电池电压 vol = 4.24,I 限制电流为 20 mA,4.24 + 0.02 × 0.75 = 4.26 V
//对于保护的电池,设置 Vout = 4.26 V(162)
{//如果电压 vol = 4.2,电流限制在 80 mA,4.2 + 0.08 × 0.75 = 4.26 V
//如果电压 vol = 4.15,电流限制在 150 mA,4.15 + 0.15 × 0.75 = 4.26 V
//如果恒流充电 4.26 - 0.35 × 0.75 = 4.00 V,因此电压 Vbat > 4.00 V 进入恒压充电
//如果恒压充电,充电电流最小为 20 mA,电压 Vbat = 4.26 - 0.02 × 0.75 = 4.24 V
//(161 - 4.252,162 - 4.267,160 - 4.234)
    SCL = 1;
    LED_Flash_Speed = LED_FLASH_SLOW;        //设置充电状态
    if(Constant_Voltage_Charge == 0)
    {
        Constant_Current_Charge = 1;         //设置固定充电电流状态
        Pre_Charge_Status = 0;               //禁止预充电状态
    }
}
else                                         //If 4.26V < Vout < 4.6V
```

```
{
SCL = 1;
LED_Flash_Speed = LED_FLASH_SLOW;           //标志充电状态
Constant_Voltage_Charge = 1;                //设置固定电压充电状态
Constant_Current_Charge = 0;                //禁止固定电流充电状态
Pre_Charge_Status = 0;                      //禁止预充电状态
temp = AD1_1;
AD1_1 = 0;                                  //复位 AD1_1
//AD12 用于温度检测
//AD1_2 = AD1_2 × 83/64;                    //输入电压 × 3.31 × 100/256
//First_Bit = AD1_2/100;
//AD1_2 = AD1_2 % 100;
//Second_Bit = AD1_2/10;
//Third_Bit = AD1_2 % 10;
//DP_Enable = 0;
AD1_2 = 0;                                  //reset AD1_2
//AD13 用于充电电流检测
if(Pre_Charge_Status = = 1)
{
if((AD1_3>1)&&(TH0<250))                    //确保预充电流<65 mA
{ TH0 + + ;}
}
else if(Constant_Current_Charge = = 1)
{
if(AD1_3<17)                                //260 mV,(Icharge = 350 mA)
{//如果充电电流<350 mA,pwm + +
if(TH0<2)
{
TH0 = 1;
if(RTC_Counter = = 0)                       //开始 20 min 的延时用于结束充电
{ RTC_Counter = 1;}                         //如果电压 Vout<2.6 V,则 RTC_Counter 置位
//在最大 PWM 时,Ibat 不能达到 350 mA
}
else
{ TH0 = TH0 − 1;}
}
else if(AD1_3>17)
{//如果充电电流>350 mA,pwm − −
if(TH0>253)
```

```
{ TH0 = 254;}
else
{TH0 = TH0 + 1;}
}
}
else if(Constant_Voltage_Charge = = 1)
{
if(AD1_3< = 1)                          //充电电流<60 mA
{
if(RTC_Counter = = 0){ RTC_Counter = 1;}  //开始 50 min 延时,直到充电结束
}
if(temp>160)                            //temp = AD1_1,if Vout is>4.23 V(achieve 4.23 V),- -PWM
{
if(TH0<255){TH0 + + ;}
}
else if(temp<160)                       //如果 Vout<4.21 V(包括 4.21 V),+ +PWM
{
if(TH0>1){TH0 - - ;}
}
}
AD1_3 = 0;                              //复位 AD1_3
}
else
{AD1_1 + = AD1DAT1;AD1_2 + = AD1DAT2;AD1_3 + = AD1DAT3;}
}
//RTC 中断
void RTC_Interrupt(void)interrupt 10 using 1
{
if(RTC_Counter ! = 0){ RTC_Counter + + ;}
RTC_Counter_LED + + ;RTC_Counter_AD + + ;
if(RTC_Counter_LED = = LED_Flash_Speed)
{LED_Flag = ~LED_Flag;RTC_Counter_LED = 0;
}
if(RTC_Counter_AD = = AD_Convert_Speed)
{AD_Flag = 1;RTC_Counter_AD = 0;}
if(RTC_Counter = = 6750)                //延时 1 min
{
RTC_Counter_Minute + + ;
RTC_Counter = 1;
```

```
        if(Battery_On_Socket = = 0)           //15 s 延时,用于电池安装过程
        {Battery_On_Socket = 1;RTC_Counter = 0;}
        }
        RTCCON = 0x63;                         //清除 RTCCON.7 - RTCF
        }
```

6.2 用 P89LPC932A1 驱动 PCM 语音芯片 MC14LC5480

6.2.1 系统概述

使用单片机 P89LPC932A1 的定时器 T1、SPI 时钟和 CCU 单元的 PWM 这 3 部分系统级功能来实现 MC14LC5480 的驱动,并利用单片机的 SPI 接口与之通信,同步双向传输 PCM 编码。PCM 语音编码芯片 MC14LC5480 工作时需要 3 种不同的时钟信号:芯片工作主时钟、位同步时钟和帧同步时钟。MC14LC5480 是 Motorola 公司生产的一款 PCM 编解码芯片,主要用于对话音的 A/D、D/A 转换。用单片机 P89LPC932A1 驱动 PCM 语音编码芯片正常工作,并通过 SPI 接口与之进行通信,同步双向地传输 PCM 数字语音。设计中主要用到的 P89LPC932A1 功能单元有 SPI 单元、CCU 单元和定时器单元。

1. 同步串行接口 SPI

SPI 往往被称为"三线式接口"。实际上几乎所有的实现都需要 2 根数据线、1 根时钟线、1 根片选线和 1 根公共接地线。P89LPC932A1 的 SPI 操作很容易理解,只要记住该协议是基于 2 个 8 位移位寄存器(1 个在主机中,1 个在从机中),其关键操作是在主机和当前选定的从机之间传输一个字节的数据,当数据从主机移位传送到从机的同时,数据也以相反的方向移入。

P89LPC932A1 的 SPI 接口有主模式和从模式两种工作状态。主/从模式均支持高达 3 Mbit/s 的传输速率。SPI 接口有 4 个引脚:SPICLK、MOSI、MISO 和 SS。这 4 个引脚在不同的模式下处于不同的工作状态。本实验中单片机的 SPI 被设置为主模式:MOSI 为数据输出端;MISO 为数据输入端;SS 为从机选择引脚;SPICLK 为输出,为从机提供串行传输时钟,其产生的时钟速率可选择为 CPU 时钟的 1/4、1/16、1/64 和 1/128。单片机 P89LPC932A1 的 SPI 工作在主模式下的时序如图 6.5 所示。

值得注意的是,在主模式下 SPICLK 引脚向从机提供的串行传输时钟并不是连续的。SPI 初始化完成后,SPI2CLK 并不会立即产生串行传输时钟。只有对 SPI 数据寄存器有效的写操作才能启动 SPI 时钟发生器和数据的传输,当写入的 8 位数据串行传输完成后,SPI 时钟将会停止。这意味着从机的输入/输出必须由串行传输时钟 SPICLK 单独控制。

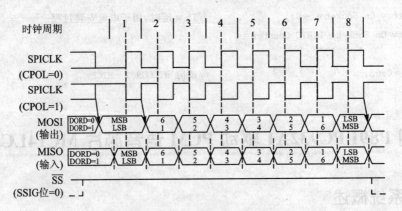

图 6.5　SPI 主机传输格式（CPHA＝0）

2. 捕获/比较单元 CCU 的 PWM 功能

P89LPC932A1 的 CCU 单元主要有基本定时器功能、输出比较功能、输入捕获功能和 PWM 功能。本例主要使用 CCU 单元的 OCD 脚产生 PWM 脉冲，对 CCU 单元的 PWM 操作进行介绍。P89LPC932A1 的 PWM 就是对脉冲的宽度进行调制的技术，即通过对一系列脉冲的宽度进行调制来等效地获得所需的波形。CCU 单元在其定时器递增或递减计数的过程中与设定好的比较值进行比较，当比较匹配时使输出的脉冲翻转来实现 PWM 操作。TOR 寄存器的值决定其输出脉冲的频率，OCR 寄存器的值决定比较匹配时输出脉冲的占空比。

PWM 操作有对称和非对称两种模式，实验中采用非对称模式和定时器递减计数来产生 PWM 波形，当比较匹配时可以设置中断操作。非对称 PWM（递减计数）如图 6.6 所示。

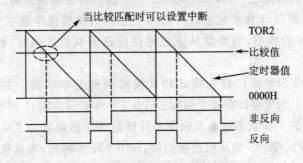

图 6.6　非对称 PWM（递减计数）

3. 定时器/计数器单元

P89LPC932A1 有 2 个通用定时器/计数器 T0 和 T1，与标准 80C51 的定时器兼容。本例中使用定时器/计数器 T1 来作为时钟发生器，为 PCM 编码芯片提供所需的工作主时钟。更改定时器初值寄存器的值可以控制输出时钟的频率。

6.2.2 MC14LC5480 的工作模式

PCM 编码芯片 MC14LC5480 具有低功耗、低噪声等特点,片内全差分模拟电路设计,集成发送带通滤波器和接收低通滤波器,具有 RC 滤波器。MC14LC5480 可工作在长帧模式、短帧模式、IDL(In2terchip Digital Link)模式和 GCI(General Circuit Interface)模式下。这 4 种工作模式的区别主要体现在输入的帧同步(采样时钟)和位同步(PCM 数据收发时钟)两路信号之间的关系上。这里采用的是长帧模式,其要求的同步时序关系如图 6.7 所示。其中,DT、DR 是 PCM 编码的输出、输入引脚。

图 6.7 中收发帧同步(FST/FSR)时钟频率固定为 8 kHz,而长帧模式下收发位同步(BCLKT/BCLKR)时钟频率可选择为 64~4 096 kHz。另外,长帧模式下帧同步时钟的占空比必须满足图 6.7 中的关系,也就是说,一个周期内帧同步时钟的高电平宽度应该等于 2~8 个位同步时钟周期,其上升沿驱动 8 位 PCM 语音数据的收/发。

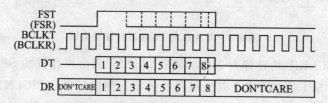

图 6.7 长帧模式同步时序

除此之外,MC14LC5480 还需一个外部提供的芯片主时钟(MCLK),可接受的频率为 256、512、1 536、1 544、2 048、2 560 或 4 096 kHz。对照图 6.5 和图 6.7 可以看出,语音芯片的 DT 和 DR 引脚每次同步收发 8 位数据,这与单片机的 SPI 数据传输格式是相同的,但语音芯片对帧同步时钟却有特别占空比的要求。在长帧模式下选择位同步时钟(BCLKT/BCLKR)频率为 2 048 kHz,单个周期内帧同步时钟的高电平宽度包含 8 个位同步时钟周期,由此计算出 8 kHz 的帧同步时钟(FST/FSR)的占空比为 8 kHz×8/2 048 kHz=1/32。该帧同步时钟由单片机 CCU 单元的 OCD 引脚提供。

6.2.3 电路设计

在本设计中,利用单片机 P89LPC932A1 的 CCU 单元的 OCD 引脚产生占空比为 1/32 的 PWM 波形,为 PCM 编码芯片 MC14LC5480 提供所需的帧同步时钟;通过 P89LPC932A1 的 SPI 数据接口(MOSI/MISO)与 MC14LC5480 的数字输入/输出引脚(DR/DT)进行 PCM 码的双向传输;同时 SPI 所产生的串行传输时钟(SPI、CLK)作为 MC14LC5480 的位同步时钟,单片机晶振频率为 8.192 MHz。单片机与 PCM 芯片连接电路如图 6.8 所示。

需要注意的是,本设计中将 PCM 编码芯片 MC14LC5480 的芯片主时钟(MCLK)和位同

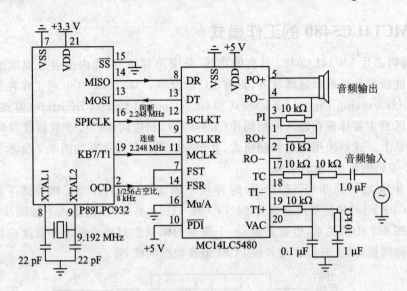

图 6.8 单片机与 PCM 芯片连接电路

步时钟(BCLKT/BCLKR)均设置为 2.084 MHz,但却分别由单片机的 SPICLK 和 T1 提供。这是由于单片机的 SPI 在主模式下向从机提供的串行传输时钟(SPICLK)并不是连续的,显然不能作为 MC14LC5480 芯片的主时钟。因此,需要由单片机的 T1 单独提供一路连续的 2.084 MHz 时钟作为 MC14LC5480 芯片的主时钟。

6.2.4 程序设计

本实验主要实现单片机对 PCM 编码芯片的驱动和数字语音的收发功能。步骤如下:

① 首先初始化定时器 T1,使其产生连续的 2.048 MHz 时钟,作为 MC14LC5480 芯片的主时钟(MCLK)。

② 初始化 SPI 单元,设置 SPI 的工作模式为主模式,设置串行传输时钟 SPICLK 的频率为 2.048 MHz。

③ 初始化 CCU 单元,主要是寄存器 TOR 和 OCR 初值的设置,使单片机 CCU 单元的 OCD 引脚为 MC14LC5480 提供频率为 8 kHz、占空比为 1/32 的帧同步时钟。

④ 判断刚产生的帧同步时钟的上升沿是否到来,通过查询 OCD 比较匹配中断标志位(TOCF2D)来实现。如果发现帧同步时钟的上升沿,则立即对 SPI 的数据寄存器进行写操作,这步操作只是为了启动 SPICLK 时钟来向语音芯片提供位同步时钟,因此写入的数据可以是任意值(如 0x00)。这样,驱动语音芯片工作的 3 路时钟信号全部产生,语音芯片将在下一个 SPI 时钟周期内工作,通过 SPI 数据接口与单片机通信。每完成一次 SPI 通信,单片机的 SPI 传输完成标志位(SPIF)置位,程序对 SPI 数据寄存器进行读/写操作。在读/写操作之间进行

的其他操作主要是单片机对收到的 PCM 数据进行处理,如存储或通过其他端口转发等。程序流程如图 6.9 所示。

设计的程序主要由初始化程序和主程序组成。初始化程序包括定时器 T1 的初始化、SPI 的初始化和 CCU 的初始化。主程序在初始化完成后进入一个 while() 循环,用查询标志位的方法完成数据的收发。实验中单片机的 CCLK=8.192 MHz。程序代码如下(均在 KEIL 平台下调试通过,并烧写在 P89LPC932A1 单片机的 Flash 里运行成功)。

本设计充分利用单片机 P89LPC932A1 的多种系统级功能,MCU 负担轻、程序编写量小;由于不需另外搭建时钟电路来满足语音芯片 MC14LC5480 对多路时钟的需求,因而电路设计简单,成本低。经实验证明,本设计电路工作稳定,语音传输清晰。

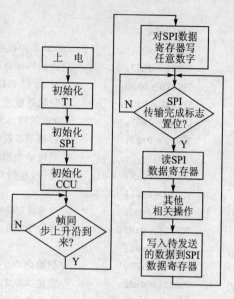

图 6.9 单片机程序流程

```
//SPI 接口的初始化程序
extern void SPIINIT(void)
{
P2M1 = 0x00;
P2M2 = 0x00;           //SPI 各端口配置为准双向模式
SPCTL = 0xD0;
//忽略 SS、SIP 使能、主模式、SPI 时钟速率 = CCLK/4 = 8.192/4 = 2.048 MHz
SPSTAT = 0xC0;         //对 SPI 传输完成标志和写冲突标志位写入 1 清零
}
//定时器 1 的初始化程序
extern void TIMER1(void)
{
P0M1 = 0x00;
P0M2 = 0x80;           //定时器 T1 端口配置为推挽模式
TMOD = 0x20;
TAMOD| = 0x00;         //设置定时器 T1 为 8 位自动重装定时器
TH1 = 255;             //定时器 1 高字节重装值,T1 时钟频率为 PCLK/2 = 4.096/2 = 2.048 MHz
AUXR1| = 0x20;
TR1 = 1;
}
//CCU 单元的初始化程序
extern void CCUINIT(void)
```

```
{
    P2M1 = 0x00;
    P2M2 = 0x02;            //OCD 采用推挽输出方式
    TCR21 = 0x07;           //锁相环预分频,PLL 频率 = PCLK/(N+1) = 4.096/8 = 512 kHz, N = 7
    TPCR2H = 0x00;          //对 32 倍 PLL 频率再分频
    TPCR2L = 0x07;          //分频系数是 7+1 = 8,512×32/8 = 2.048 MHz
    CCCRD = 0x02;           //OCD 的输出方式是反向 PWM
    TCR20 = 0x80;           //启动 PLL 频率锁相环
    OCD = 0;                //等待一个机器时钟
    while(PLLEN = = 0);     //等待,直到 PLL 锁定
    TOR2H = 0x01;
    TOR2L = 0x00;           //可重装定时器,重装值为 0x0100 = 256,即 OCD 的频率为 2.048 MHz/256 = 8 kHz
    TCR21| = 0x80;          //置位 TCOU2
    OCRDH = 0x00;
    OCRDL = 0xF8;           //初始化 OCD 脉冲信号的占空比为:1/32,MC14L5480 采用长帧模式
    TCR21| = 0x80;          //置位 TCOU2
    TCR20 = 0x82;           //设置输出方式为非对称 PWM,定时器减计数
}
//SPI 通信主程序
unsigned char DATAIN. ,DATAOUT;
void main(void)
{
    TIMER1();
    SPIINIT();
    CCUINIT();
    SPDAT = 0x00;           //对 SPI 写任意值,启动 SPICLK 时钟
    while(1)                //死循环
{
    SPSTAT = 0xC0;          //清零 SPI 传输完成标志位
    SPDAT = DATAOUT:        //写入数据到 SPI 数据寄存器
    do {…}                  //其他操作
    while((SPSTAT & 0x80) = = 0);
    DATAIN = SPDAT;         //判断传输是否完成,完成后读数据
    do {…}                  //其他操作
}
}
```

6.3 无线射频传输应用

6.3.1 系统概述

无线射频目前广泛应用于车辆监控、遥控、遥测、小型无线网络、无线抄表、门禁系统、小区传呼、工业数据采集系统、无线标签、身份识别、非接触RF智能卡、小型无线数据终端、安全防火系统、无线遥控系统、生物信号采集、水文气象监控、机器人控制、无线232数据通信、无线485/422数据通信、数字音频、数字图像传输等。

本书介绍一种基于NRF2401的嵌入式系统无线网络传感器的设计与实现,分析了该系统的硬件电路、软件设计和通信原理。采用Nordic公司的NRF2401无线收发一体芯片,工作在2.4~2.5 GHz的ISM波段。nRF2401的单价低于3美元,便于开发,产品上市时间短,应用广泛。nRF2401在Philips公司生产的单片机LPC932A1的控制下,工作在突发模式,在耗电量较低的情况下,可以现实全双工通信。关键技术包括nRF2401的初始化配置,利用单片机C语言编写数据传输子程序和数据采集子程序;以及利用VB编写上位PC机的接收、回显、数据库接入子程序。作为一个射频产品,无线通信的可靠性非常重要,本文详尽分析了高可靠性射频芯片nRF2401的硬件原理、配置方法、工作方式、射频接收和发射工作流程。本系统具有一般性,其在工业环境下控制网络传感器时实际使用效果良好,本系统可经过稍微修改,应用于无线水表、无线电表、无线安防系统、无线开锁、家庭自动化和玩具诸多领域。

无线射频的特点如下:工作电压为3.3~3.6 V,推荐3.6 V,但是不能超过3.6 V。可以把电压尽可能靠近3.6 V但是不超过3.6 V;2.4 GHz全球开放ISM频段免许可证使用;最高工作速率1 Mbit/s,高效GFSK调制,抗干扰能力强,特别适合工业控制场合,可以传输音频、视频;125频道,满足多点通信和跳频通信需要;内置硬件CRC检错和点对多点通信地址控制;低功耗1.9~3.6 V工作,待机模式下状态仅为1 μA;内置2.4 GHz天线,体积小巧34 mm×17 mm;模块可软件设地址,只有收到本机地址时才会输出数据(提供中断指示),可直接接各种单片机使用,软件编程非常方便;内置专门稳压电路,使用各种电源包括DC/DC开关电源均有很好的通信效果;标准DIP间距接口,便于嵌入式应用;开阔地、无干扰情况下视距100 m传输距离(具体距离视环境而定);能方便地控制距离,做RFID等;支持无线唤醒功能。挪威Nordic公司经过多年的研发,研制出多种射频芯片,有nRF401、nRF402、nRF403、nRF905、nRF9E5、nRF2401、nRF2402、nRF24E1、nRF24E2等,其中比较常用的有nRF401、nRF903、nRF905和nRF2401。nRF系列射频芯片性能比较如表6.1所列。

表 6.1 nRF 系列射频芯片性能比较

芯片型号	nRF401	nRF903	nRF905	nRF2401
工作频率	433 MHz	433/868/915 MHz	433/868/915 MHz	2.4 GHz
工作电压	2.7～5.25 V	2.7～3.3 V	1.9～3.6 V	1.9～3.6 V
传输速率	20 kbit/s	76.8 kbit/s	100 kbit/s	1 Mbit/s
工作温度	−40～+85 ℃	−40～+85 ℃	−40～+85 ℃	−40～+85 ℃
发射电流	8 mA@−10 dBm	30 mA@10 dBm	11 mA@−10 dBm	10.5 mA@−5 dBm
接收电流	11 mA@433 MHz	18.5～22.5 mA	12.5 mA	18 mA
最大输出	+10 dBm	+10 dBm	+10 dBm	0 dBm
调制方式	FSK	GFSK	SB 或者 DM	SB 或者 DM
封装形式	SSOIC-20	IQFP-32	QFN-32	QFN-24
频道	2	169	11	125
传输距离	300～1 000 m	100～500	100～500	20～60

从表 6.1 可以看出，nRF2401 基本满足在 10 m 的工业范围内完成 1 Mbit/s 的工业控制要求。nRF2401 是挪威 Nordic 公司推出的单片 2.4 GHz 无线收发一体芯片。它将射频、8051MCU、9 通道 12 位 ADC、外围元件、电感和滤波器全部集成到单芯片中，并采用 2.4 GHz 频带和 0.18 μm 工艺，可提供 ShockBurst、DuoCeiver、片上 CRC 以及地址计算编码等功能。

nRF2401 无线收发一体芯片和蓝牙一样，都工作在 2.4 GHz 自由频段，能够在全球无线市场畅通无阻。nRF2401 支持多点间通信，最高传输速率超过 1 Mbit/s，而且比蓝牙具有更高的传输速度。它采用 SoC 方法设计，只需少量的外围元件便可组成射频收发电路。与蓝牙不同的是，nRF2401 没有复杂的通信协议，它完全对用户透明，同种产品之间可以自由通信。更重要的是，nRF2401 比蓝牙产品更便宜。所以 nRF2401 是业界体积最小、功耗最低、外围元件最少的低成本射频系统级芯片。

nRF2401 的引脚排列如图 6.10 所示。它采用 5 cm×5 cm 的 24 引脚 QFN 封装。表 6.2 是 nRF2401 的引脚功能。nRF2401

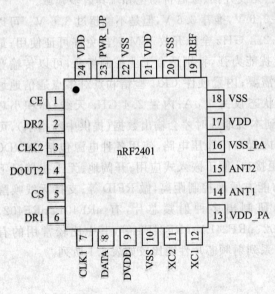

图 6.10 nRF2401 引脚分布图(顶视图)

的主要特点如下：
- 采用全球开放的 2.4 GHz 频段，有 125 个频道可满足多频及跳频需要；
- 速率(1 Mbit/s)高于蓝牙，且具有高吞吐量；
- 外围电路极少，只需一个晶振和几个电阻即可设计射频电路；
- 发射功率和工作频率等所有的工作参数可全部通过软件设置；
- 电源电压范围为 1.9～3.6 V，功耗很低；
- 电流消耗很小，－5 dBm 输出功率的典型峰值电流为 10.5 mA；
- 芯片内部设置有专门的稳压电路，因此，使用任何电源（包括 DC/DC 开关电源）均有很好的效果；
- 每个芯片均可以通过软件设置最多 40 位地址，而且只有收到本机地址时才会输出数据（提供一个中断指示），同时编程也很方便；
- 内置 CRC 纠错硬件电路和协议；
- 内置 DuoCeiver 技术可同时接收两个 nRF2401 的数据；
- 采用 ShockBust 模式时，能适用极低的功率操作和不严格的 MCU 执行；
- 带有集成增强型 8051 内核，9 路 10 位 ADC、UART 异步串口和 PWM 输出；
- 内置看门狗；
- 无需外部 SAW 滤波器；
- 可 100%RF 检测；
- 带有数据时隙和数据时钟恢复功能。

nRF2401 引脚功能如表 6.2 所列。

表 6.2 nRF2401 引脚功能

引 脚	名 称	引脚功能	备 注
1	CE	数字输入	用于激活芯片的接收或发送模式
2	DR2	数字输出	数据通道 2 接收数据准备好输出，表示可以接收数据
3	CLK2	数字输入/输出	接收数据通道的时钟输出/输入
4	DOUT2	数字输出	接收数据通道 2 的输出
5	CS	数字输入	片选，用于激活配置模式
6	DR1	数字输出	该引脚输出可用于表示数据通道 1 接收数据准备好
7	CLK1	数据输入/输出	在数据通道 1 的 3 线接口发送时钟输入和接收的时钟输出/输入
8	DATA	数字输入/输出	接收通道 1/发送数据输入/3 线接口
9	DVDD	功率	数字电源正端，使用时应退耦
10	VSS	功率	接地(0 V)

续表 6.2

引脚	名称	引脚功能	备注
11	XC2	模拟输出	晶振接入端
12	XC1	模拟输入	晶振接入端
13	VDD_PA	功率输出	功率放大器电源端
14	ANT1	射频	天线接口 1
15	ANT2	射频	天线接口 2
16	VSS_PA	功率	接地(0 V)
17	VDD	功率	+3 V DC 电源端
18	VSS	功率	接地(0 V)
19	IREF	模拟输入	参考电流输入端
20	VSS	功率	接地(0 V)
21	VDD	功率	+3 V DC 电源端
22	VSS	功率	接地(0 V)
23	PWR_UP	数字输入	功率上限
24	VDD	功率	+3 V DC 电源端

nRF2401 的一些引脚具体功能如下：PWR_UP 为上电端，CE 为工作状态使能端，CS 为片选端，控制器通过对 nRF2401 的 PWR_UP、CE 和 CS 引脚状态的组合设置，控制 nRF2401 的主工作方式。当状态组合为 1,1,0;1,0,1 或 1,0,0 时，芯片分别处于激活、配置和保持方式。当 PWR_UP 置 0 时，芯片处于掉电状态。CLK1、CLK2 为通道 1、2 时钟信号端，控制器与 nRF2401 由 CLK、DR 和 DATA 组成的三线接口交换传输的数据。通道 1 可接收和发送数据，通道 2 只能接收数据。nRF2401 的工作模式由 PWR_UP、CE、TX_EN 和 CS 三个引脚决定，如表 6.3 所列。

各状态字功能如表 6.4 所列。

表 6.3 工作模式

工作模式	PWR_UP	CE	CS
收发模式	1	1	0
配置模式	1	0	1
空闲模式	1	0	0
关机模式	0	X	X

表 6.4 状态字功能

	位置	个数	名称	功能
ShockBurst 模式设置	120~143	24	TEXT	测试保留
	112~119	8	DATA2_W	通道 2 数据段长度
	104~111	8	DATA1_W	通道 1 数据段长度
	64~103	40	ADDR2	通道 2 硬件地址
	24~63	40	ADDR1	通道 1 硬件地址
	23~18	6	ADDR_W	地址段长度
	17	1	CRC_L	检验段长度,值为 1 是 16 bit,为 0 是 8 bit
	16	1	CRC_EN	检验使能,值为 1 是校验有效,为 0 是无效
一般设置	15	L	RX2_EN	启用通道数,值为 1 是两通道,为 0 是单通道
	14	1	CM	通信模式,值为 1 表示突发模式,为 0 表示直接传递模式
	13	1	RFDR_SB	通信数率,值为 1 表示 1 kbit/s,为 0 表示250 kbit/s
	10~12	3	XO_F	晶振频率,值为 011 时,表示 16 MHz
	8~9	2	RF_PWR	输出功率,值为 11
	1~7	7	RF_CH#	设置工作频率,值为 X,则通道 1 为 2 400 MHz+X×1.0 MHz
	0	1	RXEN	工作状态,值为 1 表示接收状态,为 0 表示发送状态

nRF2401 具有 144 位状态字。控制器将 nRF2401 设为配置方式,然后由通道 1 向 nRF2401 写入状态字的配置值,写时高位在前。配置方式下控制器写状态字的过程与激活方式下向 nRF2401 写入数据的过程完全相同,都经由 CLK、DR 和 DATA 组成三线接口完成。数据帧格式如下所示。

PRE-AMBLE	ADDRESS	PAYLOAD	CRC

PRE-AMBLE 为数据包头,可设为 4 bit 或 8 bit。它的值与 ADDRESS 第 1 位有关。当 ADDRESS 第一位为 0 时,包头取值为 01010101,反之则为 10101010 一帧数据从 ADDRESS 到 CRC 最多包含 256 bit。ADDRESS 为接收方通道硬件地址段,可设为 8~40 bit,只有符合本机硬件地址的数据帧才会被接收。CRC 为数据校验段,可设定 8 bit 或 16 bit 校验位。PLYLOAD 段为待发送数据段,长度为帧长度减去 ADDRESS 段和 CRC 段长度。发送数据

时,控制器将数据写入 nRF2401,控制其将数据按帧格式打包无线发送;接收数据时,nRF2401 一旦检测到符合本机硬件地址的数据帧,便将数据帧解包,DR 信号置 1,控制器读取数据。具体帧格式如表 6.5 所列。

表 6.5 12 个字节帧格式

起始位信息	检测节点ID号	传感器数据高字节	传感器数据低字节	故障发生月	日	时	分	校验位信息	结束位信息
C1(1字节)	01~40(1字节)	2字节	2字节	1字节	1字节	1字节	1字节	1字节	CD(1字节)

起始位信息用 0xC1 代替。检测点位置从 0X01~0XFF,一共 128 个点。校验位信息:前 10 个字节的累加和(取低 8 位字节)作为校验码;结束位信息:0xCD。nRF2401 的内部结构原理和外部组成框图如图 6.11 所示,下面介绍其工作原理。nRF2401 的工作模式有四种:收发模式、配置模式、空闲模式和关机模式。

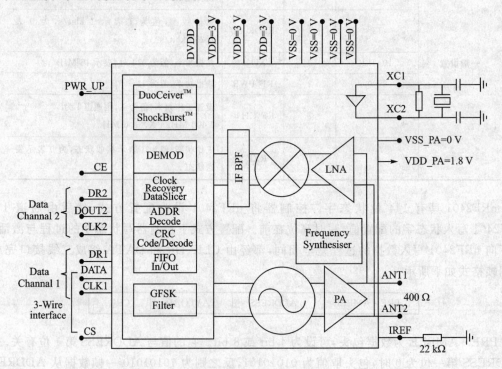

图 6.11 nRF2401A 引脚图

nRF2401 的 ShockBurst RX/TX 模式采用片上先进先出(FIFO)堆栈区,来进行低数据率的时钟同步和高速速率的传输,数据低速从微控制器送入,但高速(1 Mbit/s)发射,这样极大地降低了功率。

ShockBurst 发射主要通过 MCU 接口引脚 CE、CLK1 和 DATA 来完成。当 MCU 请求发送数据时,置 CE 为高电平,此时的接收机地址和有效载荷数据作为 nRF2401 的内部时钟,可用请求协议或 MCU 将速率调至 1 Mbit/s;置 CE 为低电平时可激活 ShockBurst 发射。

ShockBurst 接收主要使用 MCU 接口引脚 CE、DR1、CLK1 和 DATA 来实现。当正确设置射频包输入载荷的地址和大小后,置 CE 为高电平可激活 RX。此后便可在 nRF2401 监测信息输入 200 μs,若收到有效数据包,则给 MCU 一个中断并置 DR1 为高电平,以使 MCU 以时钟形式输出有效载荷数据,待系统收到全部数据后,nRF2401 再置 DR1 为低;此时如果 CE 保持高电平,则等待新的数据包。若 CE 置低电平,则开始接收新的序列。

在直接收发模式下,nRF2401 如传统的射频收发器一样工作。收发配置如下:数据必须设置成 1 Mbit/s,±200 ppm 或 250 kbit/s,±200 ppm 低速率。

直接发送模式:MCU 包含引脚为 CE,DATA。当微控制器有数据要发送时,把 CE 置高。然后经过 200 μs 的延时,射频的前端将被激活并且所有的射频协议必须在微控制器程序中进行处理(包括字头、地址和 CRC 校验码)。

直接接收模式:MCU 包含引脚为 CE,CLK1,and DATA。一旦 nRF2401 被配置为直接接收模式,DATA 引脚将根据天线接收到的信号开始高低变化(由于噪声的存在),CLK1 引脚也开始工作。当接收到有效的字头,CLK1 引脚和 DATA 引脚将协调工作,把射频数据包以其被发射时的数据从 DATA 引脚给微控制器。并且所有的地址和 CRC 校验必须在微控制器内部进行。

现场总线和智能仪表的出现标志着工业领域进入了网络时代,迅速成为了工业控制的主流。目前,国际上正在使用的现场总线名目繁多,如 FROFIBUS、INTERBUS、CAN 总线,但其系统造价相对过高,不太适用于中小型系统的应用。而 RS485 串行通信总线以构造简单、技术成熟、造价低廉、便于维护等特点广泛应用于手工业控制、仪器、仪表、机电一体化产品等诸多领域。尤其在数据通信、计算机网以及工业分布式控制系统中,经常需要采用串行通信来实现远程信息交换。

在配置模式,nRF2401 含 15 字节的配置字,通过 CS、CLK1 和 DATA 三个引脚完成,具体配置方法在下面内容中描述。nRF2401 的空闲模式是为了减小平均工作电流而设计,其最大的优点是,实现节能的同时,缩短芯片的启动时间。在空闲模式下,部分片内晶振仍在工作,此时的工作电流跟外部晶振的频率有关,如外部晶振为 4 MHz 时,工作电流为 12 μA;外部晶振为 16 MHz 时,工作电流为 32 μA。在空闲模式下,配置字的内容保持在 nRF2401 片内。在关断模式下,为了得到最小的工作电流,一般此时的工作电流小于 1 μA。关断模式下,配置字的内容也会被保持在 nRF2401 片内,这是该模式与断点状态的最大区别。

nRF2401 外围应用电路原理图如图 6.12 所示。

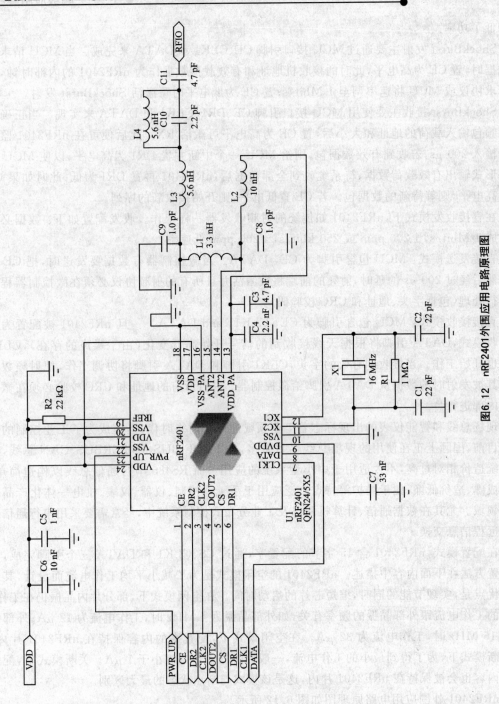

图 6.12　nRF2401 外围应用电路原理图

高级应用实例

nRF2401 应用电路一般工作于 3 V，它可用多种低功耗微控制器进行控制。在设计过程中，设计者可使用单鞭或环形天线，图 6.12 为 50 Ω 单鞭天线的应用电路。在使用不同的天线时，为了得到尽可能大的收发距离，电感电容的参数应适当调整。设计电路图如图 6.13 所示。

本次无线通信采用 ShockBurst 收发模式。主要对 ShockBurst 的配置字进行配置，使 nRF2401 能够收发数据，在配置完成后，在 nRF2401 工作的工程中，只需改变其最低一个字节的内容，就可以实现接收模式和发送模式之间的切换。在 ShockBurst 收发模式下，nRF2401 自动处理字头和 CRC 校验码。在接收数据时，自动把字头和 CRC 校验码移去。在发送数据时，自动加上字头和 CRC 校验码，当发送过程完成后，数据准备好引脚通知微处理器数据发送完毕。下文给出了接收流程图 6.14 及其相关配置说明。

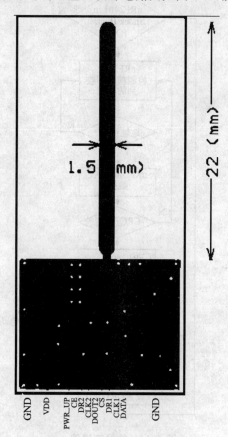

图 6.13 设计电路图

1. ShockBurst 发射流程

CPU 接口引脚为 CE、CLK1、DATA。当 MCU（微控制器）有数据要发送时，其把 CE 置高，使 nRF2401 工作；把接收机的地址（RX ADDR）和要发送的数据按时序送入 nRF2401 系统；设置规则或 MCU 的设置速度小于 1 Mbit/s；微控制器把 CE 置低，激发 nRF2401 进行 ShockBurst 发射；nRF2401 的 ShockBurst 发射给射频前端供电；射频数据打包（加字头、CRC 校验码）；高速发射数据包；发射完成，nRF2401 进入空闲状态。

2. ShockBurst 接收流程

ShockBurst 发射流程和接收流程如图 6.15 所示。其中 A 为发射，B 为接收。CPU 接口引脚 CE、DR1、CLK1 和 DATA（接收通道 1）。配置本机地址和要接收数据包的大小；进入接收状态，把 CE 置高；200 μs 后，nRF2401 进入监视状态，等待数据包的到来；当接收到正确的数据包后（正确的地址和 CRC 校验码），nRF2401 自动把字头、地址和 CRC 校验位移除；nRF2401 通过把 DR1（这个引脚一般引起微控制器中断）置高通知微控制器；微控制器把数据从 nRF2401 移出；所有数据移完，nRF2401 把 DR1 置低，此时，如果 CE 为高，则等待下一个数据包,如果 CE 为低,则开始其他工作流程。

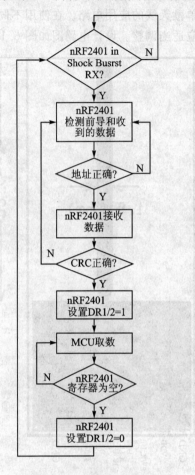

图 6.14　收发流程图

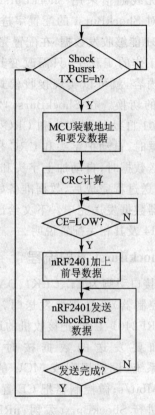

图 6.15　ShockBurst 发射流程

无线通信程序的编写和调试都使用 KeilC51 应用软件来进行。使用 C 语言来编写,采用功能模块化结构,程序简洁可读性强,便于移植和重复使用操作。在此主要对无线通信应用程序部分的配置程序,收发程序进行简要说明。

nRF2401 的相关配置程序代码:

```
Struct RFConfig                                  //RF 配置结构
{
    unsigned char n;unsigned char buf[15];       //共 15 个字节的储存器单元
};
Typedef struct RFConfig RFConfig;
#define ADDR_INDEX    8                          //RFConfig.buf 的地址字节引导
```

```
#define ADDR_COUNT    4                              //地址字节数
Const RFConfig tconf =                               //发送寄存器设置
{15,0x08,  0x08,  0x00,  0x00,  0x00,  0x00,  0x00,  0x00,
0xaa,  0xbb,  0x12,  0x34,  0x83,  0x6f,  0x04       //配置字
};
Const RFConfig rconf =                               //接收寄存器设置
{15,0x08,  0x08,  0x00,  0x00,  0x00,  0x00,  0x00,  0x00,
0xaa,  0xbb,  0x12,  0x34,  0x83,  0x6f,  0x05       //配置字
};
```

收发子程序代码：

```
Void TransmitPacket(unsigned char b)                 //发包子程序
 {
    Unsigned char I;
    CE = 1;
    ……
    For(i = 0;i<ADDR_COUNT;i + +)
    SpiReadWrite(tconf.buf[ADDR_INDEX + i]);
    SpiReadWrite(b);
    CE = 0;
    ……
}
Unsigned char SpiReadWrite(unsigned char b)          //SPI 接口读/写
{  ……
    EXIF& = ~0x20;                                   //清 SPI 中断
    SPI_DATA = b;                                    //将字节移到 SPI 数据寄存器
    While((EXIF&0x20) = = 0x00);                     //等待 SPI 完成传输
    ……
    Return SPI_DATA;
}
Unsigned char ReceivePacket()                        //收包子程序
{  ……
    Unsigned char b;
    CE = 1;
    While(DR1 = = 0);
    b = SpiReadWrite(0);
    CE = 0;
    Return b;
}
```

6.3.2 系统硬件设计

根据无线通信系统的一般结构和本方案所采用的芯片的具体特点,本系统硬件设计主要可分为三部分:射频收发部分、接口电路部分和电源部分。

1. 射频电路设计

系统的射频电路由 nRF2401 和一些外围元件构成。在分析了 nRF2401 的参考电路后,采用表 6.6 所列的电路元件实现 2.4 GHz 的无线收发功能。

表 6.6 射频电路的主要元件

元件	描述	尺寸	数值	误差	单位
C5	陶瓷电容,50 V,NPO	0603	33	±5%	nF
C6	陶瓷电容,50 V,NPO	0603	1	±5%	nF
C7	陶瓷电容,50 V,NPO	0603	10	±5%	nF
C8	陶瓷电容,50 V,NPO	0603	1	±5%	pF
C9	陶瓷电容,50 V,NPO	0603	1	±5%	pF
C16	陶瓷电容,50 V,NPO	0603	22	±5%	pF
C17	陶瓷电容,50 V,NPO	0603	22	±5%	pF
C18	陶瓷电容,50 V,NPO	0603	2.2	±5%	pF
C19	陶瓷电容,50 V,NPO	0603	4.7	±5%	nF
C21	陶瓷电容,50 V,NPO	0603	2.2	±5%	pF
C22	陶瓷电容,50 V,NPO	0603	4.7	±5%	pF
R7	电阻	0603	1.0	±1%	MΩ
R8	电阻	0603	22	±1%	kΩ
U3	nRF2401	QFN/5×5	nRF2401		
Y2	晶振,CL=12 pF,ESR<40 Ω	L×W×H=4.0×2.5×0.8	16	$±3×10^{-5}$	MHz
L1	线绕电感	0603	5.6	±5%	nH
L2	线绕电感	0603	3.3	±5%	nH
L3	线绕电感	0603	10	±5%	nH
L4	线绕电感	0603	5.6	±5%	nH

2. 单片机 PLC932A1 和 nRF2401 的接口电路

LPC932A1 有 SPI 接口,而 nRF2401 用的是 DR1、CLK 和 DATA 三线传输。考虑到速率

因子，LPC932A1 和 nRF2401 的连接准备用 SPI 接口实现。

(1) SPI 接口介绍

SPI(Serial Peripheral Interface,串行外接口)接口是一种同步串行外设接口,它可以使MCU 和各种外围设备进行通信以交换信息。外围设备包括 Flash RAM,网络控制器,A/D 转换器和MCU 等。其特点包括：全双工,三线同步数据转换,主从模式,8 个可编程主时钟频率,可编程的极性和相位的串口时钟,写冲突保护标准,主模式下具有中断能力的缺省错误标志。图 6.16 说明了一个典型的 SPI 主从式总线结构。它使用 3 根线连接所有的设备。主设备通过并行的 4 个引脚控制各个从设备的 SS 引脚来选择从设备。

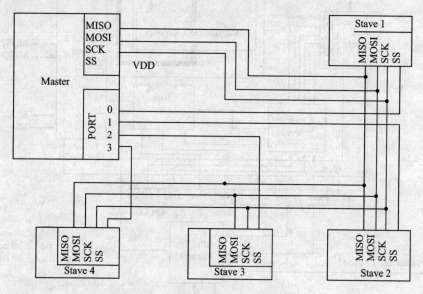

图 6.16　典型的 SPI 主从总线结构

MOSI(Master Output Slave Input)：这个 1 位的信号直接连接主设备和从设备。信号通过 MOSI 线从主设备串行传输到从设备。因此,对主设备而言,MOSI 是信号输出端口,对从设备而言,则是信号输入端口。在这条线上,一个 Byte 的信号通过高位(MSB)到低位(LSB)的传输。

MISO(Mster Input Slave Output)：通过这个 1 位的信号线,信号由从设备传输到主设备,因此它是主设备的信号输入端口,从设备的信号输出端口。信号同样是从 MSB 到 LSB 的传输。

SCK(SPI Serial Clock)：这个信号来同步所有设备的进出 MOSI 和 MISO 的数据。它通过主设备的 8 个小时时钟周期来驱动,允许交换串行线上的 1 个 Byte 的信号。

SS(Slave Select)：通过使某个从设备的 SS 引脚保持低电平来选择从设备。显然只有主设备(它的 SS 引脚保持高电平)才能驱动这个系统。从设备通过软件,利用端口来选择从设备,如图 6.17 所示。通过组织 MISO 线上的冲突,来保证主设备每次传输只选择一个从设备。在设备主设置时,SS 引脚可以和 SPI 的状态寄存器 SPSTA 中的 MODF 一起工作来阻止多个设备一起驱动 MOSI 和 SCK。

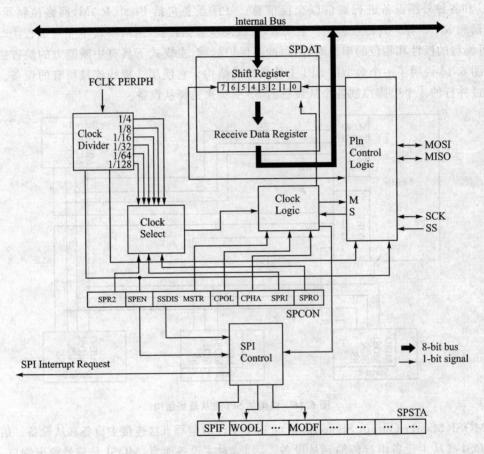

图 6.17　SPI 接口的详细结构图

(2) 操作模式

SPI 接口可以设置成主模式或者从模式中的一种。它的设置和初始化可以通过设置 SPCON 寄存器来实现。一旦 SPCON 设置好后,数据交换可以通过 3 个寄存器 SPCON、SPSTA、SPDAT 来实现。在 SPI 传输过程中,数据是以全双工的方式同时串行传输和串行接收的,它靠同一个时钟进行同步,如图 6.18 所示。

1) 主模式

当 MCU 的 SPCON 寄存器中的 MSTR 位被设置后,该 MCU 即成为 SPI 的主设备。只有一个主设备可以初始化传送,它通过程序写入 SPDAT 寄存器。如果移位寄存器为空,那么

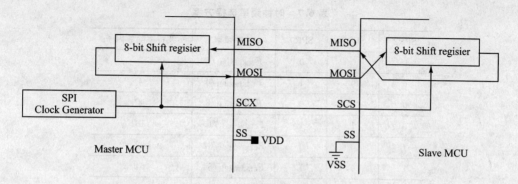

图 6.18 SPI 的数据传输过程

SPDAT 中的这个字节即写入移位寄存器中。在 SCK 的控制下，这个字节开始移到 MOSI 上。同时，从设备的数据进入主设备的 MISO 脚上。当 SPDTA 寄存器中止标志 SPIF 被设置后，整个传输结束。同时，MISO 脚接收到的从设备的数据被传到 SPDAT 上。程序通过读取 SPSTA 清除 SPIF，然后读取 SPDAT。

2）从模式

当设备的 SPCON 寄存器中的 MSTR 位被清除后，该设备即成为从设备。在数据传输前，从设备的 SS 脚必须设为 0。SS 必须保持低电平直到传输结束。主设备来的数据在 SCK 的控制下，进入从设备的位移寄存器。当收到一个字节后，数据立即进入 SPDAT，并且 SPIF 被设置。为了防止数据溢出，从设备的程序在下一个字进入移位寄存器前，读取 SPDAT 中的数据。从设备的 SPI 接口必须在主设备的 SPI 接口开始传输前，在一个总线周期里完成对 SPDAT 的操作。如果这个写操作没有及时完成，那么 SPI 接口传输的是先前已经在 SPDAT 里的数据。从设备的 SCK 频率最高允许是 $F_{CLKPERIRH}/4$。

3）传输格式

通过控制 SPCON 里的 CPOL 和 CPHA，程序可以任意选择 SCK 的相位和极性组成的 4 种组合中的一种。CPOL 定义了 SCK 线的闲置状态，它对传输格式没有实际作用。CPHA 定义了在哪个边沿提取输入信号，以及在哪个边沿送出信号。主设备和通信的从设备必须保持时钟相位和极性的一致。

（3）波特率的设置

在主模式下，通过设置 SPCON 寄存器中的 SPR2、SPR1 和 SPR0 来控制波特率发生器，进而来设置波特率。主设备的时钟可以通过设置 7 种不同的内部时钟分频来选择。表 6.7 给出了通过选择 SPR2、SPR1、SPR0，来设置不同的时钟频率的选择方案。

表 6.7 时钟频率选择方案

SPR2	SPR1	SPR0	时钟频率	波特率除数因子
0	0	0	$F_{CLKPERIRH}/2$	2
0	0	1	$F_{CLKPERIRH}/4$	4
0	1	0	$F_{CLKPERIRH}/8$	8
0	1	1	$F_{CLKPERIRH}/16$	16
1	0	0	$F_{CLKPERIRH}/32$	32
1	0	1	$F_{CLKPERIRH}/64$	64
1	1	0	$F_{CLKPERIRH}/128$	128
1	1	1	不使用	4

(4) 错误控制

1) 模式错误

主设备的模式差错意味着 SS 的电平和这个设备的实际模式不一致。通过设置 MODF 来警告系统存在多个主设备。这时可能出现以下几种情况：产生差错的 CPU 产生一个中断，SPCON 中的 SPEN 位被清零，阻止了 SPI 的工作，SPCON 中的 MSTR 位被清零。

当 SPCON 中的 SS 使能位 SSDIS 被清零后，MODF 标志被设置。然而，正如前面所说，当一个系统里已经有一个主设备时，如果主设备的 SS 脚被拉低，其他主设备就没有办法驱动系统。这种情况下，为了阻止 MODF 标志被设置，可以通过程序设置 SPCON 寄存器里的 SSDIS 位，进而使 SS 成为一个通用的 I/O 引脚。

2) 写冲突

在传输过程中，当写入 SPDAT 寄存器完成后，SPSTA 中的写冲突标志 WCOL 被设置。WCOL 并不产生中断请求，因此传输不会中断。可以通过 SPSTA 和 SPDAT 的程序来清除 WCOL。

3) 溢 出

当主设备试图传输数个字节的数据，而从设备还未清除上个字节的 SPIF 位时，便会发生溢出。这种情况下，接收缓存器将存储 SPIF 刚被清除后的那个字节。SPDAT 将读取这个字节，其余的字节都被丢失。这种溢出情况 SPI 的外设并不侦查。

4) SS 错误标志(SSERR)

当从设备在接收数据结束前，SS 被拉高，这时就会产生一个同步串行从设备错误。SSERR 并不产生中断，它可以通过向 SPEN 写 0 来清除。

5) 中 断

SPIF 是串行外设数据传输中断标志。当数据传输完毕，可以通过硬件来设置这个位。SPIF 标志位产生传送 CPU 中断请求。MODF 是模式错误标志。主设备的模式差错意味着

SS 的电平和这个设备的实际模式不一致时,设置这个标志位。当 SSDIS 重新设置后,MODF 会产生一个接收错误 CPU 中断请求。当 SSDIS 设置好后,就不会产生 MODF 中断请求。图 6.19 为 SPI 中断请求的产生原理图。

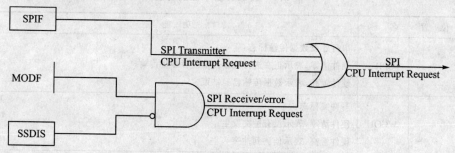

图 6.19 SPI 中断请求的产生原理图

(5) 寄存器

SPCON(串行外设控制寄存器,地址 0C3H)具有表 6.8 所列的功能:选择主设备时钟频率;设置设备的工作模式,为主设备还是从设备;选择串行时钟相位和极性;使能 SPI 模式;使能 SS 脚成为通用引脚。

表 6.8 SPCON 的各位的功能

位置	名称	功能
7	SPR2	串行外设频率设置 2,和 SPR1、SPR0 一起设置时钟频率
6	SPEN	串行外设使能位, 0:阻止 SPI 接口;1:使能 SPI 接口
5	SSDIS	$\overline{SS}$ 使能位, 0:使能 $\overline{SS}$;1:阻止 $\overline{SS}$,MODF 不产生中断请求。从模式时,如果 CPHA=″0″,SSDIS 不起作用
4	MSTR	串行外设控制位 0:设置为从设备;1:设置为主设备
3	CPOL	时钟极性位 在 Idle 模式下,0:设置 SCK 为″0″;1:设置 SCK 为″1″
2	CPHA	时钟相位位 0:当 SCK 不再为 Idle 模式时,进行数据采样; 1:当 SCK 进入 Idle 模式时,进行数据采样
1	SPR1	串行外设频率设置 1,和 SPR2、SPR0 一起设置时钟频率
0	SPR0	串行外设频率设置 0,和 SPR2、SPR0 一起设置时钟频率

SPSTA(串行外设状态寄存器,地址 0C4H)寄存器用来标志以下几种情况:数据传输完毕,

写冲突,SS 脚的电平和工作模式的不一样。下面详细介绍 SPSTA 各个位的功能,如表 6.9 所列。

表 6.9 SPSTA 各个位的功能

位 置	名 称	功 能
7	SPIF	串行外设数据传输标志: 硬件清零,表示正在进行数据传输或者即将传输; 硬件置高,表示数据传输已经结束
6	WCOL	写冲突标志: 硬件清零,表示没有冲突发生; 硬件置高,表示侦测到冲突
5	SSERR	同步串行从设备错误标志: 在 $\overline{SS}$ 在接收数据结束之前被撤消后,SSERR 被硬件置高; 当 SPCON 中的 SPEN 被清零后,SSERR 也被清零
4	MODF	模式错误标志: 硬件清零,表示 $\overline{SS}$ 脚的电平正确; 硬件置高,表示 $\overline{SS}$ 电平不正确
3		功能保留
2		功能保留
1		功能保留
0		功能保留

SPDAT(串行外设数据寄存器,地址 0C5H)寄存器是为接收数据的读/写缓存区。对 SPDAT 的写直接把数据写进移位寄存器。在这种情况下,没有传输缓存。对 SPDAT 的读,返回的是在接收缓存里的数据,而不是移位寄存器里的值。

SPCON、SPSTA 和 SPDAT 寄存器可以在任何时间进行读/写,只要没有数据正在交换。然而必须注意到,当在进行写操作时:不能改变 SPR2、SPR1、SPR0 的值,不能改变 CPHA 和 CPOL,不能改变 MSTR,清零 SPEN 将会立即停止外设工作,对 SPDAT 的写可能会溢出。

(6) nRF2401 的 SPI 口实现

与标准的 SPI 相比,nRF2401 只有一个 DATA 与 SPI 中的 MISO 和 MOSI 对应。因此采用图 6.20 的连接方式。

软件配置:

1) 主机配置 nRF2401

设置 CS 高,设置 CE 低,使 nRF2401 进入编程模式,nRF2401 的 DATA Pin 为输入状态,主机通过 MOSI 写入数据,从 MISO 读出数据,配置数据通过 nRF2402 的 DATA Pin 输入。

高级应用实例 6

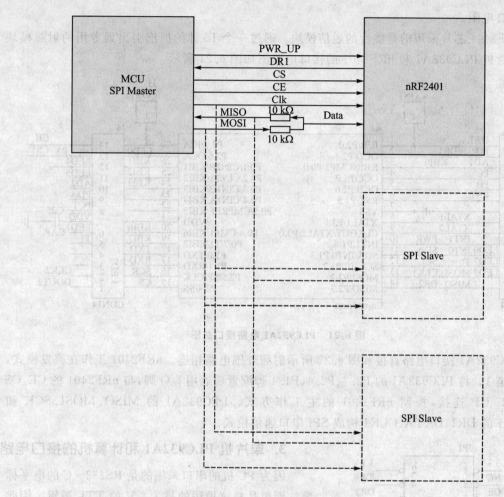

图 6.20　SPI 接口连接图

2) 主机向 nRF2401 发送数据

设置 CE 高,使 nRF2401 进入 TX 模式,nRF2401 的 DATA Pin 为输入状态,主机通过 MOSI 写入数据,从 MISO 读出数据,配置数据通过 nRF2401 的 DATA Pin 输入,并输入到 TX FIFO,设置 CE 低,开始 ShockBurst 模式传输。

3) 主机从 nRF2401 读取数据

nRF2401 在接收模式下,并且已经接收到数据包,主机通过 MOSI 写入数据,从 MISO 读出数据。因为图中的两个电阻,使 MOSI 写入的数据不会影响从 nRF2401 输出的数据以及主机和其他从机通信。使能从机 SPI,从机 SPI 将 MISO 设为输出,从机的 MISO Pin 与 nRF2401 的 DATA pin 之间有 10 kΩ 电阻,从机的 MOSI pin 与 nRF2401 的 DATA pin 之间有 10 kΩ 电阻。

nRF2401 芯片采用的是整合的通信模块。通过一个 16 针的插槽引出到专用的射频模块上。单片机 PLC932A1 和 nRF2401 的接口电路图如图 6.21 所示。

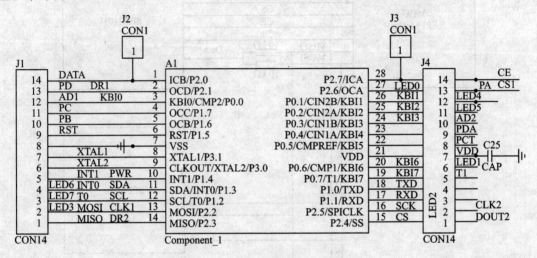

图 6.21 PLC932A1 电路接口总图

PLC932A1 接口电路直接和图 6.22 所示射频外围电路相连。nRF2401 工作在突发模式，使用通道 1。将 PLC932A1 的 P2.7、P2.4、P1.4 脚配置成通用 I/O 脚，与 nRF2401 的 CE、CS 和 PWR_UP 连接，控制 nRF2401 的主工作方式。LPC932A1 的 MISO、MOSI、SCK 和 nRF2401 的 DR1、DATA、CLK1 构成 SPI 串口通信模式。

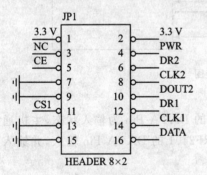

图 6.22 PTR2000 16 针接口

3. 单片机 PLC932A1 和计算机的接口电路

因为 PC 机的串口采用的是 RS232-C 的电平标准。而单片机这里用的是 3.3 V 的 TTL 逻辑。因此 LPC932A1 和计算机的连接需要 MAX232 进行电平转换。其电路图如图 6.23 所示。

图 6.23 中 TXD、RXD 与 MCU 的 TXD、RXD 相连接。LPC932A1 单片机主要完成待发数据的组织和处理，接收计算机传来的数据，并把从 nRF2401 接收的数据传回给计算机。MAX232 为 RS232 和 TTL 电平的转换芯片。

4. 系统电源部分的设计

电源电路图如图 6.24 所示。

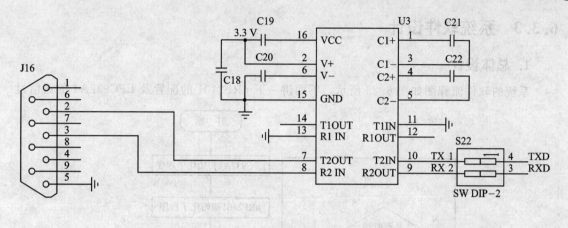

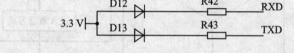

图 6.23 单片机 PLC932A1 和计算机的接口电路

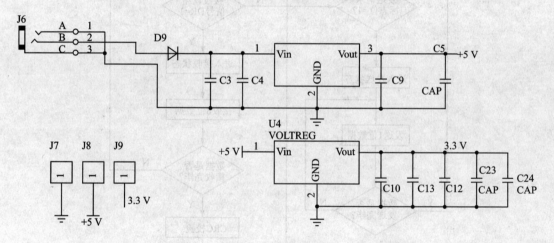

图 6.24 电源电路图

这里考虑到输入段的连线可能超过 15 cm,故采用了 2 个电容。这样可以改变瞬态响应。C10、C13、C28 用来储能和滤波。上面详细分析了射频部分、单片机控制部分和电源部分的元件和功能,并详述了单片机和 nRF2401 的接口电路以及单片机和 PC 的接口电路的设计实现。

6.3.3 系统软件设计

1. 总体设计

系统的软件流程图如图 6.25 所示。下面讲一下 nRF2401 的配置及 LPC932A1 的通信过

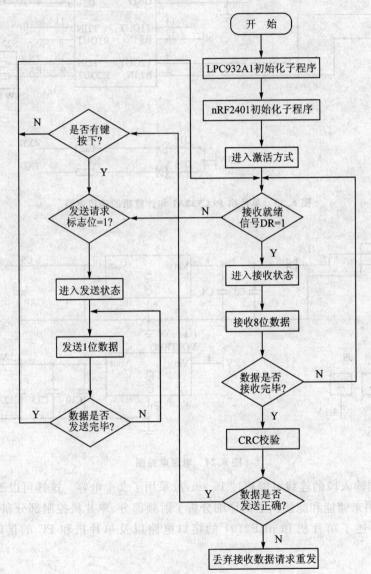

图 6.25 软件流程图

程。LPC932A1 配置 nRF2401 的过程为：设置 CS 高，CE 低，使 nRF2401 进入编程模式，nRF2401 的 Data 脚为输入状态，主机通过 MOSI 写入数据，从 MISO 读出数据，配置数据通过 nRF2401 的 DATA 脚写入。按照硬件电路设计，系统只需要对状态字后 120 bit 进行配置，其值为 0X500800d0dddddd0dddddddd836f5。配置后 nRF2401 的通道 1 数据段长度 8 bit，其地址段长度 32 bit，通道 1 硬件地址 0xdddddddd，使能位 16 校验段，单通道接收，Shock-Burst 突发传递模式，通信速率 1 Mbit/s，晶振频率 16 MHz，传出功率 0 dBm，工作频率 2 404 MHz，接收状态。LPC932A1 向 nRF2401 发送数据的过程为：设置 CE 高，使 nRF2401 进入 TX 模式，nRF2401 的 DATA 脚为输入状态，主机通过 MOSI 写入数据，从 MISO 读出数据，设置数据通过 nRF2401 的 DATA 脚输入，并输入到 TX FIFO，设置 CE 低，开始突发模式传输。LPC932A1 从 nRF2401 读取数据的过程为：nRF2401 在接收模式下，并且已经接收到数据包，主机通过 MOSI 写入数据，从 MISO 读出数据，因为有两个电阻，使 MOSI 写入数据不会影响从 nRF2401 输出的数据。

2. 各模块详细设计

nRF2401 初始配置函数定义如下：

```
void nRF2401_powerup_config(void)
{
    int i,j;
    unsigned char config_data[15],variable1;
    D1 = 0;                    //指示灯亮
 config_data[0] = 0x50;config_data[1] = 0x08;config_data[2] = 0x0;config_data[3] = 0xd0;config_data[4] = 0xdd;config_data[5] = 0xdd;config_data[6] = 0xdd;config_data[7] = 0x0;config_data[8] = 0xdd;config_data[9] = 0xdd;config_data[10] = 0xdd;config_data[11] = 0xdd;config_data[12] = 0x83;config_data[13] = 0x6f;config_data[14] = 0x05;
    //配置状态字
    PWR_UP = 1;CE = 0;CS = 1;
    for(i = 0;i<10;i + +)
    { Delay500ns();}
    DATA = 0;
    for(i = 0;i<15;i + +)
    {  variable1 = config_data[i];
       for(j = 0;j<8;j + +){
       CLK1 = 0;
       DATA = variable1 & 0x80;
       SomeNOP();SomeNOP();
       CLK = 1;
       Delay500ns();
       CLK = 0;
       variable1 = variable1<<1;
```

```
    }
}
CS = 0;D1 = 1;
}
```

nRF2401 数据发送函数定义如下：

```
void Transmit_data(unsigned char number)
{
int i,j;
unsigned char variabe2;
unsigned char transmit_data[5];
transmit_data[0] = 0xdd;transmit_data[1] = 0xdd;transmit_data[2] = 0xdd;transmit_data[3] = 0xdd;transmit_data[4] = number;
TXEN();
for(i = 0;i<10;i + +)
{ Delay500ns();}
for(i = 0;i<5;i + +)
{
    variable2 = transmit_data[i];
    for(j = 0;j<8;j + +)
    {
        CLK1 = 0;
        DATA = variable2 & 0x80;
        SomeNOP();SomeNOP()
        CLK1 = 1;
        Delay500ns();
        CLK1 = 0;
        Variable2<<1;
    }
}
CE = 0;nRF2401_acting_config();
}


# include<reg935.h>
# define BYTE_BIT0      0x01
# define BYTE_BIT1      0x02
# define BYTE_BIT2      0x04
# define BYTE_BIT3      0x08
# define BYTE_BIT4      0x10
# define BYTE_BIT5      0x20
```

```c
#define BYTE_BIT6    0x40
#define BYTE_BIT7    0x80
//<nRF2401_Pins 对应引脚>
sbit PWR_UP  = P1^4;//P1^6;
sbit CE      = P2^7;//P1^2;
sbit CS      = P2^6;//P1^1;
sbit DR1     = P2^1;//P1^0;
sbit CLK1    = P2^2;//P3^7;
sbit DATA    = P2^0;//P3^3;
sbit LED0    = P2^5;//P3^4;
sbit LED1    = P0^6;
sbit KEY0    = P1^7;
sbit KEY1    = P1^6;
//2401 的配置信息
#define TEST_2    0x8E    //MSB    D143~D136
#define TEST_1    0x08    //       D135~D128
#define TEST_0    0x1C    //       D127~D120
//注意：DATAx_W + ADDRx_W + CRC 的值必须小于 256！单个数据包的大小必须小于 32 字节(256 位)
#define DATA2_W   0x10    //0x10 = 2 字节    //频道 2 发送/接收数据长度(单位：Bit)
#define DATA1_W   0x20    //0x20 = 4 字节    //频道 1 发送/接收数据长度(单位：Bit)
//注意：2401 忽略 ADDR 中超过 ADDR_W 设定宽度的那些位，同时地址不能全部设置为 0
//频道 2 接收地址(当前模块地址)
#define ADDR2_4   0x00
#define ADDR2_3   0x1c
#define ADDR2_2   0xcc
#define ADDR2_1   0xcc
#define ADDR2_0   0xcc
//频道 1 接收地址
#define ADDR1_4   0x00
#define ADDR1_3   0xcc
#define ADDR1_2   0xcc
#define ADDR1_1   0xcc
#define ADDR1_0   0xcc
#define ADDR_W    0x20    //0x20 = 4 字节    //发送/接收地址宽度(单位：Bit)
#define CRC_L     0x1                        //CRC 模式 0：8 位    1：16
#define CRC_EN    0x1                        //CRC 校验启用
#define RX2_EN    0x0                        //双频道功能启用
#define CM        0x1                        //0：Direct mode    1：ShockBurst mode
#define RFDR_SB   0x0                        //0：250 kbit/s     1：1 Mbit/s
```

```
#define XO_F              0x3        //16M              //nRF2401 晶振频率
#define RF_PWR            0x3                           //信号发射功率
#define RF_CH             0x2                           //Channel RF 频率
#define RXEN              0x1        //DEF_RXEN         //0：Tx 1：Rx //程序会重新设置此项参数
//#define RX              0X01
//<将设置信息组合成每个字节的数据信息,此区域无需修改>
#define RFConfig_Bit0     TEST_2
#define RFConfig_Bit1     TEST_1
#define RFConfig_Bit2     TEST_0
#define RFConfig_Bit3     DATA2_W
#define RFConfig_Bit4     DATA1_W
#define RFConfig_Bit5     ADDR2_4
#define RFConfig_Bit6     ADDR2_3
#define RFConfig_Bit7     ADDR2_2
#define RFConfig_Bit8     ADDR2_1
#define RFConfig_Bit9     ADDR2_0
#define RFConfig_Bit10    ADDR1_4
#define RFConfig_Bit11    ADDR1_3
#define RFConfig_Bit12    ADDR1_2
#define RFConfig_Bit13    ADDR1_1
#define RFConfig_Bit14    ADDR1_0
#define RFConfig_Bit15    (ADDR_W<<2 | CRC_L<<1 | CRC_EN)
#define RFConfig_Bit16    (RX2_EN<<7 | CM<<6 | RFDR_SB<<5 | XO_F<<2 | RF_PWR)
#define RFConfig_Bit17    (RF_CH<<1 | RXEN)
//通过宏定义将18字节的寄存器参数按照各个功能分解,以便于参数的调整
unsigned char code nRF2401_Conf[18] = {
    RFConfig_Bit0,    RFConfig_Bit1,    RFConfig_Bit2,    RFConfig_Bit3,    RFConfig_Bit4,
    RFConfig_Bit5,    RFConfig_Bit6,    RFConfig_Bit7,    RFConfig_Bit8,    RFConfig_Bit9,
    RFConfig_Bit10,RFConfig_Bit11,RFConfig_Bit12,RFConfig_Bit13,RFConfig_Bit14,
    RFConfig_Bit15,RFConfig_Bit16,RFConfig_Bit17
};
//nRF2401 Tx/Rx 功能
//void Config2401(void);                    //配置 2401,写入初始化设置
//void SetTxMode(void);                     //设置为发送模式
//void SetRxMode(void);                     //设置为接收模式
void nRF2401_TxPacket(unsigned char TxBuf[]);  //发送 TxBuf[]内的数据 长度由 DATA1_W 决定
unsigned char nRF2401_RxPacket(unsigned char * RxBuf);
                                          //检查是否有数据需要接收如果有,则保存至 RxBuf[]
//返回值 0：没有接收到数据,1：接收到数据
```

```c
void Delay5(void)
{
    unsigned int j;
    for(j = 0;j<20; + +j);
}
//16 MHz 晶振 600 μs 左右
void Delay100(void)
{
    unsigned int i;
    for(i = 0;i<1500;i + +);              //100
}
bdata unsigned   char DATA_BUF;           //用于 ByteRead 和 ByteWrite 函数
#define DATA7    ((DATA_BUF&BYTE_BIT7)! = 0)
#define DATA0    ((DATA_BUF&BYTE_BIT0)! = 0)
unsigned char ByteRead(void)
{
    unsigned char i;
    for(i = 0;i<8;i + +)
    {
        DATA_BUF = DATA_BUF<<1;
        CLK1 = 1;
        DATA = 1;                         //设置为输入状态
        if(DATA)                          //读取最高位,保存至最末尾,通过左移位完成整个字节
        {DATA_BUF| = BYTE_BIT0;}
        else
        {DATA_BUF& = ~BYTE_BIT0;    }
        CLK1 = 0;
        Delay5();
    }
    return DATA_BUF;
}
void ByteWrite(unsigned char send)
{
    unsigned char i;
    DATA_BUF = send;
    for(i = 0;i<8;i + +)
    {
        if(DATA7)                         //总是发送最高位
        {DATA = 1;}
```

```
            else
            {DATA = 0;}
            CLK1 = 1;
            DATA_BUF = DATA_BUF<<1;
            CLK1 = 0;
//          Delay5();///
        }
}
//2401 配置寄存器的写入方式,2401 配置寄存器的数据写入通过一移位寄存器完成
void Config2401(void)
{
    unsigned int i;
    unsigned char variablel;
    PWR_UP = 1;                              //上电
    CE = 0;
    CS = 1;                                  //使 RF2401 进入配置方式
    for(i = 0;i<10;i + + )Delay100();
    //从上电到进入配置模式需要 3 ms 的延时
    for(i = 0;i<18;i + + )
    {
        variablel = nRF2401_Conf[i];
        ByteWrite(variablel);
    }
    CS = 0;                                  //CS 置低使配置有效
    Delay100();
}
void SetTxMode(void)
{
    //设置为配置模式
    PWR_UP = 1;
    CE = 0;
    CS = 1;
    Delay100();
    //配置寄存器 0 字节 RXEN 设置为 0：发送模式
    DATA = 0;
    CLK1 = 1;
    CLK1 = 0;
//      Delay5();///
    //设置为 Activemodes(Tx)
```

```c
        CS = 0;
        CE = 1;
        Delay100();
}
void SetRxMode(void)
{
        //设置为配置模式
//      PWR_UP = 1;                     ////
        CE = 0;
        CS = 1;
        Delay100();//////
        //配置寄存器 0 字节 RXEN 设置为 1：接收模式
        DATA = 1;
        CLK1 = 1;
        CLK1 = 0;
//      Delay5();///
        //设置为 Activemodes(Rx)
        CS = 0;
        CE = 1;
        Delay100();
}


//接收方通道硬件地址
unsigned char TxAddress[] = {0xcc,0xcc,0xcc,0xcc};    //nRF2401 数据发送函数
void nRF2401_TxPacket(unsigned char TxBuf[])
{
        int i;
        unsigned char variable2;
        for(i = 0;i<(ADDR_W/8);i++)             //写入接收地址(按字节对齐)
        {variable2 = TxAddress[i];ByteWrite(variable2);}
        for(i = 0;i<(DATA1_W/8);i++)            //写入需要发送的数据(按字节对齐)
        {variable2 = TxBuf[i];ByteWrite(variable2);}
        CE = 0;                                 //CE 置低使发送有效
        Delay100();                             //时钟信号高电平保持
}
//检测并接收数据函数
//返回 0：没有数据接收,1：接收到数据
unsigned char nRF2401_RxPacket(unsigned char * RxBuf)
{
```

```c
    unsigned int i;
    DR1 = 1;
    if(DR1)
    {
        for(i = 0;i<DATA1_W/8;i++)
        { * RxBuf = ByteRead();RxBuf++;}
        return 1;
    }
    return 0;
}
unsigned char TxRxBuf[32];
void uart_init(void)
{
    SCON = 0x50;
    SSTAT = 0xE0;
    BRGR0 = 0XF0;
    BRGR1 = 0X02;
    BRGCON = 0X03;
    ESR = 1;
    EST = 1;
    EA = 1;
}
void delay(unsigned int i)
{for(;i>0;i--);}
void send(unsigned char send_data)
{
    SBUF = send_data;while(! TI);TI = 0;
}
void ad_init()
{
    ADCON0 = 0x04;ADMODA = 0x01;ADMODB = 0x60;ADINS = 0x02;
}
void main(void)
{
    unsigned int i,j;
    unsigned int led0_count = 0,led1_count = 0;
    P1M1 = 0X00;P1M2 = 0X00;
    P2M1 = 0X00;P2M2 = 0X00;
    P3M1 = 0X00;P3M2 = 0X00;
```

```c
uart_init();
LED0 = 0;
Delay100();
Delay100();
Config2401();
LED0 = 1;
while(1)
{
    SetRxMode();                                //设置为接收模式
    for(i = 0;i<360;i + +)for(j = 0;j<30;j + +);
    if(nRF2401_RxPacket(TxRxBuf) = = 1)         //返回1表明有数据包接收
    {
        if(TxRxBuf[0] = = 1)
        {led0_count = 10;send(0x0A);}
        if(TxRxBuf[1] = = 1)
        {led1_count = 10;}
        else
        {led0_count = 10;led1_count = 10;send(0x0B);     }
    }
    TxRxBuf[0] = 0;TxRxBuf[1] = 0;KEY0 = 1;
    //按键检测
    if(KEY0 = = 0)
    {TxRxBuf[0] = 1;led0_count = 10;}
    KEY1 = 1;
    if(KEY1 = = 0)
    {TxRxBuf[1] = 1;led1_count = 10;}
    if((TxRxBuf[0] = = 1)||(TxRxBuf[1] = = 1))
    {
        SetTxMode();                            //设置为发射模式
//      for(i = 0;i<300;i + +)for(j = 0;j<30;j + +);
        nRF2401_TxPacket(TxRxBuf);              //发送数据
    }
    TxRxBuf[0] = 0;TxRxBuf[1] = 0;              //LED 显示延时
    if(led0_count>0)
    {led0_count - - ;LED0 = 0;}
    else LED0 = 1;
    if(led1_count>0)
    {led1_count - - ;LED1 = 0;}
    else LED1 = 1;
```

```
        }//end_while(1);
    }
    if(RTC_Counter = = 6750)                          //延时 1 min
    {
        RTC_Counter_Minute + + ;RTC_Counter = 1;
        if(Battery_On_Socket = = 0)                   //15 min 延时,用于电池安装过程
        {Battery_On_Socket = 1;RTC_Counter = 0;}
    }
    RTCCON = 0x63;//清除 RTCCON.7 - RTCF
}
```

6.4 无刷电动车控制器方案

6.4.1 系统概述

由于有刷电机有寿命短、噪声大、效率低等致命缺点,使得目前电动车开始向采用无刷电机的方向发展,电动车控制器亦向无刷型控制器转变。其功能的实现主要需要 A/D 转换以及 PWM 输出控制,且 A/D 的速度越快越好;针对这些要求本方案选用了高性价比的 NXP 公司的 8 位单片机——P89LPC933,作为控制器的主控芯片。其集成有 4 路 8 位 A/D 转换模块和 2 路 PWM 控制模块,并具有 4 KB×8 的程序空间,相对业内众多同档次的 MCU 具有更高的性价比,在浓缩成本的同时很好地实现了功能。MCU 内部框图如图 6.26 所示。

主控 MCU 特性如下:

- LPC933 是 8 位高性能 51 内核单片机,指令执行时间只需 2~4 个时钟周期,6 倍于标准 80C51 器件。
- VDD 操作电压范围为 2.4~3.6 V。I/O 口可承受 5 V(可上拉或驱动到 5.5 V)。
- 4 KB/8 KB/16 KB 可字节擦除的 Flash 程序存储器,组成 1 KB 扇区和 64 字节页。单个字节擦除功能允许 Flash 程序存储器的任何字节可用作非易失性数据存储器。256 字节 RAM。
- 2 个 4 路输入的 8 位 A/D 转换器 DAC 输出;2 个模拟比较器,可选择输入和参考源。
- 2 个 16 位定时/计数器(每一个定时器均可设置为溢出时触发相应端口输出或作为 PWM 输出)和 1 个 23 位的系统定时器,系统定时器可用作实时时钟。
- 选择片内高精度 RC 振荡器时不需要外接振荡器件。可选择 RC 振荡器选项并且其频率可进行很好的调节。
- 增强型 UART。具有波特率发生器、间隔检测、帧错误检测、自动地址检测功能;400 kHz 字节宽度、I^2C 总线通信端口和 SPI 通信端口。

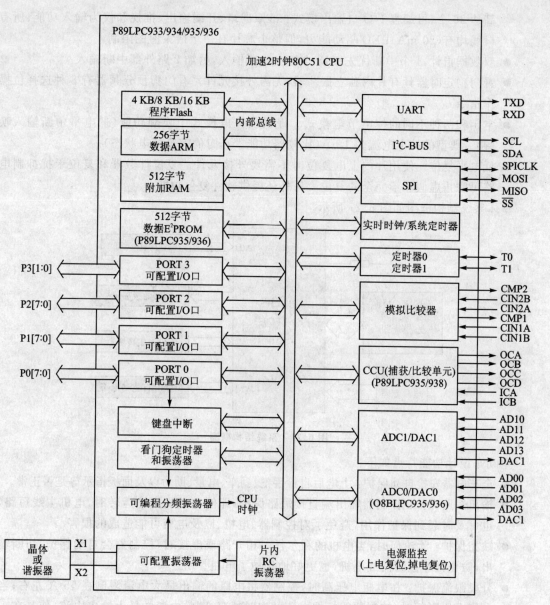

图 6.26 MCU 内部结构框图

- Flash 程序存储器可实现在电路编程(ICP)以及在应用中编程(IAP)。这允许在程序运行时改变代码,Flash 保密位可防止程序被读出。
- 操作电压范围为 $2.2\sim 5.5$ V($f_{sys}=4$ MHz)。
- 28 脚 TSSOP 封装。最少有 23 个 I/O 口,当选择片内振荡器和片内复位时,I/O 口可高达26个；可编程I/O口输出模式：准双向口、开漏输出、推挽和仅为输入功能；所有口线均有(20 mA)LED驱动能力，但整个芯片有一个最大值的限制。
- 双数据指针，4个中断优先级，8个键盘中断输入，另加2路外部中断输入。
- 看门狗定时器具有片内独立振荡器，无需外接元件。看门狗预分频器有8种选择位操作指令。
- 空闲和两种不同的掉电节电模式。提供从掉电模式中唤醒功能(低电平中断输入唤醒)。典型的掉电电流为$1\ \mu A$(比较器功能禁止时的完全掉电状态)。
- 低电平复位。使用片内上电复位时不需要外接元件。复位计数器和复位干扰抑制电路可防止虚假和不完全的复位。另外还提供软件复位功能。

整体系统结构框图如图6.27所示。

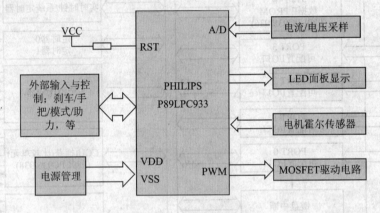

图6.27 系统结构框图

电动车设计功能特点如下：
- 全车电器安检自动保护：上电后自检手把、刹车、电量、助力以及面板指示等是否正常。
- 输出短路保护：控制器输出端直接短路保护，即使在电机高速运转时，电机主线短路，也可及时起到保护作用，避免了对控制器、电机、以及电瓶可能造成的损害。
- 缺相保护：无论何时，当电机的霍尔任一相开路或虚接时，控制器会自动保护，切断输出，防止损坏控制器或电机，也更好地保护了电瓶。
- 分段限流保护：在电瓶电压高时，控制器将电瓶的输出最大电流限制在15 A左右；当电瓶电压降低时，控制器能根据电瓶的实时情况，调整电瓶的最大输出电流，使其在一定的合适范围内，从而防止电瓶的超负荷放电，延长电瓶的使用寿命，增加续航里程。
- 堵转保护：骑行过程中，手把正常输出，但电机不动(堵转)n秒后自动切断输出，防止烧坏控制器或电机，同时保护电瓶。
- 欠压保护：当电瓶电压降低到欠压点时，控制器进入保护，避免电瓶过放电，延长电瓶使用寿命。

- 利用惯性(滑行时)反充电功能：骑行过程中,手把归零后的每一时刻,均能将电机惯性产生的电能回收到电瓶,增加续航里程。
- 巡航功能：自动定速、手动定速可选。
- 助力选择功能：助力自动/手动进入,默认1∶1;共三挡(1∶1,1∶2,1∶3)。
- ABS刹车功能：ABS刹车使得刹车更平稳,更安全可靠。
- 倒车无阻力功能
- 更高的稳定性和可靠性,真正的启动超静音,无振动,高效率。

无刷软件状态图如图6.28所示。

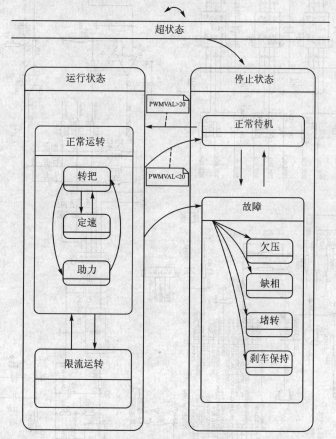

图6.28 无刷软件状态图

6.4.2 系统硬件设计

主控MCU设计原理如图6.29所示。

显示部分电路如图6.30所示。

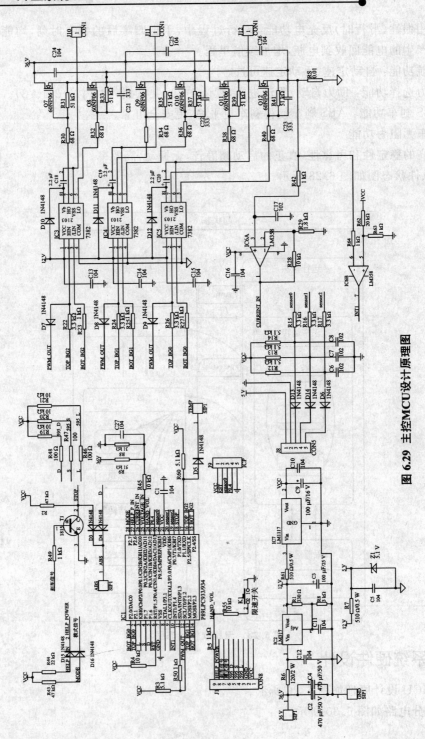

图 6.29 主控MCU设计原理图

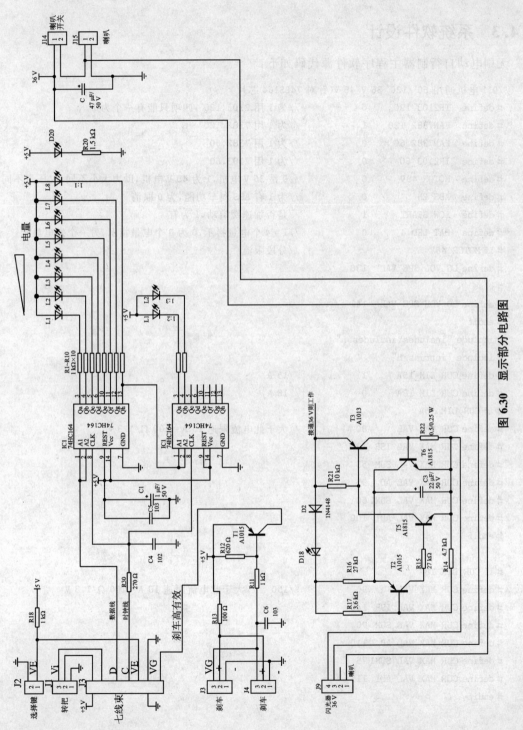

图 6.30 显示部分电路图

6.4.3 系统软件设计

无刷电动自行制器主程序软件源代码如下：

```c
//011 电机通用 60°/120° 36 V/48 V(针对 74LS164 芯片)
#define IR2103_120      0       //为 1 用 2103,120°,四项只能有一个为 1
#define FAN7382_120     1       //为 1 用 7382,120°
#define FAN7382_60      0       //为 1 用 7382,60°
#define IR2103_60       0       //为 1 用 2103,60°
#define MOTOR_48V       0       //0 是 36 V 电机,1 为 48 V 电机,助力大小不同,欠压点不同
#define ABS_EN          0       //为 1 有 ABS 刹车功能,为 0 取消
#define LOW_START       1       //是否加速缓启动,1 为有
#define BAT_LED_4       0       //1 = 4 个电量指示,0 为 3 个电量指示,另一个发电显示
#if MOTOR_48V                   //分段限流
#define LO_VOL_SPE_VAL  138
#else
#define LO_VOL_SPE_VAL  141
#endif
#include "includes\includes.h"
#include "intrins.h"
#define CUR_LIM_15A     1       //15 A
#define CUR_LIM_18A     0       //18 A
#if CUR_LIM_15A
#define CUR_MAX_VAL         80      //大于此电流限速 15 A = 100 Ω/1.3 V
#define CUR_MAX_VAL_ISR     120
#define CUR_MAX_VAL_SUM     55
#define CUR_MAX_VAL_AD      95
#define CUR_MAX_VAL_SUM1    60
#define CUR_MAX_VAL_AD1     100
#endif

#if CUR_LIM_18A
#define CUR_MAX_VAL         90      //150   //大于此电流限速 18 A = 100 Ω/1.3 V
#define CUR_MAX_VAL_ISR     140
#define CUR_MAX_VAL_SUM     70
#define CUR_MAX_VAL_AD      110
#define CUR_MAX_VAL_SUM1    75
#define CUR_MAX_VAL_AD1     115
#endif
```

```
#define HAND_VOL_MIN        85           //手柄启动电压1V
#define HAND_VOL_MIN0       85           //手柄归零电压
#define HAND_VOL_MIN_1      85           //手柄归零电压
#define PWM_OUT_MIN         20
#define PWM_OUT_MAX         0xff

//Q1HC595
#define HAND_CTR_LED        1
#define SAME_SPE_LED        2
#define HELP_CTR_LED        0
#define BATT_LOW_VOL        7
#define BATT_CAP_20         3
#define BATT_CAP_50         4
#define BATT_CAP_80         5
#define BATT_CAP_100        6
//#define STOP_LED          7
//Q11HC595
#define HLP1_LED            0
#define HLP2_LED            1
#define HLP3_LED            2
//Q11HC595
#define SPE1_LED            0
#define SPE2_LED            1
#define SPE3_LED            2
#define SPE4_LED            3
#define SPE5_LED            4
#define SPE6_LED            5
#define SPE7_LED            6
#define SPE8_LED            7

#define IC1_595             1
#define IC2_595             0

//speed val led
#define SPE_VAL_30          30           //3 km
#define SPE_VAL_40          140          //7 km
#define SPE_VAL_50          180          //11 km
#define SPE_VAL_60          245          //15 km
#define SPE_VAL_70          300          //18 km
```

```
#define SPE_VAL_80         370        //22 km
#define SPE_VAL_90         430        //26 km
#define SPE_VAL_100        490        //30 km

//sbit    SCL_595      = P1^7;        //595  S
//sbit    SDA_595      = P1^6;        //595  D
//sbit    LATCH_595    = P0^0;        //595  L

sbit      SCL_164      = P1^7;
sbit      SDA_164      = P0^0;

sbit      KEY_0        = P2^7;        //按键
sbit      HLP_POWER    = P2^6;        //助力输入
sbit      STOP_IO      = P1^0;        //刹车输入
sfr       PWM_DUTY     = 0x8C;        //TH0   PWM输出占空比
sbit      PWM_OUT_IO   = P1^2;        //PWM   PWM输出引脚
sbit      TEST         = P1^1;        //测试
bit       TESTBIT;                    //测试
//bit     DispEn;                     //
bit HiPulStat;                        //助力用高脉冲状态
bit HlpPowerEn;                       //助力状态
bit StopStatEn;                       //刹车状态
bit SameSpeedEn;                      //定速状态
bit ErrOneself;                       //自检时标志
bit HandZeroStat;                     //手把归0状态
bit LoVolStat;                        //低压状态
bit TmrStat;                          //定时中断发生
bit SameTempEn;                       //定速解除临时用状态
bit Cur15AStat;                       //限流状态
bit MotorStartStat;                   //换向推动状态
bit MotorStopStat;                    //停车状态
bit MotorErr;                         //缺相状态
bit FlashOn;                          //闪烁
bit RunErr;                           //堵转
bit LoSpeedStat;                      //低速标志
bit HiSPeedStat;
bit LoSpeStat;
bit NormalStat;
bit LoBatLoSpeStat;
```

```c
bit GenEleStat;              //PWM 无输出且车在转则 TRUE
bit RunStat;                 //车在转
bit StopErr;
//INT8U k1stat;              //键状态
INT8U   HandVolAD;           //手把 AD
INT8U   BatValAD;            //电压 AD
INT8U   CurADVal;            //电流 AD
INT8U   BatVal;              //电压 AD 计算
INT8U   HandVol;             //手把电压值

INT8U   StopCtr;             //刹车检测计数
INT8U   LoVolCtr;            //低压计数

INT8U   LoPulTmrCtr;         //助力低脉冲时间计数
INT8U   HiPulTmrCtr;         //助力高脉冲时间计数
INT8U   HiPulCtr;            //助力高脉冲计数
INT8U   HlpStat;             //助力状态 1,2,3

INT8U   HandZeroCtr;         //手把归 0 计数
INT8U   SameSpeed;           //定速值
INT8U   HandAD1[4];          //定速用
INT8U   HandADPtr;           //定速用
INT8U   HandVolSame;         //定速用
INT8U   HandTmrCtr;          //定速时间计数

INT8U   OldSensorStat;       //换向
INT8U   P2Val;               //换向
INT8U   MotorStartCtr;       //换向推动计数
INT8U   MotorErrCtr;         //缺相计数
INT16U  LowSpeedCtr;         //堵转用低速计数
INT16U  RunSpeedCtr;         //显示用速度计数
INT8U   TempStat;            //电机启动第一次换向临时状态

INT8U   dispscan;            //显示用
INT8U   PwmTemp;             //为上次手把所计算出 PWM,为软启所设
//INT8U   PwmTemp1;
INT8U   HandVolTemp;         //
INT8U   PwmVal;              //计算输出 PWM
INT8U   PwmValHlp;           //助力输出 PWM
```

```c
INT8U    PwmValHand;                    //手把输出 PWM
INT8U    PwmValCur;                     //实际输出 PWM


INT8U    CurADSum;
INT8U    CurLimitVal;                   //电流限流最大值,计算得出
INT16S   CurP;                          //计算电流用
INT8U    CurPWMVal;                     //PWM 上次输出值
INT8U    CurHiVal;                      //当前电流值(PWM 高电平期间)


INT16U   SpeedCtr;                      //换向之间时间计数,70 μs
INT8U    PwmSpeedBuf[1];                //计算用
INT8U    PwmSpeedCtr;
//INT8U  PwmSpeedTemp;
//INT8U  PwmMaxVal;                     //PWM 输出最大值
//INT8U  PwmMaxValLast;
INT8U    CurLast;
//INT8U  PwmMax;
INT8U    PwmValOut;
//INT16U StartMotorCtr;
INT8U    CurAdd;

INT8U    DispScan0;
INT8U    DispScan1;
INT8U    DispSegEn[1];

//2103 和 7382 转换修改以下定义
#if IR2103_120
#define P2_NO_OUT     0x19              //2103
#define P2_ABS_OUT    0x00              //2103
const INT8U   NewStat[8] = {0x31,0x0b,0x13,0x1c,0x38,0x0d,0x00};//2103
#endif

#if FAN7382_120
#define P2_NO_OUT     0x00              //7382
#define P2_ABS_OUT    0x19              //7382
const INT8U   NewStat[8] = {0x28,0x12,0x0a,0x05,0x21,0x14,0x00};
//7382//120°二二导通正转
#endif
```

```c
#if FAN7382_60
#define P2_NO_OUT    0x00              //7382
#define P2_ABS_OUT   0x19              //7382
const INT8U   NewStat[9]={0x21,0x05,0x00,0x14,0x28,0x00,0x0a,0x12};//60°二二导通正转
#endif

#if IR2103_60
#define P2_NO_OUT    0x19              //2103
#define P2_ABS_OUT   0x00              //2103
const INT8U   NewStat[9]={0x38,0x1c,0x19,0x0d,0x31,0x19,0x13,0x0b};//60°二二导通正转
#endif

extern    INT8U    DispSegTbl[2];
extern    INT8U    DispSegTblIX;
extern    INT8U    KeyBuf[KEY_BUF_SIZE];
extern    INT8U    KeyScanState;
#if OS_CRITICAL_METHOD==3              //用于存储CPU状态寄存器
    extern OS_CPU_SR    cpu_sr;
#endif
void Initial();                        //MCU初始化
void KeyMenu();                        //按键处理
void DispLedScan();                    //显示扫描
void HlpPowerChk();                    //助力检测
void BatChk();                         //电池电压检测
void HandChk();                        //手把电压检测
void DispSpeed();                      //速度显示
void OneselfChk();                     //自检
void KeyScan();                        //按键扫描
void Tmr_Isr();                        //计时器计数
void RunChk(void);                     //堵转检测
void SameSpeedChk();                   //定速检测
void StopChk();                        //刹车检测
void Disp3Led();                       //电动灯显示等
void SpeedPwmMax();
//void CurMax();                       //计算限流最大值
void Dly(INT8U x);                     //延时
void Dly2(INT8U x);                    //
void LoSpeChk();
extern void  DispStatClr(INT8U dig,INT8U bbit);
```

```c
extern void   DispStatSet(INT8U dig,INT8U bbit);
void _clrwdt();

void _clrwdt()
{
    OS_ENTER_CRITICAL();
    WFEED1 = 0xA5;
    WFEED2 = 0x5A;
    OS_EXIT_CRITICAL();
}

void main()
{
    _clrwdt();
    Initial();
    TmrInit();                    //记时器初始化
    TmrSetT(0,0x02);              //12 ms 0x08 对应测一次手柄的数值
                                  //可改为 02 用于 PWM 连续设置
    TmrStart(0);
    TmrSetT(1,0xff);              //0x30 = 自检时测,以后测电池
    TmrStart(1);
    TmrSetT(2,0x01);              //0x03 = 4 ms 测助力
    TmrStart(2);
    TmrSetT(3,0x18);              //0xa0 = 500 ms 闪烁 LED
    TmrStart(3);
    TmrSetT(4,0xff);              //0x300 = 4 s 堵转停止输出
    TmrStart(4);
    TmrSetT(5,0x58);              //0x58 0xaf = 500 ms 测速
    TmrStart(5);
    TmrSetT(6,0x20);              //用于定速
    TmrStart(6);
    _clrwdt();
    DispSegTbl[0] = 0x00;
    Dly2(255);                    //延时以免缺相误判
    Dly2(255);
    _clrwdt();
    EA = 1;                       //开总中断
    Dly2(100);
    OneselfChk();                 //上电自检
```

```c
    TmrSetT(1,0x50);              //180 ms 测一次电池
    TmrStart(1);
    TmrSetT(3,0x18);              //0x53);   //0xa0 = 500 ms 闪烁 LED
    TmrStart(3);
    _clrwdt();
    while(1){
    _clrwdt();
    if(TmrStat = = TRUE){         //计时器处理
    OS_ENTER_CRITICAL();
        TmrStat = FALSE;
        OS_EXIT_CRITICAL();
        Tmr_Isr();
    }
    _clrwdt();
    if((NormalStat = = TRUE)&(StopErr = = FALSE)){HlpPowerChk();}//助力
    _clrwdt();
    if(NormalStat = = TRUE){
        HandChk();                //手柄采样
        if(StopErr = = FALSE){SameSpeedChk();}
    }
    if(StopErr = = FALSE){StopChk();}
    if((Cur15AStat = = FALSE)&&(NormalStat = = TRUE)){
        OS_ENTER_CRITICAL();
        PwmValCur = PwmVal;
        OS_EXIT_CRITICAL();
    }
    _clrwdt();
    BatChk();                     //电池测量
    RunChk();                     //堵转检测
    if((StopStatEn = = TRUE)|(LoVolStat = = TRUE)|(RunErr = = TRUE)|(MotorErr = = TRUE)){
    NormalStat = FALSE;
    HlpPowerEn = FALSE;
    PwmValHlp = 0;
    PwmValHand = 0;
    PwmValOut = 0;
    SameSpeedEn = FALSE;
    OS_ENTER_CRITICAL();
    MotorStopStat = TRUE;
    # if ABS_EN
```

```
        if(STOP_IO = = 1){P2 = P2_NO_OUT;}
    #else
        P2 = P2_NO_OUT;
    #endif
        PwmValCur = 0;
        PwmVal = 0;
        PWM_DUTY = 0xFF;
        MotorStartStat = FALSE;
        OS_EXIT_CRITICAL();
        PWM_OUT_IO = 0;
    }
    if((StopStatEn = = FALSE)&&(LoVolStat = = FALSE)&&(RunErr = = FALSE)&&
(MotorErr = = FALSE)){
        NormalStat = TRUE;
        if(PwmVal>PWM_OUT_MIN){
            if(MotorStopStat = = TRUE){//启动电机
                OS_ENTER_CRITICAL();
                MotorStopStat = FALSE;
                TempStat = P0 & 0xE0;
                KBPATN = TempStat;
                OldSensorStat = TempStat;
            #if FAN7382_60|IR2103_60
                P2Val = NewStat[((TempStat)>>5)];
            #endif
            #if FAN7382_120|IR2103_120
                P2Val = NewStat[((TempStat)>>5) - 1];
            #endif
                P2 = P2Val;
                PWM_DUTY = 0xff - PwmValCur;
                OS_EXIT_CRITICAL();
                TmrReset(4);
            }
            PWM_OUT_IO = 1;
        }else {
            OS_ENTER_CRITICAL();
        #if ABS_EN
            if(STOP_IO = = 1){
                P2 = P2_NO_OUT;
            }
```

```
                #else
                    P2 = P2_NO_OUT;
                #endif
                if(StopErr = = TRUE){
                    P2 = P2_NO_OUT;
                }
                PWM_DUTY = 0xFF;
                MotorStopStat = TRUE;
                MotorStartStat = FALSE;
                OS_EXIT_CRITICAL();
                PWM_OUT_IO = 0;
            }
        }
    }
}

void RunChk(void)
{
    INT8U temp;
    temp = HandVolAD;
    if(TmrTbl[4].TmrEnd = = TRUE){      //4 s 堵转,并且电流过大
        if((temp>HAND_VOL_MIN0)|(SameSpeedEn = = TRUE)){
            if((LowSpeedCtr<20)&(MotorStopStat = = FALSE)){
                OS_ENTER_CRITICAL();
                RunErr = TRUE;
                OS_EXIT_CRITICAL();
                PWM_OUT_IO = 0;
            }
        }
        OS_ENTER_CRITICAL();
        LowSpeedCtr = 0;
        OS_EXIT_CRITICAL();
        TmrTbl[4].TmrEnd = FALSE;
        TmrTbl[4].TmrCtr = TmrTbl[4].TmrInit;
        TmrTbl[4].TmrEn = TRUE;
    }
    if((temp<HAND_VOL_MIN0)&&(SameSpeedEn = = FALSE)){
        TmrReset(4);
        OS_ENTER_CRITICAL();
```

```
            RunErr = FALSE;
            OS_EXIT_CRITICAL();
        }
    }
}
void StopChk()                          //刹车检测
{
    if(STOP_IO = = 1){
        if(StopStatEn = = TRUE){
            StopStatEn = FALSE;
            #if ABS_EN
            OS_ENTER_CRITICAL();
            P2 = P2_NO_OUT;             //从刹车状态恢复
            OS_EXIT_CRITICAL();
            #endif
        }
        StopCtr = 0;
    }else{
        StopCtr + + ;
        if(StopCtr>3){
            StopStatEn = TRUE;
            //MotorStopStat = TRUE;
            StopCtr = 0;
        }
    }
    #if ABS_EN
    if(StopStatEn = = TRUE){            //ABS 刹车
        PWM_OUT_IO = 0;
        OS_ENTER_CRITICAL();
        P2 = P2_NO_OUT;
        OS_EXIT_CRITICAL();
        //Dly(15);//Dly(10);             //调整延时值可调刹车占空比
        Dly(20);                         //50%
        OS_ENTER_CRITICAL();
        P2 = P2_ABS_OUT;                 //ABS 刹车
        OS_EXIT_CRITICAL();
    }
    #endif
}
void HandChk()                          //12 ms 计算一次手柄,并置三个运动状态指示灯,KEYSAN
```

```
{
    if(HandVolAD>35){
        HandVol = HandVolAD;
    }else{
        HandVol = 35;
    }
    if(TmrTbl[0].TmrEnd = = TRUE){    //手柄采样
        if(HandVol>HAND_VOL_MIN0){
            HandZeroStat = FALSE;
        }
        if(SameSpeedEn = = TRUE){
            PwmValOut = SameSpeed;
        }
        if((HandVol>0X83)&&(SameTempEn = = TRUE)){//0X8E
            SameSpeedEn = FALSE;
            SameTempEn = FALSE;
        }
        if((HandZeroStat = = FALSE)&&(HandVol<HAND_VOL_MIN0)&&
(SameSpeedEn = = TRUE)){
            HandZeroStat = TRUE;
            HandZeroCtr + +;
            if(HandZeroCtr>0){
                HandZeroCtr = 0;
                SameTempEn = TRUE;
            }
        }
        # if LOW_START
        if(HandVol>HAND_VOL_MIN0){
            if(HandVol> = (HandVolTemp + 2)){
                HandVol = HandVolTemp + 2;
            }
        }
        # endif
        _clrwdt();
        if(SameSpeedEn = = FALSE){
            if(HandVol>HAND_VOL_MIN){
                if((HandVol - HAND_VOL_MIN_1)>85){
                    PwmValHand = PWM_OUT_MAX;
                }else{
```

```
                    PwmValHand = (HandVol - HAND_VOL_MIN_1) * 3;//PWM 输出
                }
                if((PwmValHand - 6) >= PwmTemp){
                    PwmValHand = PwmTemp + 6;
                }else if((PwmValHand <= (PwmTemp - 20))&(PwmTemp > 20)){// + +
                    PwmValHand = PwmTemp - 20;            // + +
                }
                if((StopErr == TRUE)&(PwmValHand > 190)){
                    PwmValHand = 190;
                }
            }else{
                if(PwmValHand > 20){PwmValHand -= 6;}
                else{PwmValHand = 0;}
            }
        }
        HandVolTemp = HandVol;
        if(SameSpeedEn == FALSE){
            if(PwmValHand >= PwmValHlp){
                HlpPowerEn = FALSE;
                PwmValOut = PwmValHand;
            }else{
                HlpPowerEn = TRUE;
                PwmValOut = PwmValHlp;
            }
        }
        SpeedPwmMax();
        PwmTemp = PwmValHand;
        TmrTbl[0].TmrEnd = FALSE;
        TmrTbl[0].TmrCtr = TmrTbl[0].TmrInit;
        TmrTbl[0].TmrEn = TRUE;
    }
}

void SpeedPwmMax()//最大 PWM 和速度相关
{
    INT8U temp;
    INT8U curad,curadsum;
    curad = CurADVal;
    curadsum = CurADSum;
```

```
if(PwmValOut <= PWM_OUT_MIN){    //20
    PwmVal = PwmValOut;
    OS_ENTER_CRITICAL();
    PwmValCur = 0;
    Cur15AStat = FALSE;
    OS_EXIT_CRITICAL();
}else{
    if((curad<CUR_MAX_VAL_AD)&(curadsum<CUR_MAX_VAL_SUM)){
        if(PwmVal<100){
            temp = 5;
        }else{
            temp = 2;
        }
        if(PwmVal<(PwmValOut - temp)){
            PwmVal += temp;
        }else{
            PwmVal = PwmValOut;
        }
        if(PwmVal<21){
            PwmVal = 21;
        }
    }else if((curad>CUR_MAX_VAL_AD1)|(curadsum>CUR_MAX_VAL_SUM1)){
        if(PwmVal >30){
            PwmVal -= 5;
        }else{
            PwmVal = 25;
        }
    }

    if(PwmValCur>30){
        if((PwmVal - 10)>PwmValCur){
            PwmVal = PwmValCur + 10;
        }
    }else{
        if(PwmVal>35){
            PwmVal = 35;
        }
    }
}
```

```c
void Disp3Led()
{
    if(TmrTbl[3].TmrEnd = = TRUE){
        FlashOn = ~FlashOn;
        DispStatClr(IC1_595,HAND_CTR_LED);
        DispStatClr(IC1_595,HELP_CTR_LED);
        DispStatClr(IC1_595,SAME_SPE_LED);
        if(HlpPowerEn = = TRUE){
            //DispStatClr(IC1_595,HAND_CTR_LED);
            DispStatSet(IC1_595,HELP_CTR_LED);
            //DispStatClr(IC1_595,SAME_SPE_LED);
        }else if(SameSpeedEn = = TRUE){
            //DispStatClr(IC1_595,HAND_CTR_LED);
            //DispStatClr(IC1_595,HELP_CTR_LED);
            DispStatSet(IC1_595,SAME_SPE_LED);
        }else{
            if((MotorErr = = FALSE)&(StopErr = = FALSE)){
                if(LoVolStat = = TRUE){
                    DispStatClr(IC1_595,HAND_CTR_LED);
                }else{
                    DispStatSet(IC1_595,HAND_CTR_LED);
                }
            }else{
                if(FlashOn = = TRUE){
                    DispStatSet(IC1_595,HAND_CTR_LED);
                }else{
                    DispStatClr(IC1_595,HAND_CTR_LED);
                }
            }
            //DispStatClr(IC1_595,HELP_CTR_LED);
            //DispStatClr(IC1_595,SAME_SPE_LED);
        }
        #if ! BAT_LED_4
        if(GenEleStat = = TRUE){
            if(FlashOn = = TRUE){
                DispStatSet(IC1_595,BATT_CAP_20);
            }else{
                DispStatClr(IC1_595,BATT_CAP_20);
            }
```

```
        }else{
            DispStatClr(IC1_595,BATT_CAP_20);
        }
        #endif
        DispLedScan();//LED 扫描
        TmrTbl[3].TmrEnd = FALSE;
        TmrTbl[3].TmrCtr = TmrTbl[3].TmrInit;
        TmrTbl[3].TmrEn = TRUE;
    }
}

void SameSpeedChk()
{
    if(HandVolAD>65){
        HandAD1[HandADPtr] = HandVolAD/4;
        HandADPtr++;
        if(HandADPtr>=4){
            HandADPtr = 0;
        }
    }
    if(TmrTbl[6].TmrEnd==TRUE){
        HandVol = HandAD1[0] + HandAD1[1] + HandAD1[2] + HandAD1[3];
        if(HandVol<HAND_VOL_MIN_1){
            HandTmrCtr = 0;
            //SameSpeedEn = FALSE;
        }
        if((SameSpeedEn==FALSE)&&(HlpPowerEn==FALSE)){
            if(((HandVolSame<=(HandVol+10))|(HandVol<=(HandVolSame+10)))&&
(HandVol>HAND_VOL_MIN)){                                            //巡航
                HandTmrCtr++;
                if(HandTmrCtr==75){                                 //15 s 定速
                    HandTmrCtr = 0;
                    SameSpeedEn = TRUE;
                    //if((HandVol-HAND_VOL_MIN_1)>85){//76~200(1~2.58 V)
                    //    PwmValHand = PWM_OUT_MAX;
                    //}else{
                    //    PwmValHand = (HandVol-HAND_VOL_MIN_1)*3; //PWM 输出
                    //}
                    //SameSpeed = PwmValHand;
```

```
                    SameSpeed = PwmVal;
                }
            }
            if((HandVolSame>(HandVol + 10))|(HandVol>(HandVolSame + 10))){
                HandTmrCtr = 0;
            }
            if(HandVol<HAND_VOL_MIN){
                HandTmrCtr = 0;
            }
        }
        HandVolSame = HandVol;
        TmrTbl[6].TmrEnd = FALSE;
        TmrTbl[6].TmrCtr = TmrTbl[6].TmrInit;
        TmrTbl[6].TmrEn = TRUE;
    }
}
void LoSpeChk()
{
    if(BatVal<LO_VOL_SPE_VAL){
        LoBatLoSpeStat = TRUE;
    }else if(BatVal>148){
        LoBatLoSpeStat = FALSE;
        CurAdd = 0;
    }
    if(LoBatLoSpeStat = = TRUE){
        if(CurAdd<25){
            CurAdd + = 5;
        }
    }
}
/* 关于电池电压检测
*    127: 29V
*    130: 30V
*    134: 31V
*    137: 32V    LED0 欠压
*    141: 33V    LED1
*    145: 34V    LED2
*    149: 35V    LED3
*    >149:      LED4
```

```
*   因线上电压下降 2 V,所以改欠压点为 29 V,
*   改电压低于 33 V,电流限为 8 A 后,欠压点上升 1 V,30 V
*/
void BatChk()
{
    BatVal = BatValAD;
    if(BatVal<131){                                    //29 V
        if(LoVolCtr<200){                              //50 ms 左右
            LoVolCtr + + ;
        }else {
            LoVolCtr = 0;
            LoVolStat = TRUE;
            # if ABS_EN
            if(STOP_IO = = 1){
                P2 = P2_NO_OUT;
            }
            # else
            P2 = P2_NO_OUT;
            # endif
            PWM_OUT_IO = 0;
            //MotorStopStat = TRUE;
        }
    }else{
        LoVolCtr = 0;
    }
    if(TmrTbl[1].TmrEnd = = TRUE){
        LoSpeChk();
        # if BAT_LED_4
        if(BatVal>149){                                //3.6 V
            if(LoVolStat = = TRUE){
                OS_ENTER_CRITICAL();
                LoVolStat = FALSE;
                OS_EXIT_CRITICAL();
            }
            DispSegTbl[IC1_595] = 0x78;
        }else if((BatVal> = 146)&&(BatVal<149)){       //3.5 V
            if(LoVolStat = = TRUE){
                OS_ENTER_CRITICAL();
                LoVolStat = FALSE;
```

程序中有速度显示和 LEDSCAN

下面这段原来在中断中,后移至这里,需测试

```c
        OS_EXIT_CRITICAL();
    }
    DispSegTbl[IC1_595] = 0x70;
}else if((BatVal> = 141)&&(BatVal<146)){    //3.4 V
    if(LoVolStat = = TRUE){
        DispSegTbl[IC1_595] = 0x80;
    }else{
        DispSegTbl[IC1_595] = 0x60;
    }
}else if(BatVal<141){                        //31.5~33.5 V
    if(LoVolStat = = FALSE){
        DispSegTbl[IC1_595] = 0x40;
    }else{
        DispSegTbl[IC1_595] = 0x80;
    }
}
#else
if(BatVal>149){                              //3.45 V
    if(LoVolStat = = TRUE){
        OS_ENTER_CRITICAL();
        LoVolStat = FALSE;
        OS_EXIT_CRITICAL();
    }
    DispSegTbl[IC1_595] = 0x70;
}else if((BatVal> = 146)&&(BatVal<149)){    //3.4 V
    if(LoVolStat = = TRUE){
        DispSegTbl[IC1_595] = 0x80;
    }else{
        DispSegTbl[IC1_595] = 0x60;
    }
}else if(BatVal<146){                        //30.5- - -145- -(33.8 V)
    if(LoVolStat = = FALSE){
        DispSegTbl[IC1_595] = 0x40;
    }else{
        DispSegTbl[IC1_595] = 0x80;
    }
}
#endif
//Disp3Led();                                //电动灯等
```

```
        DispSpeed();                              //速度显示//把助力显示清零,为写软件方便
        //DispLedScan();                          //LED扫描
        TmrTbl[1].TmrEnd = FALSE;
        TmrTbl[1].TmrCtr = TmrTbl[1].TmrInit;
        TmrTbl[1].TmrEn = TRUE;
    }
    Disp3Led();                                   //电动灯等
}
/*
快:9 个 * 4 ms
慢:60 * 4 ms
中:30～40 个
*/
void HlpPowerChk()
{
    if(TmrTbl[2].TmrEnd = = TRUE){
        if(SameSpeedEn = = FALSE){
            if(HLP_POWER = = 0){
                if(HiPulStat = = TRUE){
                    HiPulStat = FALSE;
                    LoPulTmrCtr = 0;
                }
                LoPulTmrCtr + +;
                if(LoPulTmrCtr>139){
                    LoPulTmrCtr = 0;
                    HiPulTmrCtr = 0;
                    HiPulCtr = 0;
                    PwmValHlp = 0;//HlpPowerEn = FALSE;
                }
            }else if(HLP_POWER = = 1){
                if(HiPulStat = = FALSE){
                    HiPulStat = TRUE;               //4ms * 4 = 16 ms    4 ms * 2 = 8 ms
                    if(HiPulTmrCtr<LoPulTmrCtr){
                        PwmValHlp = 0;//HlpPowerEn = FALSE;
                    }
                    if((HiPulTmrCtr>LoPulTmrCtr)&&(HiPulTmrCtr>3)&&
                        (LoPulTmrCtr>1)){             //如果高电平时长则脉冲加1
                        HiPulCtr + +;
                        if(HiPulCtr = = 3){
```

```
                        HiPulCtr = 0;
                        if(HlpPowerEn = = FALSE){
                            PwmValHlp = 95;
                        }else{
                            HlpStat = 0;
                            //这一版针对 36 V 正好
                            if(HiPulTmrCtr< = 9){                    //75% ~93%
                                PwmValHlp = 230;
                                //PWM_OUT_MAX;
                            }else if(HiPulTmrCtr< = 15){             //75% ~93%
                                PwmValHlp = 210 - (HiPulTmrCtr - 9) * 5;
                                // + (HlpStat * 5);
                            }else if(HiPulTmrCtr< = 20){             //60% ~75%
                                PwmValHlp = 180 - (HiPulTmrCtr - 15) * 6;
                                // + (HlpStat * 15);
                            }else if(HiPulTmrCtr< = 23){             //53% ~60%
                                PwmValHlp = 154 - (HiPulTmrCtr - 20) * 4;
                                // + (HlpStat * 20);
                            }else if(HiPulTmrCtr< = 32){             //47% ~51%
                                PwmValHlp = 211 - (HiPulTmrCtr * 3);
                                // + (HlpStat * 20);
                            }else if(HiPulTmrCtr< = 47){             //35% ~47%
                                PwmValHlp = 179 - (HiPulTmrCtr * 2);
                                // + (HlpStat * 20);
                            }else if(HiPulTmrCtr< = 72){
                                PwmValHlp = 132 - HiPulTmrCtr;
                                // + (HlpStat * 20);
                            }else if(HiPulTmrCtr>72){
                                PwmValHlp = 60;
                                // + (HlpStat * 20);// * HlpStat;//PWM 输出
                            }
                            # if MOTOR_48V
                            PwmValHlp - = 20;
                            # endif
                        }
                        //HlpPowerEn = TRUE;
                    }
                }else{HiPulCtr = 0;}
                HiPulTmrCtr = 0;LoPulTmrCtr = 0;
```

```
                }
                HiPulTmrCtr + + ;
                if(HiPulTmrCtr>180){
                    LoPulTmrCtr = 0;                          //550 ms 超时
                    HiPulTmrCtr = 0;
                    HiPulCtr = 0;
                    PwmValHlp = 0;                            //HlpPowerEn = FALSE;
                }
            }else{
                LoPulTmrCtr = 0;
                HiPulTmrCtr = 0;
                HiPulCtr = 0;
                PwmValHlp = 0;                                //HlpPowerEn = FALSE;
            }
            TmrTbl[2].TmrEnd = FALSE;
            TmrTbl[2].TmrCtr = TmrTbl[2].TmrInit;
            TmrTbl[2].TmrEn = TRUE;
        }
    }
    void DispSpeed()
    {
        INT16U  pwmdisp;
        if(TmrTbl[5].TmrEnd = = TRUE){
            //SameSpeedChk();
            pwmdisp = RunSpeedCtr;
            OS_ENTER_CRITICAL();
            RunSpeedCtr = 0;
            OS_EXIT_CRITICAL();
            if(pwmdisp> = SPE_VAL_100){
                DispSegTbl[IC2_595] = 0xFF;
            } else if(pwmdisp> = SPE_VAL_90){
                DispSegTbl[IC2_595] = 0x7F;
            } else if(pwmdisp> = SPE_VAL_80){
                DispSegTbl[IC2_595] = 0x3F;
            } else if(pwmdisp> = SPE_VAL_70){
                DispSegTbl[IC2_595] = 0x1F;
            } else if(pwmdisp> = SPE_VAL_60){
                DispSegTbl[IC2_595] = 0x0F;
```

```c
        } else if(pwmdisp > = SPE_VAL_50){
            DispSegTbl[IC2_595] = 0x07;
        } else if(pwmdisp > = SPE_VAL_40){
            DispSegTbl[IC2_595] = 0x03;
        } else if(pwmdisp > = SPE_VAL_30){
            DispSegTbl[IC2_595] = 0x01;
        } else if(pwmdisp < SPE_VAL_30){
            DispSegTbl[IC2_595] = 0x00;
        }
        if(StopStatEn = = TRUE){
            DispSegTbl[IC2_595] = 0x00;
        }
        if(pwmdisp > 25){
            TmrReset(4);
            RunStat = TRUE;
        }else{
            RunStat = FALSE;
        }
        TmrTbl[5].TmrEnd = FALSE;
        TmrTbl[5].TmrCtr = TmrTbl[5].TmrInit;
        TmrTbl[5].TmrEn = TRUE;
    }
}
void Initial(){                     //MCU 初始化
    AUXR1 | = 0x10;                 //ENT0
    //watchdog 初始化
    WDL = 0;                        //10.2 ms
    _clrwdt();
    PCON & = 0xDF;                  //1100,1111 BOPD = 0;BOI = 0;掉电复位
    //I/O 口初始化
    P0M1 = 0xfE;                    //1111,1110 p0 高 7 位改为高阻输入
    P0M2 = 0x01;                    //0000,0001 A/D 口要改为数字只输入功能,P0.0 为输出 L
    P1M1 = 0x3d;                    //0011,1101
    P1M2 = 0xe6;                    //1110,0110//p1.2,p1.3 只能开漏,p1.5 只能输入
    P2M1 = 0xC0;                    //1100,0000
    P2M2 = 0x3F;                    //0011,1111
    //P0 = 0xE0;
    P1 = 0x00;
    P2 = P2_NO_OUT;
```

```c
//P2 = NewStat[((P0 &0xE0)>>5) - 1];
//定时器 1 = MOD1,定时器 0 = MOD6 初始化,定时器 0 用于产生 PWM
TMOD = 0x12;                //0001,0010//MODE 1(16BIT TIME)2cclk 加 1
TAMOD = 0x01;               //0000,0001
TCON = 0x00;
TL1   = 0x9B;               //0x00;
TH1   = 0xA9;               //0xE6;//
TR1   = 1;                  //启动 TIMER0

TR0   = 0;                  //TF0 是否用软件清零？//不用中断
TH0   = 0xFF;               //PWM,TH1 = FF,T1 = 0;TH1 = 0,T1 = 1;
                            //TF1 = 256 - TH1;
                            //256 个定时器周期;(7.373/2)/256 = 14 kHz

TR0   = 1;
//PWM_OUT_IO = 1;
//KBI 初始化
KBPATN = 0x3F;              //0xff,2005.5.24 改为 001,为上电自检时能检到 111 和 000 在中断
KBCON = 0x00;               //PATN_SEL = 0;//不相等,因上一行为 0Xff,则为 0 中断
KBMASK = 0xE0;              //KBI7,KBI6,KBI5 = = = SENSOR2,SENSOR1,SENSOR0
//A/D 转换初始化
ADMODB = 0x40;              //divisor = 3  Fad = 7.373 MHz/3 = 2.45 MHz;BSA1 = 1;ENDAC1 = 1;
//500 kHz<ADC CLK<3.3 MHz
//取值及分频：0x40,0x60,0x80,0xa0,0xc0,0xe0: 3,4,5,6,7,8
//A/D 中断间隔：15 μs,20 μs,25 μs,30 μs,35 μs,40 μs
ADMODA = 0x10;              //0x10：单次转换   0x40：auto scan 连续
PT0AD = 0x0E;               //取消三个 A/D 口的数字输入功能
ADINS = 0x70;               //选择 A/D 通道 AD12,AD11,AD10;
AD1BH = 0x00;
AD1BL = 0xFF;
ADCON1 | = 0x45;

//中断优先级：KBI(3 最高),T0(2),ADC(1),T1(0 最低)
//T0: IP0H.1,IP0.1 = 10(2 级);
//T1: IP0H.3,IP0.3 = 00(0 级);
//KBI: IP1H.1,IP1.1 = 11(3 级);
//ADC: IP1H.7,IP1.7 = 01(1 级);
//EX1: IP0H.2,IP0.2 = 11(3 级);
//EX0: IP0H.0,IP0.0 = 11(3 级);
IP0H = 0x07;//0000,0111
```

```c
IP0 = 0x05;//0000,0101
IP1H = 0x02;//0000,0010
IP1 = 0x82;//1000,0010
//中断使能
IT1 = 1;                          //外部中断1,下降沿
EX1 = 1;                          //外部中断1允许
ET0 = 1;                          //Enable EXT0 interrupt
ET1 = 1;                          //定时器1中断
EAD = 1;                          //A/D中断允许
EKBI = 1;                         //键盘中断
EA = 0;                           //总中断先关闭
//变量初始化
LoVolCtr = 0;
LoVolStat = FALSE;
HlpPowerEn = FALSE;
StopStatEn = FALSE;
ErrOneself = FALSE;
SameSpeedEn = FALSE;
SameTempEn = FALSE;
HiPulStat = TRUE;
HandZeroCtr = 0;
HlpStat = 0;
KeyScanState = KEY_STATE_UP;
KeyBuf[0] = 0;
LoPulTmrCtr = 0;
LoPulTmrCtr = 0;
HiPulTmrCtr = 0;
HiPulCtr = 0;
HlpPowerEn = FALSE;
TmrStat = FALSE;
Cur15AStat = FALSE;
PwmVal = 0;
PwmValHlp = 0;
PwmValHand = 0;
PwmValCur = 0;
HandVolAD = 0;
BatValAD = 0;
OldSensorStat = 0X3F;
MotorErr = FALSE;
```

```c
        MotorErrCtr = 0;
        MotorStartStat = FALSE;
        //RunErr = FALSE;
        MotorStopStat = TRUE;
        LowSpeedCtr = 0;
        RunSpeedCtr = 0;
        HandADPtr = 0;
        //SpeedCtr = 0;
        //PwmSpeedCtr = 0;
        NormalStat = TRUE;
        HiSPeedStat = FALSE;
        LoBatLoSpeStat = FALSE;
        CurAdd = 0;
        GenEleStat = FALSE;
        RunStat = FALSE;
}

void Tmr_Isr()
{
    TMR     * ptmr;                         //用于计时器处理
    INT8U   i;
    ptmr = &TmrTbl[0];                      //指向定时器表格首标志
    for(i = 0;i<TMR_MAX_TMR;i + +){
        if(ptmr - >TmrEn = = TRUE){         //如果定时器使能
            if(ptmr - >TmrCtr>0){
                ptmr - >TmrCtr - - ;
                if(ptmr - >TmrCtr = = 0){   //定时到否?
                    ptmr - >TmrEn = FALSE;  //停止定时器
                    ptmr - >TmrEnd = TRUE;  //设置标志位
                }
            }
        }
        ptmr + + ;
    }
}

void ISR_key(void)interrupt 7 using 1      //键盘中断用于接收转向信号
{
    INT8U sensorstate1,sensorstate2;
```

```c
         do{
             sensorstate1 = P0 & 0xE0;
             Dly(4);                                    //5 μs
             sensorstate2 = (P0 &0xE0);
         }while(sensorstate1 ! = sensorstate2);
         KBPATN = sensorstate1;
         # if FAN7382_120|IR2103_120
         if((sensorstate1 = = sensorstate2)&&(sensorstate1 ! = 0)){
         # endif
         # if FAN7382_60|IR2103_60
         if((sensorstate1 = = sensorstate2)&&(sensorstate1 ! = 2)&&(sensorstate1 ! = 5)){
         # endif
             if(sensorstate1 - OldSensorStat ! = 0){
                 OldSensorStat = sensorstate1;
                 sensorstate1 = (OldSensorStat>>5);
                 if((CurADSum>6)&&(MotorStopStat = = FALSE)){//&&(Cur15AStat = = FALSE)){//((Mo-
torStartStat = = FALSE)&&(Cur15AStat = = FALSE))){
    //电流大于5 A,并且速度20 ms未换向
                     //Cur15AStat = FALSE;                //取消限流状态
                     MotorStartStat = TRUE;
                     MotorStartCtr = 0;
                     PwmValCur = 0xFF;
                     PWM_DUTY = 0x00;                     //全高
                     CurHiVal = CurADVal/2;
                 }
                 # if FAN7382_120|IR2103_120
                 if(sensorstate1 = = 0x07){               //缺相处理
                     MotorErrCtr = 0;
                     MotorErr = TRUE;
                     PWM_OUT_IO = 0;
                 }else{                                   //如不缺相
                     if(MotorStopStat = = FALSE){
    //若为1则停车;PWM有输出,则换相,否则关闭MOSFET,倒车无阻力
                         P2Val = NewStat[sensorstate1 - 1];
                         P2 = P2Val;
                     }else{
                         # if ABS_EN
                         if(STOP_IO = = 1){
                             P2 = P2_NO_OUT;
```

```c
            }
            #else
                P2 = P2_NO_OUT;
            #endif
        }
    }
    if(MotorErr = = TRUE){                    //超过 8 次换相未测到 111 则恢复为不缺相
        MotorErrCtr + + ;
        if(MotorErrCtr>8){
            MotorErr = FALSE;
        }
    }
    #endif
    #if FAN7382_60|IR2103_60
        if(MotorStopStat = = FALSE){
//若为 1 则停车;PWM 有输出,则换相,否则关闭 MOSFET,倒车无阻力
            P2Val = NewStat[sensorstate1];
            P2 = P2Val;
        }else{
            #if ABS_EN
            if(STOP_IO = = 1){
                P2 = P2_NO_OUT;
            }
            #else
                P2 = P2_NO_OUT;
            #endif
        }
    #endif
    }
}
    LoSpeedStat = FALSE;
    SpeedCtr = 0;
    LowSpeedCtr + + ;
    RunSpeedCtr + + ;
    KBCON & = 0xFE;
    ADCON1& = 0xF7;                           //清除 A/D 中断完成标志,目的是重新 A/D
}

void ISR_timer1(void)interrupt 3             //6 ms 定时器 1 中断服务程序(原 2 ms)
```

```
    {
        TmrStat = TRUE;
        TL1 = 0x9B;//0x33;
        TH1 = 0xA9;//0xE3;//
    }

    void ISR_timer0(void)interrupt 1              //定时器 0 中断服务程序
    {
        if((INT0 = = 1)|(MotorStopStat = = TRUE)){
            ADCON1 | = 0x45;                      //启动 A/D 转换
        }
        TF0 = 0;
    }

    void ISR_ext1(void)interrupt 2                //外部中断 1 服务程序
    {
        RunErr = TRUE;
        PWM_OUT_IO = 0;
    }

    void ISR_ADC()interrupt 14 using 2
    {
        INT8U temp1,temp2;
        ADCON1& = 0xF7;                           //清除中断完成标志
        CurADVal   = AD1DAT0;                     //电机电流
        HandVolAD = AD1DAT2;                      //手柄电压
        BatValAD   = AD1DAT1;                     //电池电压
        //以下是限流部分
        if(CurADVal>CUR_MAX_VAL_ISR){
            Cur15AStat = TRUE;
            //CurADVal = 100;
            CurADSum = CUR_MAX_VAL + 20;
        }else{
            temp1 = CurADVal/12;                  //0~20
            temp2 = CurPWMVal/13;                 //0~12
            CurADSum = temp1 * temp2;             //计算电流和占空比的积
        }
        if(LoBatLoSpeStat = = TRUE){              //以下三条用于低电压限流
            //CurADVal + = CurAdd;
```

```
            //CurADSum + = CurAdd;
    }
    //在中断外部计算 CUR_MAX_VAL/PwmValCur,可用 16 位计算
        if(CurADSum>CUR_MAX_VAL){//&(MotorStartStat = = FALSE)){
//如积>最大值,进入限流状态
            Cur15AStat = TRUE;
        }
        if(Cur15AStat = = TRUE){
            MotorStartStat = FALSE;
            CurP = CurADSum − CUR_MAX_VAL;        //计算电流与最大值偏差
            if(CurP>0){                            //解决电机格登问题>15 A
                CurP = 20;
            }else if(CurP<= ( −20)){              //<13 A
                CurP = −1;
                Cur15AStat = FALSE;
            }else{
                CurP = 0;
            }
            CurP = CurPWMVal − CurP;              //差多少就调整多少
            if(CurP<21){
                PwmValCur = 21;
                Cur15AStat = FALSE;
            }else if(CurP >= PwmVal){             //调整值>给定值,则退出限流状态
                PwmValCur = PwmVal;
                Cur15AStat = FALSE;
            }else{
                PwmValCur = (INT8U)CurP;
            }
        }
        //换向推动结束检测,推动波形从 4~18
        if(MotorStartStat = = TRUE){
            MotorStartCtr + + ;
            if(((CurADVal>(CurHiVal + CurLast))&
(MotorStartCtr>2))|(MotorStartCtr>18)){//&&(MotorStartCtr>4)){
                MotorStartStat = FALSE;
                PwmValCur = PwmVal;
            }
        }
        CurLast = CurADVal/2;
```

```c
            if(MotorStartStat = = FALSE){
                PWM_DUTY = 0xFF - PwmValCur;          //给 PWM 赋值
                CurPWMVal = PwmValCur;                //提速有沙沙音减小
            }else{
                PWM_DUTY = 0x00;
                CurPWMVal = 0xFF;
            }
            SpeedCtr + + ;
            if(SpeedCtr>5000){
                LoSpeedStat = TRUE;
                SpeedCtr = 0;
            }
        }
void DispLedScan()//74LS164
{
    INT8U i,j;
    if((DispScan0 ! = DispSegTbl[0])|(DispScan1 ! = DispSegTbl[1])){
        DispSegEn[0] = 1;
    }
    DispScan0 = DispSegTbl[0];
    DispScan1 = DispSegTbl[1];
    if(DispSegEn[0] = = 1){
        for(i = 0;i<2;i + + ){
            dispscan = DispSegTbl[i];
            DispSegEn[0] = 0;
            //OS_ENTER_CRITICAL();
            for(j = 0;j<8;j + + ){
                SCL_164 = 0;
                if(dispscan &0x01){
                    SDA_164 = 0;
                }else{
                    SDA_164 = 1;
                }
                //_nop_();
                //_nop_();
                SCL_164 = 1;
                dispscan>> = 1;
            }
        }
    }
```

```
        SCL_164 = 0;
        SDA_164 = 0;
    }
}
```

//void OneselfChk()自检程序。当刹车上电或手把不归零上电时,进入自检状态:
 (1)所有灯先闪烁三次,然后全灭。
 (2)在此状态下,动转把或助力则相应欠压灯或助力灯闪烁,转把占空比大则闪烁频率快,助力灯用固定频率闪烁。
 (3)如果转把一直有,则相应灯一直闪烁,不退出自检状态。
 (4)如果转把和刹车信号没有,12 s 后退出自检状态。
 (5)如果转把没有,只有刹车信号有,12 s 后退出自检状态,认为刹车坏,电动灯闪亮,给手把能够正常运行,但没有刹车、助力和定速功能。PWM 的占空比最多给出 70%。

```
void OneselfChk()
{
    INT8U i;
    INT8U ctr;
    ctr = 0;
    DispSegTbl[0] = 0x00;
    DispSegTbl[1] = 0x00;
    DispLedScan();
    StopErr = FALSE;
    ErrOneself = FALSE;
    if(STOP_IO = = 0){
        if(STOP_IO = = 0){
            ErrOneself = TRUE;
        }
    }
    HandVol = HandVolAD;
    if(HandVol>HAND_VOL_MIN){
        ErrOneself = TRUE;
    }
    if(ErrOneself = = TRUE){
        for(i = 0;i<3;i+ +){
            DispSegTbl[0] = 0xFF;
            DispSegTbl[1] = 0xff;
            DispLedScan();
            Dly2(50);
            DispSegTbl[0] = 0x00;
```

```
            DispSegTbl[1] = 0x00;
            DispLedScan();
            Dly2(50);
        }
    }
    while(ErrOneself = = TRUE){
        if(TmrStat = = TRUE){                     //计时器处理
            OS_ENTER_CRITICAL();
            TmrStat = FALSE;
            OS_EXIT_CRITICAL();
            Tmr_Isr();
        }
        HlpPowerChk();                            //助力
        if(TmrTbl[1].TmrEnd = = TRUE){
            ctr + + ;
             if(ctr>200){
                ctr = 3;
            }
            TmrTbl[1].TmrEnd = FALSE;
            TmrTbl[1].TmrCtr = TmrTbl[1].TmrInit;
            TmrTbl[1].TmrEn = TRUE;
        }
        if((ctr> = 3)&(HandVol<HAND_VOL_MIN)){   //>8 s
            ErrOneself = FALSE;
            if(STOP_IO = = 1){
                StopErr = FALSE;
            }else{
                StopErr = TRUE;
            }
        }
        if(TmrTbl[3].TmrEnd = = TRUE){
            FlashOn = ~FlashOn;
            HandVol = HandVolAD;
            if(HandVol>170){
                HandVol = 170;
            }
            if(HandVol>HAND_VOL_MIN){
                TmrTbl[3].TmrCtr = 92 - HandVol/2;  //100 高,88 低
                if(FlashOn = = TRUE){
```

```c
                DispStatSet(IC1_595,BATT_LOW_VOL);
            }else{
                DispStatClr(IC1_595,BATT_LOW_VOL);
            }
        }else if(PwmValHlp>60){
            TmrTbl[3].TmrCtr = 0x18;//116 - PwmValHlp/2;
            if(FlashOn = = TRUE){
                DispStatSet(IC1_595,HELP_CTR_LED);
            }else{
                DispStatClr(IC1_595,HELP_CTR_LED);
            }
        }else{
            DispStatClr(IC1_595,HELP_CTR_LED);
            DispStatClr(IC1_595,BATT_LOW_VOL);
            TmrTbl[3].TmrCtr = 0x18;
        }
        TmrTbl[3].TmrEnd = FALSE;
        TmrTbl[3].TmrEn = TRUE;
    }
    if(STOP_IO = = 0){
        DispStatSet(IC1_595,HAND_CTR_LED);
    }else{
        DispStatClr(IC1_595,HAND_CTR_LED);
    }
    DispLedScan();
    PwmValCur = 0;
    PWM_OUT_IO = 0;
    _clrwdt();
    }
    PwmValHlp = 0;
}

void Dly(INT8U x)
{
    INT8U i;
    for(i = 1;i<x;i + +);
}


void Dly2(INT8U x)
```

```
{
    INT8U i,j;
    for(i=1;i<x;i++){
        for(j=1;j<255;j++){
            _clrwdt();
        }
    }
}
```

6.5 摩托车点火器设计

6.5.1 系统概述

点火器在摩托车汽油机中起着十分重要的作用,点火时刻的准确与否直接影响到汽油机的驱动动力和油耗。点火器的种类很多,如目前用得较多的无触点磁电机电容放电点火系统(CDI)和无触点蓄电池式晶体管点火系统。随着单片机的迅猛发展,出现了以单片机控制的点火系统(DCDI),称之为数字点火器,这类点火器采用的单片机多为AT89C2051,其体积较大,价格较高,外围电路较繁琐,并且由于没有看门狗 WDT 电路,抗干扰能力较差,无法在强电磁环境和其他工作环境较为恶劣的摩托车上应用。

本书介绍的电子点火器采用 LPC901 单片机。该单片机为 8 脚封装,片内具有上电复位电路,片内 RC 振荡器校准后误差达 1%,片内定时/计数电路,片内看门狗电路。引脚中除电源外,其余 6 个均为双向口,供用户随意使用。

6.5.2 系统硬件设计

以单片机 LPC901 为核心的智能电子点火器原理框图如图 6.31 所示。一路输入,一路输出,为简化电路采用上电复位方式,片内 RC 振荡器作时钟源,节约成本。其工作原理为整形电路的输入,是磁电机触发线圈所产生的触发信号,由于磁电机的触发信号不是方波信号,必须通过整形电路使其变成方波脉冲信号,才能为单片机所接收,单片机根据所计数到的整形脉冲的周期计算出发动机的转速,通过查表得到最佳点火出现时刻,由单片机输出去控制点火电

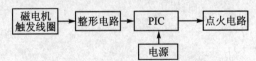

图 6.31 电子点火器原理框图

路,从而能精确控制点火角度。电源部分是将磁电机上的能量线圈转变成 5 V 直流电源,供单片机和其他电路使用。

整形电路如图 6.32 所示。磁电机的飞轮上有一个凸台,当凸台靠近触发线圈时,线圈产生正的电势,凸台完全进入时,触发线圈输出为零,凸台离开线圈时,产生负的电势。因此磁电机触发线圈产生的信号不是方波信号,必须经过整形电路得到方波信号,才能为单片机所接收。该电路经过实验,在较强的电磁环境和存在其他干扰源的情况下,也可以得到较理想的方波信号。

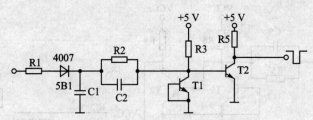

图 6.32 整形电路

直流电源将磁电机能量线圈的交流电变成 5 V 直流电源,经过整流、滤波、稳压得到直流电源。为减少体积和成本,稳压器采用既小巧又便宜的 78L05,电路如图 6.33 所示。图 6.34 为智能点火器的原理图。

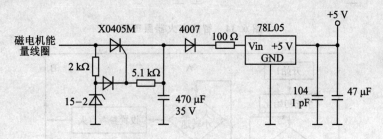

图 6.33 直流电源电路

6.5.3 系统软件设计

图 6.35 为点火器软件流程图,采用查询的方式,GP0 口定义为输入口,GP1 口定义为输出口。当 GP0 下降沿到来时,计时器 TMR0 开始计数,计算发动机的转速,根据转速的大小判断点火脉冲出现的时刻,当计数脉冲超出范围时,发出溢出信号,计数器重新开始计数。点火脉冲的时刻采用软件延时。本设计用于 125 摩托车。

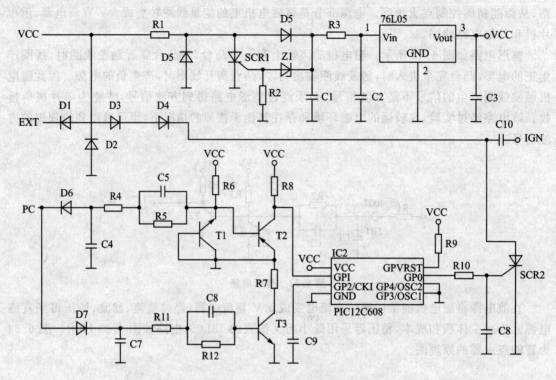

图 6.34 智能点火器原理图

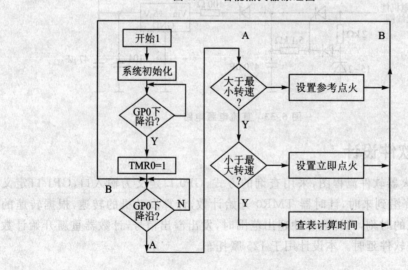

图 6.35 软件设计流程图

6.6 使用 P89LPC901 制作家用电话防盗报警器

6.6.1 系统概述

在嵌入式设计应用中,一般的增强型高端 8 位机中都具备 A/D、E^2PROM 等功能,但是如果在低端的小型微控制器中由于 Flash 容量的限制,不具备这些功能,如何实现呢?如何使用超小型低端 8 引脚的 MCU 实现传感器检测,主机拨号,功放输出语音报警这些电话防盗功能呢?这是本文设计报警器区别于其他电话防盗产品的独特之处。通过本节的学习,读者会从中找到答案。

NXP 单片机(原 Philips)中的 P89LPC901(简称 LPC901)是 LPC900 系列单片机中的一员,性价比高,SO8/DIP8 封装,内含 1 KB Flash,支持 ICP,且具有 6 个 I/O 口、4 个 TIMER、模拟比较器、键盘中断等众多功能部件。根据 LPC901 芯片 Flash,RAM 的容量要求,文中利用 LPC901 单片机的强大功能实现模拟 8 位 A/D,同时利用 IAP(在线应用编程)技术实现 Flash 作 E^2PROM 功能。在家用电话报警系统中读者可以使用 A/D 模拟量来设置启动报警,也可以用按键触发方式来设置启动报警,在芯片的 Flash 中固化特定的电话编码信息。当有报警条件产生时,就向固化的电话编码拨号,同时发送简短的报警音。

Dual-tone multi-frequency(DTMF),双音频编/解码方式具有较高的精度及一定的稳定性,且操作简单,价格低廉,因此在国内电话拨号系统中广为使用,也经常应用于一些远程测控及报警系统。但是由于 DTMF 编解码速率较慢,其一般只应用在一些对传输速率要求不高的环境中。本文将以 DTMF 的应用为例,向大家展示 LPC901 的易用性。HT9200A 是一款国内流行的 DTMF 编码发送芯片,支持串口(HT9200A)模式及并口(HT9200B)模式,HT9200A 之所以能够流行,与其低价位,易用性是分不开的。HT9200A 引脚图如图 6.36 所示。

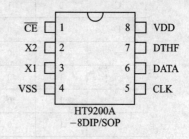

图 6.36 HT9200A 引脚图

在串行模式下,HT9200A 通过 DATA 引脚输入的一个 5 位的代码来控制不同的 DTMF 信号输出,这 5 位代码按照 D0~D4 的顺序来传,并且数据要在 CLK 引脚下降沿到来之前放到输出锁存中。数字代码和音频输出频率的关系见表 6.10。系统工作在串行方式,输入端 D0~D3(在并行方式使用,在串行方式中不使用)需连接一个上拉电阻。控制代码与输出频率的关系(串行模式)如表 6.10 所列。

表 6.10　控制代码与输出频率关系

数字	D4	D3	D2	D1	D0	音调输出频率
1	0	0	0	0	1	697+1 209
2	0	0	0	1	0	697+1 336
3	0	0	0	1	1	697+1 477
4	0	0	1	0	0	770+1 209
5	0	0	1	0	1	770+1 336
6	0	0	1	1	0	770+1 477
7	0	0	1	1	1	852+1 209
8	0	1	0	0	0	852+1 336
9	0	1	0	0	1	852+1 477
0	0	1	0	1	0	941+1 336
*	0	1	0	1	1	941+1 209
=	0	1	1	0	0	941+1 477
A	0	1	1	0	1	697+1 633
B	0	1	1	1	0	770+1 633
C	0	1	1	1	1	852+1 633
D	0	0	0	0	0	941+1 633
—	1	0	0	0	0	697
—	1	0	0	0	0	770
—	1	0	0	1	0	852
—	1	0	0	1	1	941
—	1	0	1	0	0	1 209
—	1	0	1	0	1	1 336
—	1	0	1	1	0	1 477
—	1	0	1	1	1	1 633
DTMF	1	1	1	1	1	

图 6.37 为 DTMF 串口发送时序图。

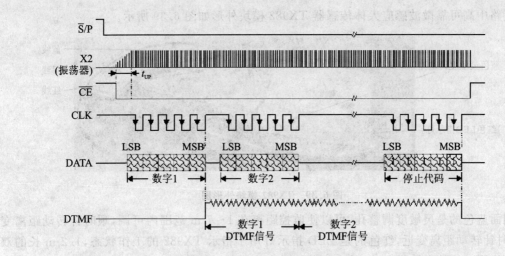

图 6.37 DTMF 串口发送时序图

6.6.2 系统硬件设计

采用 P89LPC901 作为 HT9200A 的控制芯片，P89LPC901 采用内部 RC 振荡器，HT9200 外接 3.579 4 MHz 晶振。LPC901 的 P0.5 作数据线，P1.2 作 CLK 线，P3.1 作 $\overline{CE}$ 线。电路原理图如图 6.38 所示。

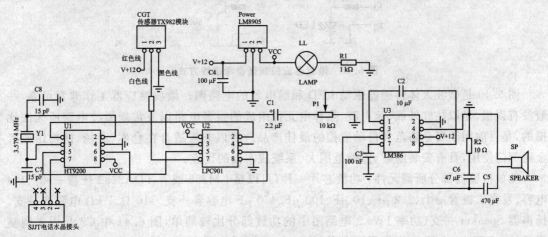

图 6.38 电路原理图

实验中，运行程序后，电话接头采用 RJ11 水晶头一般是 4 芯的，压线时接中间的两根，不用区分正负极，线序随意。如果在电话接收电路上，可以接收到所发送的数据，最后通过串口，在串口调试助手上显示出来，结果为 "204"，表示发送正确。

电路中高可靠微波感应人体传感器 TX982 模块外形如图 6.39 所示。

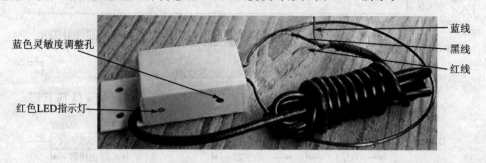

图 6.39　TX982 模块外形图

侧面蓝色的是灵敏度调整孔,可以使监控距离在 1～7 m 范围内可调,顺时针转动距离变远,逆时针转动距离变近,红色的是 LED 指示灯用于指示 TX982 的工作状态,1.2 m 长的双芯屏蔽线用于连接电源和负载,其中红色线用来接正电源,蓝色线输出,铜网屏蔽层黑线接电源负极,必要时可以用类似电缆加长至 50 m 以内使用。

微波感应控制器电源电压为 12 V 的整流变换器供电,静态耗电量在 5 mA 左右。输出形式为电压方式,有输出时为高电平(8 V 以上),静态时为低电平,使用请参考图 6.40。

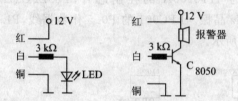

图 6.40　微波感应控制器参考接线方式

图 6.40 是微波人体传感器驱动 LED 和继电器的电路图。微波感应器工作非常可靠,一般没有误报,是以往红外线、超声波、热释电元件组成的报警电路以及常规微波电路所无法比拟的,是目前用于安全防范和自动监控的最佳产品。所以非常适合在仓库、商场、博物馆或者金融部门使用,具有安装隐蔽、监控范围大、系统成本低的优点。

功放报警器部分所需元件:功放芯片一片(可以是 LM386 或者 TDA2282 任意一种)、104 电容、发光二极管一个、2.2 μF、10 μF、100 μF、470 μF 电容各一支。10 Ω、1 kΩ 电阻各一支。扬声器 Speaker 一支(功率 1W)。电路图中的功放部分比较简单,图 6.41 中 C2 是用来调整增益的。LED 为电源工作指示。整体 PCB 电路板图如图 6.41 所示。元器件清单列表如表 6.11 所列。

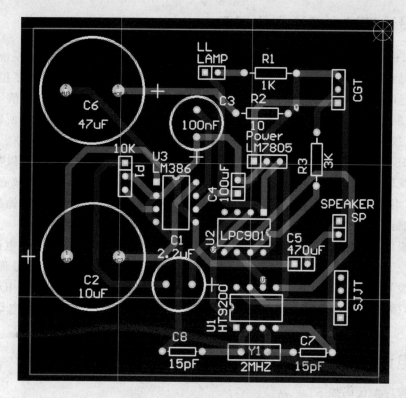

图 6.41 整体 PCB 电路板图

表 6.11 元器件清单列表

元件型号	图中标号	封 装	元件型号	图中标号	封 装
1 kΩ 电阻	R1	CC1206	470 μF	C5	SIP2
2.2 μF	C1	SIP2	HT9200	U1	DIP8
3.579 4 MHz	Y1	XTAL1	LAMP	LL	SIP2
3 kΩ 电阻	R3	SIP2	LM386	U3	DIP8
10 Ω 电阻	R2	SIP2	LM7805	Power	SIP3
10 μF	C2	SIP2	LPC901	U2	DIP8
15 pF	C7	CC1206	P1	10 kΩ	SIP3
15 pF	C8	CC1206	SPEAKER	SP	SIP2
47 μF	C6	SIP2	传感器 TX982 模块	CGT	SIP3
100 nF	C3	SIP2	电话水晶接头	SJJT	SIP4
100 μF	C4	SIP2			

6.6.3 设计调试中应注意的问题

关于 HT9200 的初始化:如时序图 6.37 所示,在 $\overline{CE}$(Chip Enable)拉低,系统上电后,有一段时间的晶振稳定期 t_{UP},在 HT9200 的数据手册中,t_{UP} 的最大值 10 ms,为了稳定,程序中取 10 ms 的延时。同时应将 CLK 信号拉高。关于数据的发送:标准的 DTMF 信号,50 ms 发送一个数据(5 bit),即 DTMF 通路时间>50 ms,且数据间的间隔大于 50 ms,所以连续发送数据时,每发送一个数据(5 bit)要 100 ms,数据下降沿锁存。关于 HT9200 的停止发送:当需要结束 DTMF 信号的发送时,需发送代码 0xFF,再拉高 $\overline{CE}$。详细的源代码可以参阅电话防盗报警器系统软件设计。代码在 KeilC51 的开发环境下编译调试通过,请读者放心使用。

另外,本书提供了使用模拟比较功能做 A/D 源代码,由于很多检测传感器输出信号都是模拟量,为此特定设计使用 LPC901 低成本的模拟比较端口做 A/D 转换功能。

本书还提供了使用 Flash 做 E^2PROM 的示例代码,读者可以将预先设置的电话号码和简短的留言信息写入 Flash 中,当有按键或者传感器信号触发的时候,就启动拨号程序,可以给固定的手机拨号,可以给 110 指挥中心拨号,如果是在小区,也可以给物业管理中心拨号。当电话接通时,播放报警音乐声。相信读者在阅读此书后,就能自己制作家用电话防盗报警装置。

6.6.4 电话防盗报警器系统软件设计

录拨号程序源代码如下:

```
//功能:    LPC901 操作 HT9200,进行 DTMF 双音频发送演示程序
#include  "reg932.h"
#define   uchar   unsigned char
sbit   CE = P3^1;
sbit   KEY = P0^4;
sbit   DATA = P0^5;                    //数据口
sbit   CLK = P1^2;                     //CLK 口
uchar  Buffer[3] = {0x02,0x0A,0x04};   //拨号 204,这里编码"0A"对应数字"0"
void   Start_DTMF();
void   SendData(uchar Temp);
void   Stop_DTMF();
void   delayms(uchar j);
//主程序
main()
{
   uchar  i;
   P0M1 = 0x00;                        //端口初始化,均为准双向口
```

```c
    P0M2 = 0x00;
    P1M1 = 0x00;
    P1M2 = 0x00;
    P3M1 = 0x00;
    P3M2 = 0x00;
    while(1)
    {
        if(KEY = = 0)                      //判断键是否按下
        {
            delayms(15);                   //延时 15 ms
            while(KEY = = 0);              //判断键是否松开
            for(i = 0; i<3; i + +)
            {
                Start_DTMF();              //DTMF 初始化
                SendData(Buffer[i]);       //发送数据
                delayms(100);              //延时 100 ms
                Stop_DTMF();               //停止 DTMF
            }
        }
    }
}
//功能：DTMF 初始化
void Start_DTMF()
{
    CE = 0;                                //拉低 CE,片选
    CLK = 1;                               //拉高 CLK,
    delayms(10);                           //延时 10 ms
}
//功能：停止 DTMF
void Stop_DTMF()
{
    SendData(0xff);                        //发送 DTMF 终止帧 0xff
    CLK = 1;                               //拉高 CLK
    CE = 1;                                //拉高片选线 CE
}
//功能：发送数据低 5 位,入口参数：uchar Temp
void SendData(uchar Temp)
{
    uchar  i = 5;                          //循环次数 5
```

```
        uchar  j = 0;
        while(i>0)
        {
            j = Temp&0x01;                    //暂存 Temp 的最低位
            if(j = = 0)                        //对最低位进行判断
            { DATA = 0;}                       //数据线为 0
            else{ DATA = 1;}                   //数据线为 1
            Temp = Temp>>1;                    //Temp 右移 1 位
            i - - ;
            CLK = 0;                           //CLK 产生下降沿
            CLK = 1;                           //恢复 CLK 为高
        }
    }
//功能: ms 级延时,(7.373 MHz 晶振条件下,误差 μs 级),入口参数: uchar j
void  delayms(uchar j)
{
    int   i;
    while(j>0)
    {for(i = 0;i< = 669;i + +);j - - ;}
}
//使用模拟比较功能做 A/D 源代码,InitCmp:初始化比较器
void InitCmp(void)
{
    PT0AD = 0x30;                              //关闭 P0.4、P0.5 数字输入功能
    P0M1| = 0x30;                              //设置 P0.4、P0.5 仅为输入
    P0M2& = 0xcf;                              //打开比较器,CIN1A 为正向输入,CMPREF 为反向
                                               //输入,比较输出 CMP1 脚
    CMP1 = 0x20;
}
//InitIO: 初始化 I/O 口
void InitIO(void)
{
    P0M1 = 0x00;                               //端口设置
    P0M2 = 0x80;
    P1M1 = 0x00;
    P1M2 = 0x04;
    P3M1 = 0x00;
    P3M2 = 0x00;
    uart2txd = 1;
```

```c
}
//convert：A/D 转换，P04 接 PWM 输出电压，P05 为待测电压
//入口参数：无，出口参数：A/D 转换结果，8 位无符号数
unsigned char convert(void)
{
    if(CMP1&0x02)dir = 1;              //根据比较器状态设置增量方向
    else dir = 0;
    cpdir = dir;                       //保存 dir 副本
    while(cpdir = = dir)               //在增量方向改变是退出
    {
        if(dir)                        //标志为 1 时，增加 TH0
        {
            if(TH0 = = 0xff)           //当 TH0 为 0xFF 是退出
            {cpdir = ~cpdir;}
            else
            {TH0 + + ;}
        }
        else                           //标志为 0 时，减少 TH0
        {
            if(TH0 = = 0x00)           //当 TH0 为 0X00 是退出
            {cpdir = ~cpdir;}
            else
            {TH0 - - ;}
        }
        delayms(37);                   //每次充电需延迟的时间
        if(CMP1&0x02)dir = 1;          //根据比较器状态设置增量方向
        else dir = 0;
    }
    return TH0;
}
//main：主函数
void main(void)
{
    InitIO();                          //初始化系统
    InitTimer();
    InitCmp();
    if(uart2read() = = 0x55)           //等待 UART 命令
    {
        while(1)                       //接收到 0X55 就进行 A/D 转换
```

```
            {
                for(cnt = 0;cnt<5;cnt + + )        //转换5次取平均值
                {
                    result + = convert();
                }
                uart2send(0xff - result/5);        //通过UART发送结果
                delayms(100);
                result = 0;
            }
        }
    }
```

使用Flash做 E^2PROM示例如下：

```
//flash_write_byte(),Input(s)：写入到存储区的地址,返回参数：读写Flash成功错误标志位
//描述：向Flash写入数据
bit flash_write(char addresshigh,char addresslow,char databyte)
{
    FMCON = LOAD;                        //设置装载命令
    FMADRL = addresslow;                 //设置数据低字节
    FMADRH = addresshigh;                //设置数据高字节
    FMDATA = databyte;                   //设置数据字节
    FMCON = ERASEPROGRAM;                //擦除编程命令
    if(FMCON&0x8F)                       //检测是否有错误标志位
    {
        return FAIL;                     //如果错误返回fail
    }
    else
    {
        return OK;                       //如果操作正确返回OK
    }
}
```

6.7 真空吸尘器产品设计

本节阐述低成本P89LPC901微处理器的吸尘器方案,详细描述了设计中的硬件和软件。该系统还可以作为其他通用电机驱动系统鲁棒性控制和谐波抑制方法的设计参考。

6.7.1 系统概述

使用微控制器控制通用电机,广泛用于工业应用和家用电器。家用电器的例子包括吸尘

器,工业应用包括电动工具。本文所述的真空吸尘器适合于所有类似的电机控制应用场合。

当今,真空吸尘器几乎每家每户都有,它们使生活和工作变得更加容易。通过一个双向晶闸管控制电机的速度。通过控制晶闸管门的小电流,来控制三端双向可控硅,从而控制电机的电流。电机电流的大小决定电机功率和控制电机的速度。在低端真空吸尘器中,这种控制电路非常简单。这种简单的电路可能引入如下两个问题:启动电流太高;由于电机功率的增加,通常超过 1 500 W,此时电流波形可以产生高次谐波。上述两个问题可能导致设备不能满足 IEC61000-3-2 标准。非线性的感性负载需要持续一段时间控制可控硅触发脉冲,这样将消耗额外的功率。

在本应用中,将使用菲利浦 P89LPC901 设计真空吸尘器,通过可控硅控制 AC 1800 电机。本设计具备如下特点:软启动算法来减少在浪涌电流启动。当增加或减少电机的速度时,采用软切换。改变可控硅的触发脉冲,以抑制由非正弦电流波形干扰引入的谐波。通过 TCPA300/TCP305 示波器(TDS5054B,功率测量),数字功率计(WT210)谐波分量和电机功率测量。结果表明,该算法明显优于其他控制算法。速度控制和鲁棒控制,将在下面小节详细说明。

6.7.2 系统硬件设计

吸尘器参考设计如图 6.42 所示。电路操作的简要说明如下:P89LPC901 的 3 个 I/O 端口(引脚 2,3,5)用于生成可控硅的驱动波形,从而控制电机的速度。BT139-800 双向可控硅的门负触发电流是 35 mA。3 个 I/O 端口引脚可以提供足够的触发 TRIAC,每个 I/O 端口驱动电流是 20 mA,可以用来直接驱动的双向晶闸管。两个键(连接 P89LPC901 的 4,7 引脚)用来获取的马达转速。MCU 使用两个 I/O 引脚读取键的状态,然后调整电机速度。P89LPC901 的 6 引脚使用键中断(KBI)的功能同步到 AC 线,这个输入端口使用大阻值电阻(1 MΩ)到 MCU,使得输入到引脚的电流足够小,以防止 MCU 引脚烧毁。

单片机的电源是直接由电网供电。一个电容 C1,电阻 R3,使用阻容方式降低电压和电流。MCU 的电源电流限制的大小由 AC 线路电容 C1 的大小决定。高压电容器 C2 和高速开关二极管 1N4148,过滤掉交流电流,并提供一个用于 MCU 的直流电流。VDD 和 1N4148 之间的 3.9 V 齐纳二极管 D2 用于 MCU 的电压调节。测试表明,这种低成本的微控制器电源电路能够提供足够的稳定性。在大多数应用中使用石英晶体或陶瓷谐振器作为 MCU 时钟。在这种应用中,由于成本的原因,在 P89LPC901 片上振荡器生成系统时钟。±1% 的片上振荡器误差可以为这种应用提供足够的精度。

注意:因为没有板上隔离电路,整个电路板与 220 V 电网连接。当测试硬件时,需要加一个隔离变压器,来引入安全的电源。

元器件清单如表 6.12 所列。

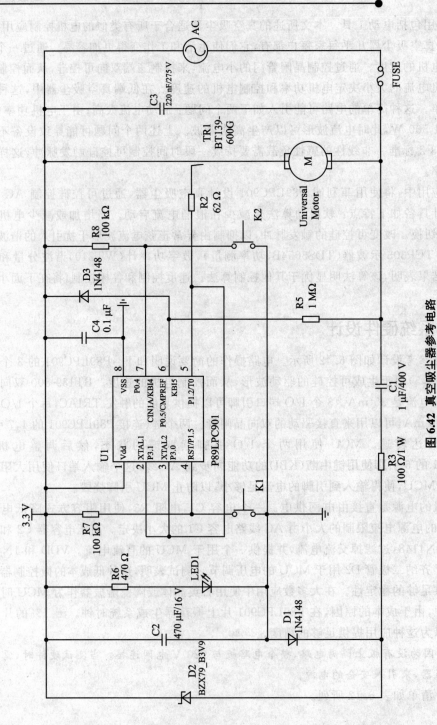

图 6.42 真空吸尘器参考电路

表 6.12 LPC901 真空吸尘器元器件清单

项目	个数	器件标号	器件型号	厂家
1	1	U1	P89LPC901FN	Philips Semiconductor
2	1	TR1	BT139-800	Philips Semiconductor
3	1	D2	1	Philips Semiconductor
4	2	D1,D3	1N4148	Philips Semiconductor
5	1	R5	1 MΩ	
6	1	R2	62 MΩ	
7	2	R7,R8	100 kΩ	
8	1	R6	100 Ω/1 W	
9	1	R6	470 Ω	
10	1	C1	1 μF/400 V	
11	1	C2	470 μF/16 V	
12	1	C3	220 nF/275 V	
13	1	C4	0.1 μF	
14	1	CON_1	V1J-PH29	CINDERSON
15	1	F1	10A FUSE	

6.7.3 系统设计要点

本节描述电机控制系统的设计特点,主要包括:速度控制、可控硅驱动控制、软启动和谐波抑制。

1. 速度控制

通用电机转速控制是基于相角控制策略。当电流通过零点,可控硅不会触发门导通,直到达到足够的触发电流可控硅才导通。此后可控硅会持续导通,直到电流下一次过零。这种电动机的平均功率与电流波形的面积是成正比的。通过控制可控硅的触发角,可以控制电机的平均负载能力。

2. TRIAC 驱动控制

根据 BT139-800 的数据资料可知,TRAIC 触发门的开启时间约 2 μs。作为鲁棒控制,设定可控硅触发脉冲为 200 μs。一旦触发导通,可控硅将继续导通直至下一次电流过零。

正如人们所知,大多数负载不是纯阻抗负载,例如,常用的电机是感性负载。也就是说,负载电流将滞后于电压。当电压达到过零,电流可能会继续变化直到与零点交叉。当在电压过零点与其他非过零点相位使用相同的触发脉冲，TRIAC 可能会不正常导通，因此在过零点需要使用特殊的控制策略。在这种应用中，当电压接近过零点(ZVC)时采用长时间的触发脉冲。触发脉冲设置为 400 μs，两倍于其他角度的短触发脉冲。400 μs 适合于电流滞后小于 7° 的场合。短触发脉冲和长触发脉冲波形如图 6.43 所示。

3. 启动延时

启动延迟功能可以减小电机启动的浪涌电流。启动时，电网供电，将有很高幅度的电流，不符合 IEC61000-3-2 标准的电流限制要求。启动延迟首先保持在固定的电机速度点位，直到速度是稳定的，然后逐渐改变速度将发动机调整到吸尘器的最低功率。这种启动延时的策略可以满足 IEC61000-3-2 标准的电流要求。

4. 软件切换

通过软件切换算法可以平滑地控制电机的速度。图 6.44 显示了软启动子程序流程图。通过切换速度，软件切换算法可防止电流发生突变。如果所需的速度过快或过慢，远远超过了既定的速度，软件会一步一步地将速度进行平滑的切换。每步的速度都以一定的"更新率"，以稳定电流，然后移到下一个更高的速度。实验表明，从最低到最高速度有 35 个步骤的步进控制满足这类应用。这种算法提供了强大的电机鲁棒性，同时延长了电机寿命。该软件代码紧凑，高效，适合于任何 P89LPC900 系列微控制器。

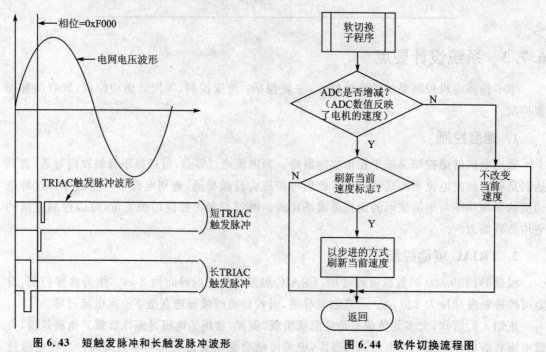

图 6.43 短触发脉冲和长触发脉冲波形   图 6.44 软件切换流程图

5. 谐波抑制

谐波抑制是设计中最重要的特点之一。在这种应用中,应用典型的库尔兹专利的控制方法。这种方法使用长相触发全波和一个短相触发全波电流调制电机。该方法的执行情况如图 6.45 所示。通用电机型号是 V1J 机型-PH29 1 800 W/230 V。通道 1 是 AC 电源电压波形,通道 2 是电机电流波形。这种方法已获得库尔兹专利。专利号为 DE 19705907C1(德国专利)和 EP 0859452B1(欧洲专利)。

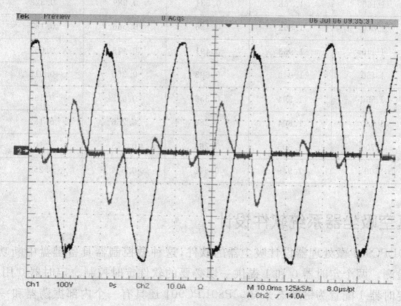

图 6.45 谐波抑制图

表 6.13 中列出了 V1J-PH29 1 800 W/230 V 电机在库尔兹算法下的不同电流大小,通过该表不难看出,使用高一阶次的谐波系数能很好地控制电机电流大小。

表 6.13 使用库尔兹算法测试不同功率电机在不同阶数下对应电流的大小

功率 (W)	谐波系数(阶数)和对应电流(A)关系			
	3	5	7	9
700	1.475	0.372	0.307	0.250
780	1.475	0.455	0.452	0.351
820	1.869	0.561	0.516	0.322
860	1.814	0.537	0.496	0.337
900	1.800	0.497	0.517	0.359

续表 6.13

功 率	谐波系数(阶数)和对应电流(A)关系			
940	1.773	0.498	0.564	0.352
970	1.713	0.543	0.586	0.338
1 060	1.714	0.552	0.643	0.349
1 160	1.768	0.531	0.689	0.323
1 270	1.863	0.486	0.566	0.181
1 340	1.963	0.491	0.478	0.058
1 450	1.943	0.603	0.360	0.012
1 560	1.904	0.359	0.092	0.169
1 680	1.804	0.286	0.256	0.152
1 700	1.605	0.264	0.175	0.197
700	1.949	0.642	0.534	0.255

6.7.4 真空吸尘器系统软件设计

使用 P89LPC901 微处理器设计吸尘器的软件，这种微控制器具备键盘中断功能，用于市电电压过零检测。两个定时器 0 和 1 提供一切必要的软件定时控制。定时器 0 用于可控硅脉冲发生器。定时器 1 配置为键状态采样。P89LPC901 还具有一个内部振荡器和一个小型的 8 引脚封装。

首先，微控制器执行初始化过程，然后启动延时，以确保配置操作正常，并等待启动电流稳定。接着执行主循环。在主循环中进行谐波波形处理，软切换，计时器值的转换。在中断服务程序中执行电压过零检测，可控硅脉冲的产生，键盘采样等功能。

1. 主循环

主循环中没有处理与时间相关的功能。当进入主程序 Main，首先初始化全局变量和 I/O 端口，MCU 的外设(如 KBI,定时器)，初始化中断，以及片上 RC 振荡器的设置。配置完成后，Main 函数执行主循环。在主循环中通过调用速度获取函数更新当前相位。在这个阶段相位用于定时器 0 触发可控硅。速度获取函数包括 4 个子程序：获取 A/D 函数 get_ADC()，软切换函数 softswitch()，谐波抑制函数 harm_reduce()和相位定时器对应函数 phase2timer()。每个子程序执行一个基本的功能，图 6.46 详细描述了主循环的流程图。

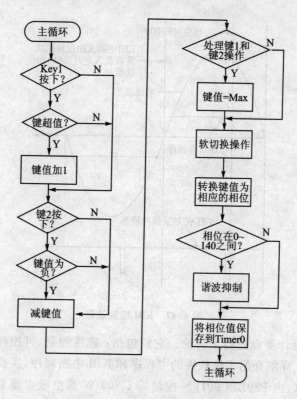

图 6.46　Main 主循环流程图

2. KBI 子程序

KBI 子程序决定了整个软件子程序的复杂性和重要性。KBI 的设置方法如下：首先，P89LPC901 的引脚 6 配置为 KBI 中断输入引脚，该引脚用作过零电压检测。KBI 的主要功能包括：AC 线同步，定时器 0 可控硅触发角度载入，谐波抑制波形控制，以及软交换更新率控制。如图 6.42 所示，通过在引脚 6 的上升或下降沿中断调用 KBI。当进入 KBI 中断时，首先禁用全局中断。当 KBI 正常运行时，关闭其他中断。为了在下一个电压的零交叉点重新进入 KBI，需要使用 P89LPC901 KBI 中断的反转模式。也就是说，如果电流触发事件是下降沿（1～0）产生 KBI 中断的，KBI 中断模式必须设置为 1，以便下次上升沿（0～1）触发产生 KBI 中断，详细的波形如图 6.47 所示。由于对 P89LPC900 单片机的配置很灵活，使得软件代码更简单、可靠。这节省了 CPU 时间来执行其他功能，并让整个系统软件很好地同步到 AC 电源线上。

在本应用中，设计了基于 P89LPC901 微控制器的低成本真空吸尘器的系统，它可以作为像通用电机控制设计、灯、其他功率控制设计的参考。其硬件操作简单，而且成本低。本文主

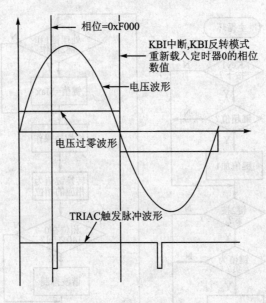

图 6.47 KBI 控制波形

要对 5 个最重要的设计要点进行了讨论。它们包括：速度控制、可控硅驱动控制、启动延迟、软切换和谐波抑制。详细介绍了该软件的主程序和 KBI 中断程序，实验结果显示该系统运行稳定。经过实际测试，由 P89LPC901FN 控制的 1 800 W 真空吸尘器系统符合 IEC61000-3-2 标准。

6.8 红外多机通信应用实例

红外通信是目前比较流行的一种无线通信模式。其具有无污染信息，传输稳定，不受电磁影响，信息保密性高，经过一定强度的编解码，安装简单，使用方便等优点。因此被广泛应用于日常生活中，如水表、电表、远程操控、红外无接触式测温等工业生产科研诸多领域。当然，由于其本身传输特性的限制导致其易受光线影响传输距离较短，这些也是平时应用中应该注意的地方。

以下利用 LPC900 系列单片机 CCU 模块的 PWM 功能及键盘中断功能，制作一个简单的红外控制系统，主要演示 LPC900 系列单片机在红外控制中的应用。

6.8.1 系统概述

在红外通信中，例如电视机、电风扇、DVD 等家电的遥控器，其载波频率通常为 38 kHz，也有一些系统使用 32 kHz、36 kHz、40 kHz、56 kHz 等载波频率，但是比较少见。本系统采用

P89LPC932A1作为发射主控,P89LPC901作为接收端控制器,P89LPC932A1平时处于完全掉电状态,当有控制键按下时其产生键盘中断,从完全掉电模式下唤醒,控制红外发送模块发射信号给各从机,P89LPC901平时状态下也处于完全掉电状态,其键盘中断引脚作为信号输入脚,当收到一定时长的低电平其产生键盘中断,为保证键盘中断的产生,主控端提供了一个50 ms的低电平,此处无外接按键,仅利用该引脚的键盘中断功能,系统由完全掉电模式下唤醒,然后接收发射过来的相应信号,进行处理。判断从机号及控制字,然后对被控设备在家居环境中如灯、门、窗等进行控制。图6.48所示为系统原理图。

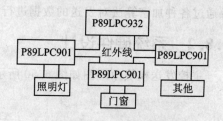

图 6.48　系统原理图

寄存器表如表 6.14 所列。

表 6.14　寄存器表

寄存器名	地址	7	6	5	4	3	2	1	0
PCON	87H	SMOD1	SMOD0	BOPD	BOI	GF1	GF0	PMOD1	PMOD0
PCONA	85H	RICPD	DEEPD	VCPD	—	ISPD	SPPD	SPD	CCUPD
KBMASK	86H	KBMASK.7	KBMASK.6	KBMASK.5	KBMASK.1	KBMASK.3	KBMASK.2	KBMASK.1	KBMASK.0
KBCON	94H	—	—	—	—	—	—	PATN_SEL	KBIF
ICR20	C8H	PLLEN	HLTRN	HLTEN	ALTCD	ALTAB	TDIR2	TMOD21	TMOD20

本系统中将用到 PCON、PCONA、KBMASK、KBCON、TCR20 等寄存器。主控器发送控制信号时,首先发送一个 50 ms 的低电平,用于将器件从完全掉电模式下唤醒,然后发送一个 10 ms 的高电平,为以下的发送做准备,接着发送一个帧头,如图 6.49 所示。该帧首先为 1 个 1 ms 的低电平,接着一个 1 ms 的高电平,最后一个 1 ms 的低电平,发送完帧头以后开始发送数据、从机地址、从机控制参数及其他有用信息,如 CRC 校验字等。数据为串行字节方式发送,从高位到低位每位 400 μs。

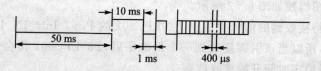

图 6.49　发送帧格式图

从机接收到低电平时,产生键盘中断,由掉电状态唤醒,然后等待接收信号为高电平,当接收信号为高电平后延时 10 ms,为接收同步数据做准备,然后开始同步收发帧头及有用数据,从机根据接收到的地址判断是否启动相应的子系统，根据控制参数对子系统进行相应的控制，如调节照明灯的光照强度、时间等，根据 CRC 校验和判断接收的数据是否正确等。本文未涉及通过各种加密算法对发送的数据进行编码运算及解码运算。

6.8.2 系统硬件设计

主控发送模块原理图如图 6.50 所示。

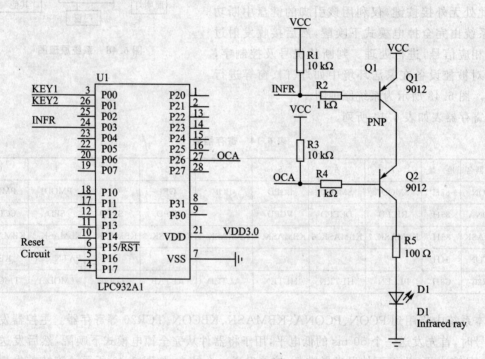

图 6.50 主控发送模块原理图

利用 P89LPC932A1 CCU 模块的比较输出通道 OCA，输出频率为 38 kHz 的红外载波，利用 P03 向外发送数据信号，并通过红外发射模块将信号发射出去。从机灯控电路图如图 6.51 所示。从机 2 电路图门控如图 6.52 所示。

红外接收模块将接收到的信号发送到 P89LPC901 的 Pin 7 Infr_IN 引脚，由于该引脚的键盘中断功能使能，所以当该引脚接收到一个低电平后，P89LPC901 将会从完全掉电状态下唤醒，然后经过一段稳定时间开始接收数据。

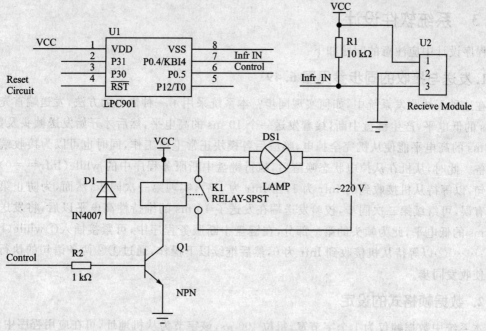

图 6.51 从机灯控电路

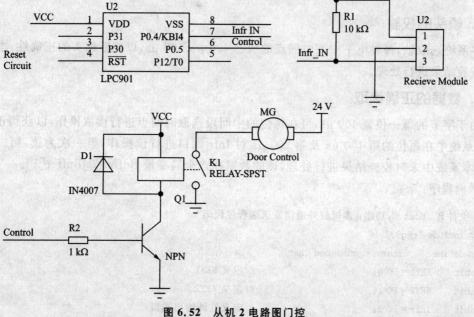

图 6.52 从机 2 电路图门控

6.8.3 系统软件设计

程序设计中应注意的问题如下：

1. 发送与接收的同步参见图 6.49

在这种无线收发系统中，如何实现同步？本系统采用了一种简单的方法，发送端首先发送 50 ms 的低电平，产生键盘中断，接着发送一个 10 ms 的高电平，然后才开始发送帧头及数据，这 10ms 的高电平能使从机完全掉电，唤醒后各模块正常上电工作，同时也可以为接收端同步做准备。此时，从机在从掉电状态唤醒后，执行键盘中断服务程序中的 while(Infr==0)……①语句，以等待从机接收到的 Infr 为 1，当 Infr 为 1 后，实现第一次同步，然而，为防止第一次同步有误，可继续第二次同步，校验发送端在发送了 10 ms 的维持性高电平以后，将发送的一个 1 ms 的低电平，此为帧头的第一部分，在键盘中断服务程序中，可紧接插入①while(Infr==1);……②以等待从机接收到 Infr 为 0，然后继续以下操作，通过①②两条语句的执行基本上可使收发同步。

2. 数据帧格式的设定

本系统中数据帧仅为 1 个字节宽，每位 400 μs，该字节为从机地址，可在应用程序中设置。在应用程序中可添加第二个字节作为从机控制参数及其他相关数据，本系统没有添加 CRC 校验和字节。

3. 帧头的校验

本系统选取帧，每种电平中间时间点的状态 400 μs、500 μs，以判断帧头的正确性，本系统未对校验结果进行处理。

4. 数据的正确读取

由于字节的每一位宽 400 μs，可在每位的中间段选取时间点进行读取操作，以获得正确的值，本系统中在每位的第 100 μs 及第 200 μs 对 Infr 端口进行读操作，第一次为读，第二次为校验，本系统中未对校验结果进行处理，读的数据存入全局变量 Buffer[0]Buffer[1]。

示例程序：

```
//文件名：Host.C,功能：多机红外通信发送端程序代码
#include "reg932.h"
#define    uchar    unsigned char
sbit    KEY1 = P0^0;              //定义 KEY1
sbit    KEY2 = P0^1;              //定义 KEY2
sbit    Infr = P0^3;              //定义红外输出端口
void    CCU_Init();               //CCU 初始化
```

```
void    KeyISR_Init();                  //键盘中断初始化
void    ReadKey();                      //判断按键
void    Power_Down();                   //完全掉电
void    StartDevice01();                //启动设备 1(灯)
void    StartDevice02();                //启动设备 2(门/窗)
void    SendHead();                     //发送帧头
void    SendData(uchar Data);           //发送数据
void    delay400us();                   //延时 400 μs
void    delayms(uchar i);               //ms 级延时
void    KEY_ISR() interrupt    7{
    EA = 0;                             //关中断
    PCONA = 0x00;                       //功能模块上电
    CCU_Init();                         //CCU 模块初始化
    delayms(10);                        //延时 10 ms
    ReadKey();                          //判断按键
    KBCON = 0x00;                       //清键盘中断标志
    delayms(50);                        //延时 50 ms
    EA = 1;                             //开中断
}
main()
{
    P0M1 = 0x00;                        //设置 P0 口为准双向
    P0M2 = 0x00;
    P2M1 = 0x40;                        //设置 P26 为开漏
    P2M2 = 0x40;
    CCU_Init();                         //CCU 初始化
    KeyISR_Init();                      //键盘初始化
    while(1)
    {
        Power_Down();                   //完全掉电
    }
}
//功能:进入掉电模式
void    Power_Down()
{
    PCONA = 0xFF;                       //外部功能模块掉电
    PCON = 0x03;                        //进入掉电模式
}
//功能:CCU 模块初始化,使 OCA(P2.7)输出 38 KHz,50% 占空比的 PWM 波
```

```c
//使用内部 RC 振荡器时：CCU 频率 = ((7 375 000/2)/6) * 32 = 9.833 MHz
//定时器重装值 = CCU 频率/红外线载频 = 9 833 333/38 000 = 258.772 = 0x102
void    CCU_Init()
{
    TOR2H = 0x02;                          //定时器重装值
    TOR2L = 0x05;
    OCRAH = 0x01;
    //(OCRAH：OCRAL) = (TOR2H：TOR2L)/2,PWM 的占空比为 50%
    OCRAL = 0x02;
    TCR21 = 0x85;                          //PLL 预分频为 5 + 1
    CCCRA = 1;                             //非反相的 PWM 在比较匹配时置位,在 CCU 定时器向下溢
                                           //出时清 0
    PLLEN = 1;                             //启动 PLL
    OCA = 1;
    while(PLLEN = = 0);
    TCR20 = 0x82;                          //设置输出模式,非反相 PWM
}
//功能：键盘中断初始化
void    KeyISR_Init()
{
    KBMASK = 0x03;                         //设置 P01 - >P00 为中断源
    KBCON = 0x00;                          //清除键盘中断标志
    EKBI = 1;                              //键盘中断允许
    EA = 1;                                //开中断
}
//功能：键盘判断
void ReadKey()
{
    delayms(12);                           //延时去抖动
    if(KEY1 = = 0)                         //等待 KEY1 按下
    {
        while(KEY1 = = 0);                 //等待 KEY1 为 1
        StartDevice01();                   //启动设备 1(灯)
    }
    else if(KEY2 = = 0)                    //等待 KEY2 按下
    {
        while(KEY2 = = 0);                 //等待 KEY2 为 1
        StartDevice02();                   //启动设备 2(门/窗)
    }
```

```c
}
//功能：启动设备1(门/窗)
void StartDevice01()
{
    SendHead();                         //发送帧头
    SendData(1);                        //发送数据"1",
}
//功能：启动设备2(门/窗)
void StartDevice02()
{
    SendHead();                         //发送帧头
    SendData(2);                        //发送数据"2",
}
//功能：发送帧头
void SendHead()
{
    Infr = 0;                           //将Infr拉为低电平
    delayms(50);
    Infr = 1;                           //将Infr拉为高电平
    delayms(10);
    Infr = 0;                           //将Infr拉为低电平
    delayms(1);
    Infr = 1;                           //将Infr拉为高电平
    delayms(1);
    Infr = 0;                           //将Infr拉为低电平
    delayms(1);
}
//功能：发送数据,从高位到低位依次发送8个位
//入口参数：要发送的数据
void SendData(uchar  Data)
{
    uchar    Temp;
    uchar    i = 8;
    while(i>0)
    {
        Temp = Data&0x80;               //取欲发送数的最高位
        if(Temp = = 0x80)               //对最高位进行判断.
        {
            Infr = 1;                   //为1则将Infr拉高
```

```c
        }
        else
        {
            Infr = 0;                   //为 0,则将 Infr 拉低
        }
        i--;
        Data = Data<<1;                 //循环移位
        delay400us();                   //延时
    }
}
//在内部 RC 作用的情况下,延时 1 000.9 μs
void    delayms(uchar i)
{
    int     j;
    while(i>0)
    {
        for(j=0;j<670;j++);
        i--;
    }
}
//在内部 RC 作用的情况下,延时 401 μs
void    delay400us()
{
    int     i;
    for(i=0;i<283;i++);
}
//Receive.C,功能:多机红外通信接收端程序代码
#include "reg932.h"
#define     uchar   unsigned char
sbit    Infr = P0^4;                    //定义 P0.4 为红外接收口
sbit    Motor_Control = P0^5;
uchar   HeadFlag;                       //帧头错误标志
uchar   BitFlag;                        //读数据错误标志
uchar   Buffer[2];                      //缓冲区
uchar   InfrBit;                        //从 Infr 口读出的 Bit
uchar   InfrData;                       //从 Infr 口读出的 Byte
void    KeyISR_Init();                  //键盘中断初始化
void    PowerDown();                    //完全掉电
void    ReadBit();                      //读一位
```

```c
void    ReadByte();                     //读一字节
void    ReadData();                     //读数据
void    ReadHead();                     //读帧头
void    delayus(uchar i);               //μs 级延时
void    delay100us(uchar i);            //100 μs 级延时
void    delayms(uchar i);               //ms 级延时
void    KEY_ISR()    interrupt 7
{
    EA = 0;                             //关中断
    PCONA = 0x00;                       //完全掉电唤醒
    while(Infr == 0);                   //等待 Infr 为 1
    delayms(5);
    while(Infr == 1);                   //等待 Infr 为 0
    ReadHead();                         //读帧头
    ReadData();                         //读数据
    if(Buffer[0] == 0x01)               //如果读出来的 Buffer[0] 为 0x01,则开灯
    {
        Motor_Control = 1;
    }
    KBCON = 0;                          //清键盘中断标志位
    EA = 1;                             //开中断
}
main()
{
    P0M1 = 0x00;
    P0M2 = 0x00;
    KeyISR_Init();                      //键盘中断初始化
    while(1)
    {
        PowerDown();                    //进入掉电状态
    }
}
//功能:完全掉电
void    PowerDown()
{
    PCONA = 0xff;                       //所有功能模块掉电
    PCON = 0x03;                        //进入掉电状态
}
//功能:键盘中断初始化
```

```c
void    KeyISR_Init()
{
    KBMASK = 0x10;              //设置 P04 为中断源
    KBCON = 0x00;               //清除键盘中断标志
    EKBI = 1;                   //使能键盘中断
    EA = 1;                     //开中断
}
//功能：读帧头
void    ReadHead()
{
    delay100us(4);
    if(Infr! = 0)               //读出接收口当前状态,判断是否与上次相同
    {HeadFlag = 1;}             //若不同,置错误标志位
    delay100us(1);
    if(Infr! = 0)               //再次判断
    {HeadFlag = 1;}             //若不同,置错误标志位
    delay100us(5);

    delay100us(4);
    if(Infr = = 0)              //读出接收口当前状态,判断是否与上次相同
    {HeadFlag = 1;}             //若不同,置错误标志位
    delay100us(1);
    if(Infr = = 0)              //再次判断
    {HeadFlag = 1;}             //若不同,置错误标志位
    delay100us(5);

    delay100us(4);
    if(Infr! = 0)               //读出接收口当前状态,判断是否与上次相同
    {HeadFlag = 1;}             //若不同,置错误标志位
    delay100us(1);
    if(Infr! = 0)               //再次判断
    {HeadFlag = 1;}             //若不同,置帧错误标志
    delay100us(5);
}
//功能：位读取程序
void    ReadBit()
{
    InfrBit = 0;
    delay100us(1);
    InfrBit = Infr;             //读出 Infr 端口的当前值
```

```c
    delay100us(1);
    if(InfrBit! = Infr)                //再次读出 Infr 端口的当前值,判断是否与上次相同
    {BitFlag = 1;}                     //若不同,则置位错误标志
    delay100us(2);
}
//功能:字节读取程序
void    ReadByte()                     //将循环读出的8位,按先高位后低位组合成一个字节
{
    uchar i;
    InfrData = 0;
    for(i = 0;i<8;i + +)
    {
        InfrData = InfrData<<1;
        ReadBit();
        InfrData = InfrData|InfrBit;   //循环赋值
    }
}
//功能:读取所有的数据
void    ReadData()                     //将数据区中的各个字节,全部读出
{
    uchar    i;
    for(i = 0;i<2;i + +)
    {
        ReadByte();
        Buffer[i] = InfrData;
    }
}
//功能: μs 级延时
//出口参数: i,延时 μs 数
void    delayus(uchar i)               //粗略延时 μs
{
    uchar    j;
    for(j = 0;j<i;j + +);
}
//功能: 100 μs 级延时
//出口参数: i,延时 i x 100 μs
void    delay100us(uchar i)            //在 7.373 MHz 时,精确延时 100 μs,误差 0.5 μs
{
    uchar    j;
```

```
        while(i>0)
        {
            for(j=0;j<118;j++);
            i--;
        }
    }
    //功能：ms 级延时
    //出口参数：i,延时 i×1 ms
    void    delayms(uchar i)        //在 7.373 MHz 时,精确延时 1 ms,误差 0.5 μs
    {
        int    j;
        while(i>0)
        {
            for(j=0;j<670;j++);
            i--;
        }
    }
```

参 考 文 献

[1] 松下电器产业株式会社. 真空吸尘器：中国, 00242533.5.2007-5-19.
[2] 沈建华, 等. MSP430 系列 16 位超低功耗单片机实践与系统设计. 北京：北京航空航天大学出版社, 2009.
[3] 英国标准学会(GB-BSI) 家用真空吸尘器. 性能测量方法 标准号：BS EN 60312-2008.
[4] 马翔. 智能吸尘器的开发及设计. 电子技术应用, 2000, (08):56.
[5] www.zlgmcu.com.
[6] 邓颖, 等. 一款 8 位 LPC901 8PIN 封装微处理器的妙用. 单片机与嵌入式系统应用, 2007(5):32.
[7] 魏小龙, 等. MSP430 系列单片机接口技术及系统设计实例. 北京：北京航空航天大学出版社, 2002.
[8] 秦龙, 等. MSP430 单片机常用模块与综合系统实例精讲. 北京：北京航空航天大学出版社, 2008.
[9] 沈建华, 等. MSP430 系列 16 位超低功耗单片机原理与实践. 北京：北京航空航天大学出版社, 2008.
[10] UM10336 (P89LPC9201/9211/922A1/9241/9251) User Manual-Initial Version.
[11] http://www.nxp.com/redirect/keil.com/mcb900.
[12] 周立功, 等. LPC900 系列 Flash 单片机应用技术. 北京：北京航空航天大学出版社, 2008.

参考文献

[1] 赵广通北龙南水产. 养殖业之盈. 中国渔业报, 2007. 5—19

[2] 门亚东, 等. MSP430 系列 16 位超低功耗单片机实践与系统设计. 北京: 北京航空航天大学出版社, 2002.

[3] 质量管理体系 (CB/DSI) 要求 [S]. 国际标准化组织, 技术委员会 BS EN 90812—2008.

[4] 甘俊英. 智能仪器基础与实用. 北京: 国防工业出版社, 2006. (03) 56.

[5] www.alumni.com.

[6] 郭建国, 等. 一种基于 LPC901 单片机的智能密码锁设计. 单片机与嵌入式系统应用, 2007. (03) 52.

[7] 胡大可, 等. MSP430 系列单片机 C 程序设计与实践开发. 北京: 北京航空航天大学出版社, 2003.

[8] 李宝文, 等. MSP430 系列单片机及其 C 程序设计 [M]. 北京: 机械工业出版社, 2005.

[9] 杨德超, 等. MSP430 系列 16 位低功耗单片机原理与实践应用. 北京: 北京航空航天大学出版社, 2008.

[10] UM10330. (P89LPC9321/P321/P522A1/921T/9261) User Manual Initial Version. Philips. //www.nxp.com/technical/ref.com/mcb920.

[11] 陈晓军, 等. LPC900 系列 Flash 单片机应用技术. 北京: 北京航空航天大学出版社, 2008.